BAOPO CHAICHU JIANZHUWU JI
DUOTI–LISANTI DONGLI FENXI

爆破拆除建筑物及多体-离散体动力分析

魏晓林 著

·广州·

图书在版编目（CIP）数据

爆破拆除建筑物及多体－离散体动力分析/魏晓林著．—广州：中山大学出版社，2018.12

ISBN 978－7－306－06389－2

Ⅰ．①爆…　Ⅱ．①魏…　Ⅲ．①建筑物—爆破拆除—坍塌—多体动力学—文集　Ⅳ．①TU746.5－53

中国版本图书馆 CIP 数据核字（2018）第 153588 号

出 版 人：王天琪
策划编辑：李　文
责任编辑：黄浩佳
封面设计：曾　斌
责任校对：陈文杰
责任技编：何雅涛
出版发行：中山大学出版社
电　　话：编辑部 020－84110771，84113349，84111997，84110779
　　　　　发行部 020－84111998，84111981，84111160
地　　址：广州市新港西路 135 号
邮　　编：510275　　传　　真：020－84036565
网　　址：http：//www.zsup.com.cn　E-mail：zdcbs@mail.sysu.edu.cn
印 刷 者：佛山市浩文彩色印刷有限公司
规　　格：787mm×1092mm　1/16　15.25 印张　360 千字
版次印次：2018 年 12 月第 1 版　2018 年 12 月第 1 次印刷
定　　价：45.00 元

内容简介

本书简述了多体－离散体动力学，并推导出描述各种建筑物各类倒塌的动力方程，可用以数值模拟爆破拆除建筑物倒塌的全过程，提出了方程的解析解和近似解，分析了楼房翻倒的相似性质。提出了多体动力学分析切口控制拆除技术（MBDC）和拆除中的环保安全问题；分述了楼房、烟囱、预拆除、预测塌落振动、预测塌落触地侵彻溅飞等拆除技术，以及楼房塌落的切口、爆堆、后坐、下坐等参数及其相似算图。本书可供从事爆破拆除建筑物工作的研究人员和工程技术人员使用，也可供力学、建筑、矿业等类大专院校的教师和学生参考。

作者简历

魏晓林，男，1940 年生，1962 年大学本科毕业，从事工程爆破和矿山安全研究，教授级高级工程师，1992 年获国务院特殊津贴专家，1996 年获广东省突出贡献专家，受聘广东省教授级高级工程师地矿组评委，北京科技大学和中国地质大学博士生副导师。获得省、部级以上科技进步奖共 9 项，其中国家科技进步 2 等奖 1 项，在国内核心期刊和国内外学术会议上，发表独自完成的工程爆破论文共 44 篇，被 EI 收录论文 3 篇、专著 2 本。2004 年后，致力于创立“建筑物倒塌动力学”研究，并于 2007 年发表全国力学大会论文《多体－离散体动力学及其在建筑爆破拆除中的应用》，2011 年出版专著《建筑物倒塌动力学（多体－离散体动力学）及其爆破拆除控制技术》。2004—2016 年发表该动力学应用的相关学术论文 23 篇等。

通信地址：广州市越秀南路皎显巷 20 号 303。邮编：510100

传真：020－38092800（广东宏大爆破有限公司转）

电话：020－83835864

手机：13622899257

E-mail：WXL_40@163.com

前　言

爆破拆除建筑物的倒塌是一个力学过程，目前爆破拆除研究的主要问题，是缺少像建筑学科那样，奠基在经典理论力学、材料力学和结构力学等之上的完整力学学科体系。对比之下，建筑拆除工程学却显得支离破碎，不成系统。虽然，近年来涌现出爆破拆除的新理论和新技术，但多数涉及建筑物初始失稳，少数研究建筑物倒塌姿态和爆堆形态，拆除力学处处落后于实践发展，无法满足拆除环境日益复杂和其安全上苛刻的要求。因此，爆破拆除领域，应在着重各个工程问题研究的同时，转入到综合的、涵盖整体的、基本的力学研究，应组合现有力学，从施工需要出发，紧密结合实际，构建适应中国需要的建筑物爆破拆除力学。

随着建筑工程的发展，我国的建筑物爆破拆除力学，经历了压杆失稳b[1],b[2]、重心前移静力失稳b[3]、动能翻塌、动力数值模拟等发展阶段。2007 年，根据大量拆除建筑物翻塌的工程实例，作者提出了爆破拆除建筑物的多体－离散体动力学b[4]，并从动能翻倒和塌落破坏建筑物的原理出发，建立了建筑物倒塌动力学b[5]模型。工程实例显示，动力学b[5]模型推导出的切口比静力失稳模型的切口要小，工程量少，切口参数和倒塌效果却更精确。现场观测和工程实践证明，该动力学是正确的和实用的。由此，得到了钱七虎、汪旭光院士的肯定b[5],b[6]。

作者于 2011 年出版了《建筑物倒塌动力学（多体－离散体动力学）及其爆破拆除控制技术》一书，解决了各类建筑物拆除倒塌的各类动力方程组，首次获得了它们的数值解、解析解以及近似解，并应用多体系统的动量定律、动能转换和守恒定律，研究了控制建筑物倒塌的技术，即控制建筑物倒塌姿态、后坐、下坐、爆堆形态及其判断技术b[7]。2014 年，作为其中关键理论之一，集合成的技术获得了国家科技进步二等奖，奖名为“拆除工程精确爆破理论研究与关键技术应用”。但是，作为其中的关键基础理论——多体－离散体动力分析，在爆破拆除工程实践中，却应用甚少，究其原因是建模困难。虽然，依靠“建筑物拆除综合观测技术”，建模时明晰了多体端头的塑性破坏形态，有利于建立运动微分方程，但是，多数现场工程技术人员却难于解开方程和应用，从而严重阻碍了推广动力学分析。因此，2011 年以后，作者应用动力学方程的相似性，对有代表性的几类拆除建筑，在倒塌的重要阶段，研究、揭示出拆除关键的切口参数，以及倒塌的爆堆形态，后坐、下坐，切口闭合的时间等的相似性，开发出便于推广的公式和相似算图，并相应简化了输入参数。由此，相继发表了 10 余篇论文。本书将作者在广东省工程技术人员继续再教育网的爆破拆除技术讲课内容，摘录成正文，并将 2008—2016 年国内的拆除动力学论文，按引用次序编辑了这本文集。

本书内容分两大部分，即建筑物倒塌动力分析及爆破拆除技术（正文）和论文集。正文的前半部主要讲钢筋混凝土结构的建筑物倒塌动力分析。回顾了多体动力学的一些基本概念和多体－离散体动力分析的特点，利用建筑机构的平行梁、柱结构简化了动力

方程，使之成为1～3个自由度的单开链系统，依靠多体的塑性铰，建立了动力方程。与之代表的建筑物，在重力场的有限域内，动力方程获得了解析解或从数值解归纳为近似解，并列举了各类建筑结构，各种倒塌阶段，倒塌着地的动力方程的解。应用方程的相似性质，奠定了其解推广应用的理论基础。解决了构件塑性破坏阶段的残余抗力（矩）计算。构件冲击时，以应力波叠加理论，提出了短柱两端压碎和全压加载-碎块散落卸载的循环破碎压溃过程的等效强度。提出了鼠标像物变换法，简化了楼房建模的参数繁杂输入工作。利用楼房重心、主惯量与模型图形的形心、主惯量的比，简化了应用相似算图和公式的输入计算。

正文的后半部是前半部理论的应用，即多体动力分析控制拆除技术（MBDC）和拆除的环保安全问题。分述了楼房、烟囱、预拆除、塌落振动、塌落触地侵彻溅飞等拆除技术。楼房塌落的切口参数以相似算图和查图简算，分述了框架、框剪、小开口剪刀墙、壁式框架、多跨框架等结构楼房倾倒和塌落等倒塌方式，以及单切口，同向和反向双切口，复合切口及抬高切口等的切口参数的相似算图和查图简算。叙述了以上切口楼房塌落的爆堆分布、后坐、单柱或双柱以及整幢楼房倾倒下坐的公式及相似算图计算，叙述了单切口闭合时间的相似算图，以作选择起爆时差的参考。分述了钢筋混凝土高烟囱和高大薄壁烟囱切口支撑部的破坏，分别考察高180 m以下和210 m以上烟囱的切口啮合和支撑部筒壁折皱压溃机理并进行说明，由此分述了它们的切口参数、后剪、下坐、倒向偏离和爆堆规律，以及切口闭合时间，倾倒触地速度，以及底切口和高位切口烟囱倒塌触地的特点和计算公式；叙述了单切口和多切口连续多段折叠拆除的设计要点。本书还叙述了预拆除的必要，它们的设计及计算，以及预拆除效果实例统计。本书总结了宏大及其他爆破公司拆除中的环保和安全问题，总结了楼房塌落振动10余年的测振记录，并对现有塌落振动计算提出了改进和智能预测方法，以及高烟囱倒塌触地侵彻溅飞的规律。要建立环保爆破拆除的动力学，是一个长期研究积累的过程，甚至几代人才能完成。本书仅收集了2008—2016年间有关爆破拆除的动力分析论文，只想引起爆破界同仁的重视，起到抛砖引玉的作用。

本书及收集的论文是依据广东宏大爆破有限公司至今20年的爆破拆除工程实践、观测和研究而写成，并参考了其他单位爆破拆除工程的有关资料。如果没有宏大公司爆破工程的实践经验，本书就不可能进行建筑物倒塌动力学的研究。因此，首先要感谢广东宏大爆破有限公司广大工程技术人员的热情支持和工作，特别是郑炳旭董事长的支持和关心。

本书的完成得到了中国工程院院士汪旭光、钱七虎的指导和霍永基、陈树坚、于亚伦教授的宝贵意见，在此表示衷心感谢！

书中采用了傅建秋、李战军、陈锦安、张志义、邓志勇、杨年华、周家汉、谢先启（工程院院士）、齐世富、施富强、曲广健、张北龙、华一栋、汪浩等教授所作的拆除工程及其资料，在此特向他们表示诚挚的感谢。

本书的案例，未以括号内注明施工单位和参考文献的，均由广东宏大爆破股份有限公司负责爆破。本书内容和收集论文涉及多个力学分支和工程领域，由于原论文的期刊篇幅有限，有些力学、数学及计算内容，只能简述。读者若有疑问和认为描述欠妥的内

容，以及爆破拆除建筑的其他问题，欢迎致电发文与作者深入讨论、相互学习，并建议参考魏晓林著书，2011 年版《建筑物倒塌动力学（多体－离散体动力学）及其爆破拆除控制技术》，中山大学出版社出版。此文在本书正文中简称文献［1］，其摘录章节和论文集均以边框表示。前言和正文（除论文和摘录外）的参考文献，以“b［ ］”表示；论文和文献［1］摘录的参考文献仍以“文献［ ］”和“［ ］”表示。由于研究时间仓促，加之水平有限，书中的缺点和错漏在所难免，敬请读者批评指正，作者由衷地感谢！论文集中部分计算程序可联系作者。通讯地址及联系方式，见作者简介。

Demolition of buildings and multibody-discretebody Dynamic selection

Abstract

This book is divided into two parts, namely building collapse dynamics and demolition technology (body) and those anthology. The main body is the building collapse kinetics of reinforced concrete structures. Established the dynamics of blasting demolition, and formed system of branch of China are a long-term of research process of accumulation. This book collects the papers about the dynamics of blasting demolition from 2008 to 2016. The content of the book is divided into two parts. The first of the book speaks the dynamics of reinforced concrete structure buildings collapse. Some basic concepts of the Multibody Dynamics and the characteristics of Multibody-discretebody Dynamics are reviewed. Mechanism of construction of parallel beams and columns simplifies the dynamics equation, making it the 1 ~3 degrees of freedom of single open chain system, relied on multi-body plastic hinges, dynamic equation is established. By that of the building, in the gravity field and in the finite field of dynamic equation the analytical solution or approximate solution from the numerical solution can be gotten. Dynamic equation solution of collapsed process to the ground among all kinds of collapsed stage section of all kinds of building structure is listed. The similar nature of equation is studied, that lays the foundation theory of the popularization and application of the solution. Residual resistance force (moment) of the plastic stage of the components is solved. With component impact stress wave superposition theory, put forward the crush on both ends of the pillars and its cycle broken compression process of their fragments flying-total pressure loading. And the computation of pillar crushing is solved with that equivalent strength. The mouse method of transformation of real from image is put forward. Thus, the input work of the buildings modeling parameters is simplified. The proportion of gravity center and moment of building with that of the model figure and its inertia is respectively used. Thus, input calculation of application similar to calculate figure and formula is simplified.

Second is application of the front theory, which usage is the multi-body dynamics control demolition technology (MBDC). About the buildings and chimney, those demolition, collapsing vibration and collapsing touchdown penetration flying, dust removal technologies and predemolition are narrated. Buildings caved incision parameters in a similar figure is simply calculated, that is above the buildings of frame, frame shear, small opening shear, wall frame, such as multi span frame structure are dumped and collapsed, as well as single incision, synthetic or reverse double incision, compound incision and raise the incision, etc. The dumping formula and similar calculation diagram collapsing blasting heap distribution of buildings above incision, sitting back, sitting down of single or double column and sitting under the whole building are described. Describes similar figure of the single incision closure time, to choose one detonating time reference. The damage of incision support department about the tall and tall thin wall chimney of reinforced concrete is pointed. The meshing mechanism of incision of chimney under height of 180 m and crushing mechanism compared with crease of incision support department of chimney above 210 m high respectively are investigated. Points above their incision parameters, shear back, sitting down, the law of toppling deviation and its heap on ground, and incision closure time, dump touchdown speed on ground, as well as the characteristics and the calculation formula of chimney collapsing touchdown of the incision on bottom and of high place. The chimneys design points of the single incision and more incisions of continuous multipart demolition are described. This book also describes the necessary of the demolition in advance, their design and calculation, and the demolishing effect instance statistics. The buildings collapsing vibration and other blasting vibration records of more than ten years in Hongda company and other blasting companies are summarized. And put forward the improvement to the existing morphology vibration calculation, and intelligent forecast method. The principle of tall chimney falling down on ground and penetrating splash flying is described.

目　录

建筑物倒塌动力分析及爆破拆除技术

论文集（按引用次序）

建筑物倒塌动力分析及爆破拆除技术

1　中国需要的建筑物拆除力学和技术

当前以结构力学和单体力学为基础的静力学设计理论，已经不能满足拆除爆破设计要求，中国是世界水泥和线材生产最大国，绝大多数多层及高层建筑是钢筋混凝土结构，因此，中国需要拆除钢筋混凝土结构的建筑物倒塌动力学和相应的拆除技术。

2　建筑物倒塌动力学

改革开放以来中国高速发展，出现了大量多层及高层钢筋混凝土建筑，也带来拆除其结构的需要，即需要钢筋混凝土建筑物的倒塌动力学和相应的拆除技术。20 世纪 90 年代，以现代信息技术为中心的新技术革命浪潮席卷全球。21 世纪初叶，在第 5 次科技革命的推动下，爆破拆除领域相继引入了近景摄影测量的数字化判读技术、计算机监控的多头摄像和多点应变测量的综合观测技术，加深了人们对以建筑机构运动姿态、破损材料力学和弹脆性体冲击应力叠加原理的认识。利用计算机数值计算技术，获得了伴有冲击和破损的建筑物运动状态动力方程的解和方程的相似性质，并将参数逆算实测和倒塌效果验证提高到新的数值化水平，从而提出了精准的、简便实用的钢筋混凝土结构破坏的倒塌动力分析（多体 - 离散体动力分析）。

2.1　钢筋混凝土结构的建筑物倒塌动力学

当建筑物或其切口内的支撑构件被爆破而拆除，形成建筑物破坏并使其重载、重力矩大于其支撑体的维稳和反翻塌力及其力矩，迫使建筑物失稳、倒塌和破坏，描述该过程的动力学为建筑物倒塌动力学，其技术为建筑物爆破拆除技术。

2.1.1　相关建筑物倒塌动力学的概念简述

概念详述见文献［1］。建（构）筑物的各梁、柱等构件以节点相连而稳定，其间没有相对运动，则构件组合体为结构。当爆破拆除了部分构件时，结构中另一部分构件端点或集中力作用点的广义力超过极限强度，该点的形变迅速增大，超过附近构件变形约几个数量级，因此可以将构件附近的这些变形忽略，而该点则可认为转变为铰点，并

允许构件间的相对运动。这时的建筑构件组合体，本文称为建筑机构。多个物体通过运动副（铰）连接的系统，称为多体系统，多体系统的构件定义为物体。在多体系统中，将物体间的运动约束定义为铰。形成塑性铰且对倒塌运动的建筑机构b[5]，是铰运动副连接的多体系统，或称建筑多体。多体系统各个物体的联系方式称为系统的拓扑构型，简称拓扑。

现浇钢筋混凝土结构的破坏，必然经历混凝土已经断裂但钢筋还牵拉的非完全离散过程，因此，结构初始失稳后，必然经历多体系统b[4]运动，而后可能多体离散为非完全离散体b[5]，直至或直接破坏为完全离散体b[5]，并塌落撞地堆积为爆堆。因此，为反映整个倒塌过程，将初始失稳的极限分析、变拓扑多体系统动力学、多体离散动力分析和离散体动力分析结合起来，可以描述建筑机构的整个倒塌过程。将其全过程的有关动力学，统称为多体-离散体动力学，并将其力学分析称为多体-离散体动力分析。结合结构冲击动力分析，组成建筑物倒塌动力学。统观现今爆破拆除的建筑结构，在转变为机构时，可按机构特征的体、铰和自由度分类。在撞地前可归纳为以下拓扑运动：

（1）单体无根系统。支撑失稳建筑物下坐撞地冲击坍塌解体：如烟囱下坐；高层建筑下坐坍塌，如图2.1。

（2）单体单向倾倒。单向倾倒的烟囱，如图2.2；单向倾倒的伞状水塔，如图2.3；单向倾倒的低层楼房；单向倾倒的剪力墙多层结构和框剪结构，如图2.4；单向倾倒的多跨框剪楼房，如图2.5；多层楼房爆破拆除前排立柱后，该跨楼梁断裂倾旋，如图2.6。

图2.1　高23层建筑下坐坍塌

图2.2　单向倾倒的烟囱

图 2. 3　伞状水塔单向倾倒

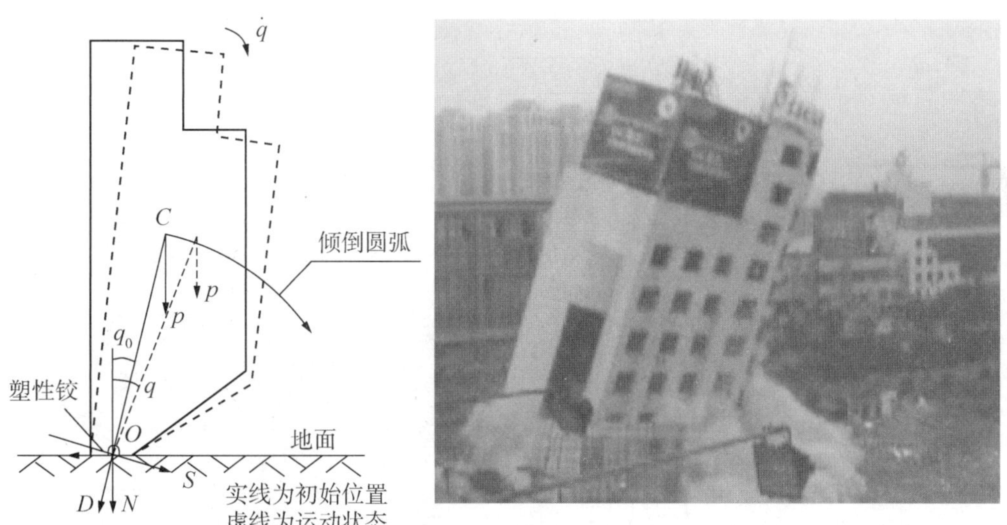

图 2. 4　剪力墙结构或框剪楼房单向倾倒（右图为中山古镇灯饰楼爆破拆除）

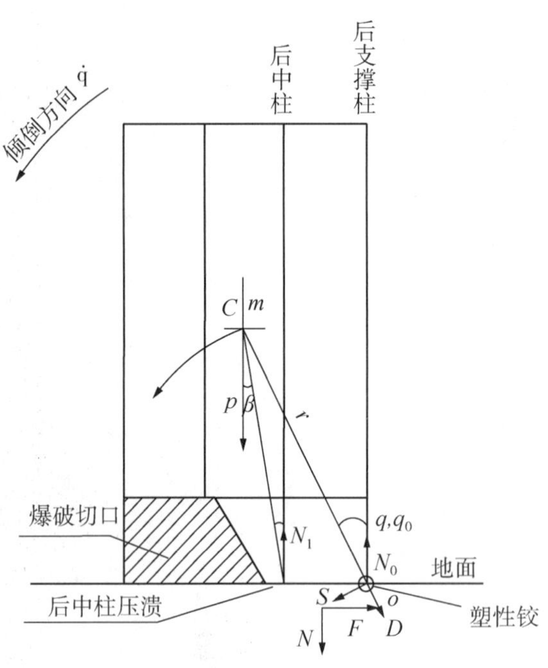

图 2.5　多跨框架后两排支柱支撑单向倾倒（C 为切口上楼房质心）

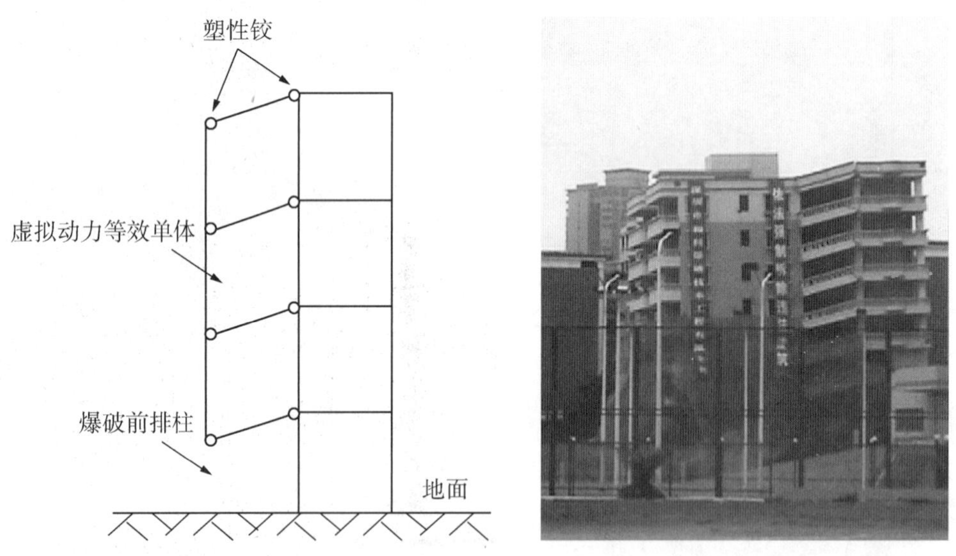

图 2.6　前跨楼梁解体下塌（右图为深圳南山违章建筑爆破拆除，由和利公司爆破）

(3) 双体双向倾倒。高烟囱双向折叠倾倒，如图 2.7；多、高层现浇钢筋混凝土框架楼房前中排立柱爆破，后排立柱上下端分别成铰，双向折叠倒塌，如图 2.8；剪力墙结构上下切口，双向折叠倾倒，如图 2.9；厂房单跨排架爆破拆除双向折叠，如图 2.10。

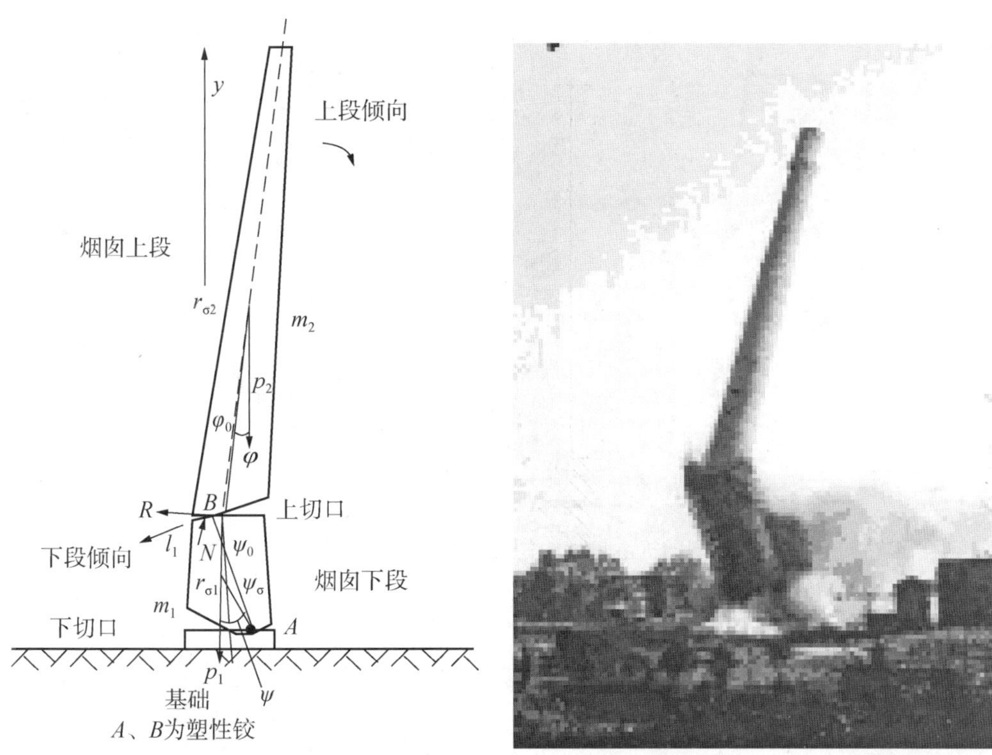

图 2.7　烟囱双向折叠倾倒（右图为阳逻化工厂烟囱爆破拆除，由武汉爆破公司爆破）

图 2.8　剪力墙双体双向折叠倾倒（右图为东莞潢涌水泥罐爆破拆除）

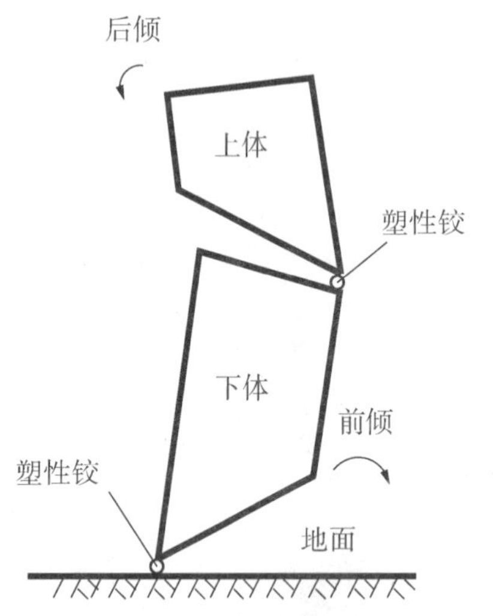

图 2.9 剪力墙双体双向折叠倾倒（右图为青岛剪力墙 15 层宾馆西楼爆破拆除）

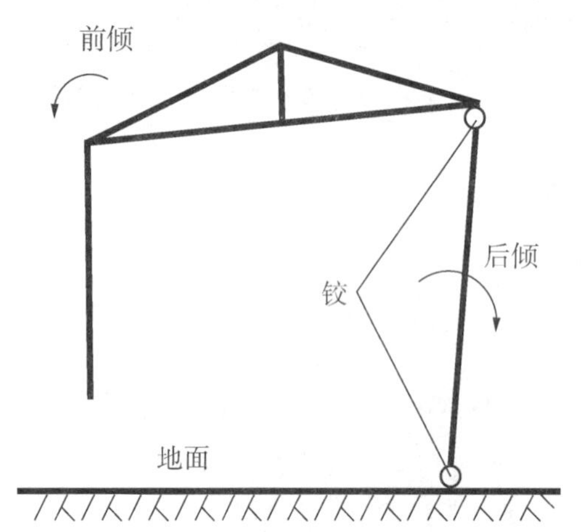

图 2.10 排架厂房 2 体系统双向折叠（右图为广州水泥厂厂房爆破拆除初期）

（4）双体同向倾倒。烟囱同向折叠倾倒，如图 2.11；厂房单跨排架爆破拆除双向折叠后转为同向折叠倾倒，如图 2.12；多、高层预制钢筋混凝土框架前、中排立柱爆破，后排柱梁端成铰同向折叠倾倒，如图 2.13；剪力墙结构上下切口同向折叠倾倒，如图 2.14；大开口剪力墙前肢平行后肢下塌同向双体倾倒，如图 2.15。

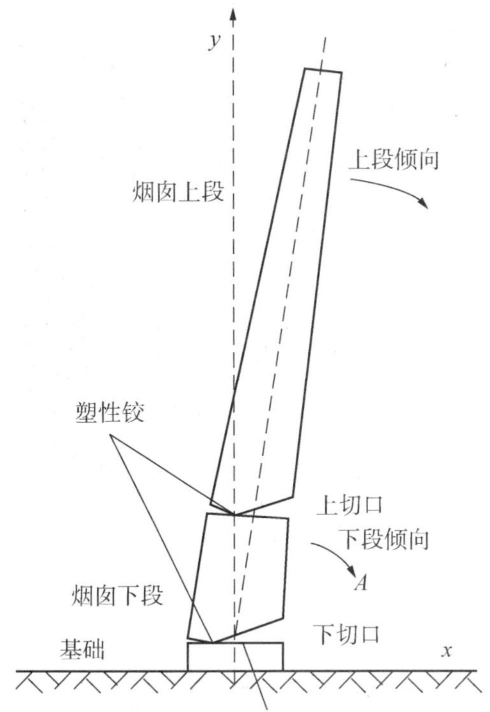

图 2.11　烟囱同向拆叠倾倒（右图为广州氮肥厂烟囱爆破拆除）

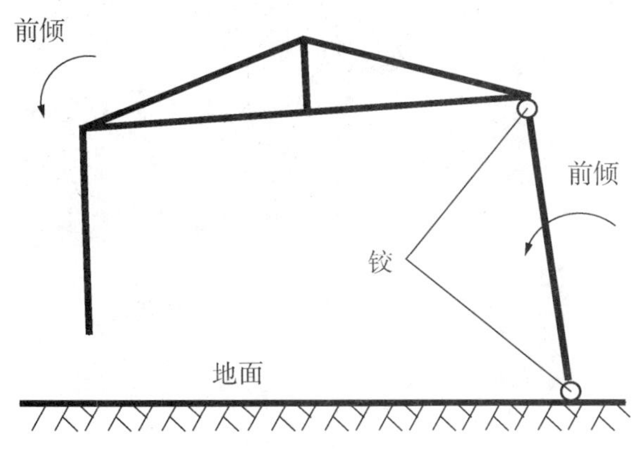

图 2.12　排架厂房 2 体系统同向折叠倾倒（右图为广州水泥厂厂房爆破拆除后期）

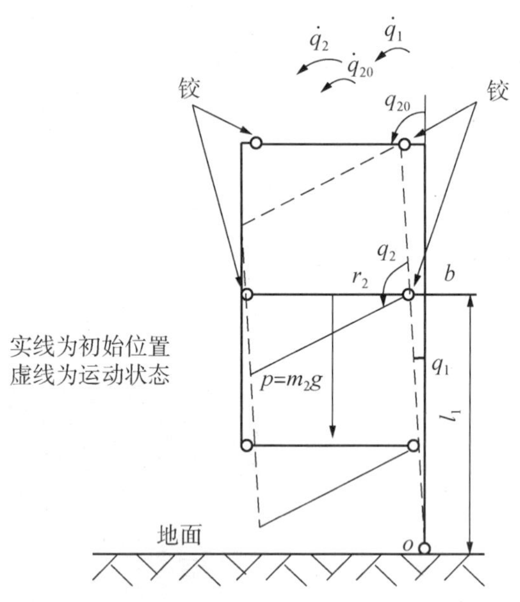

图 2.13　装配式钢筋混凝土楼同向折叠倾倒

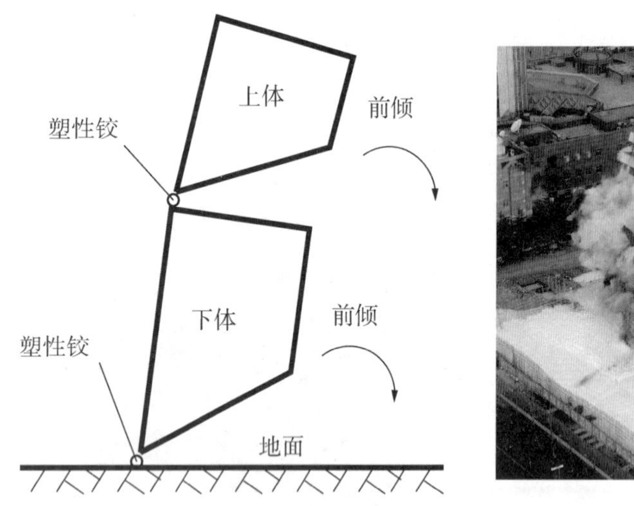

图 2.14　剪力墙双体同向折叠倾倒（右图为 14 层剪力墙宾馆爆破拆除）

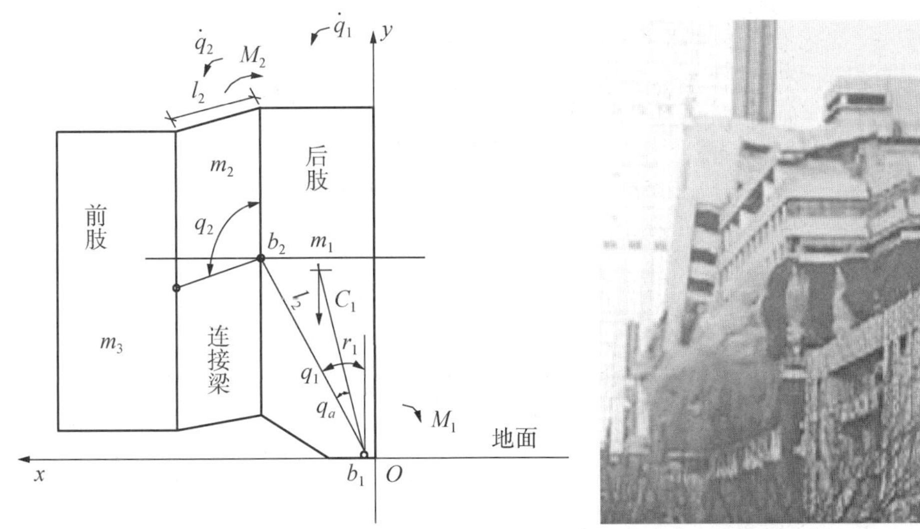

图 2.15　大开口剪力墙前肢平行后肢下塌同向双体倾倒

（5）三体双向倾倒。高烟囱 3 折双向倾倒，如图 2.16；高层楼房后排长立柱撞地折断为 2 体，双向折叠倾倒，如图 2.17；多、高层框架楼房前跨已形成塑性铰倾旋，后排立柱爆破再形成双向折叠，如图 2.18。

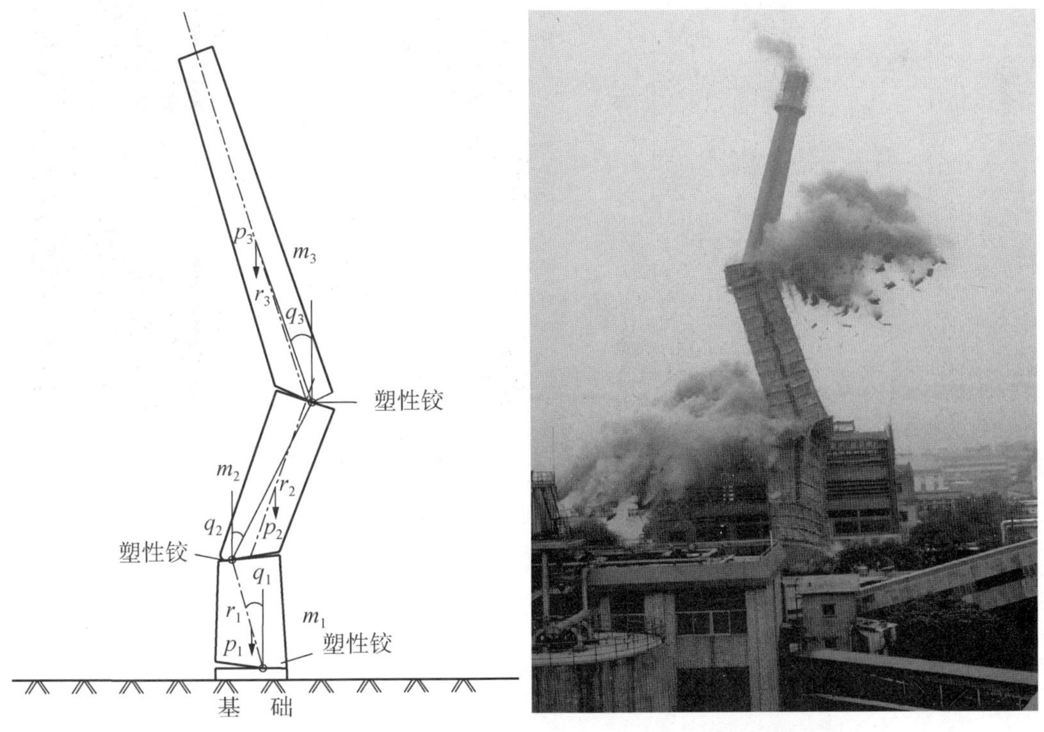

图 2.16　烟囱 3 折双向倾倒（右图为广州造纸厂烟囱爆破拆除）

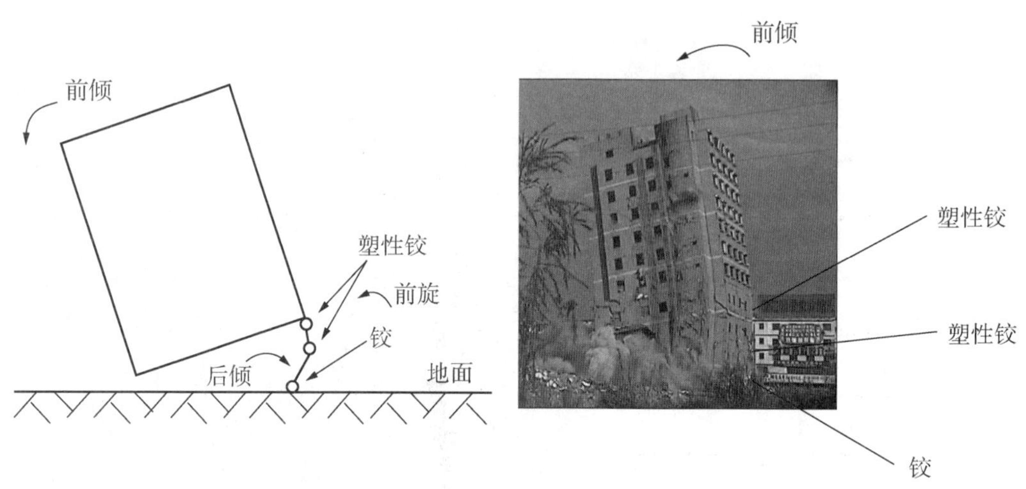

图 2.17　框架楼 3 体折叠倾倒（右图为潮味酒楼爆破拆除，由和利公司爆破）

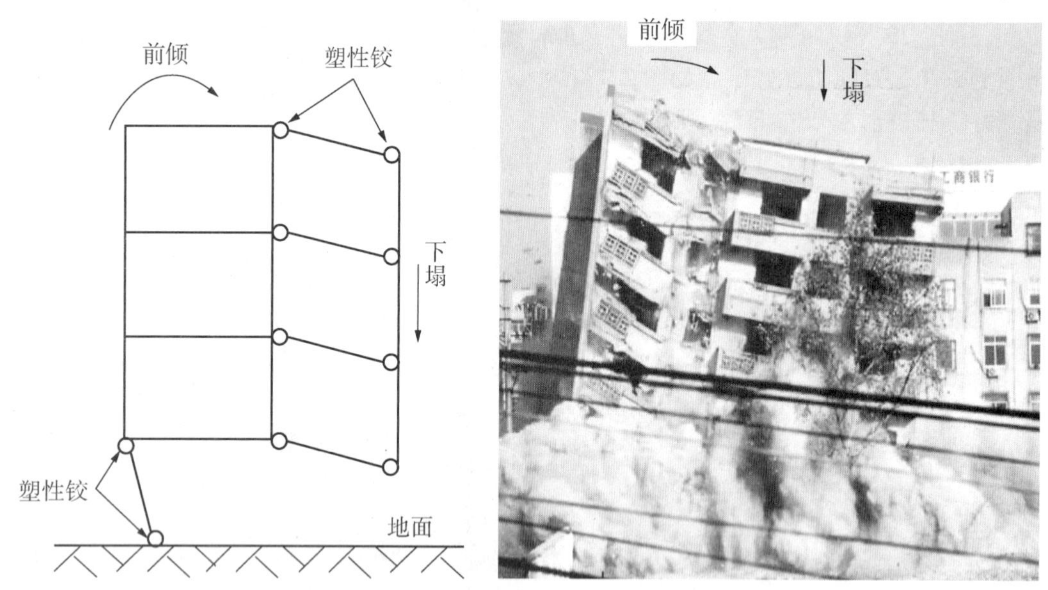

图 2.18　多层 3 体系统下塌瞬间（右图为如徐州新生里楼房爆破拆除）

（6）4 体以上系统的各种拓扑。高层建筑 3～4 切口爆破拆除形成单开链多体系统，如图 2.19；多跨框架和工业厂房排架结构非树多体系统爆破拆除，如图 2.20；6 构体内向折叠非树系统倒塌，如图 2.21。

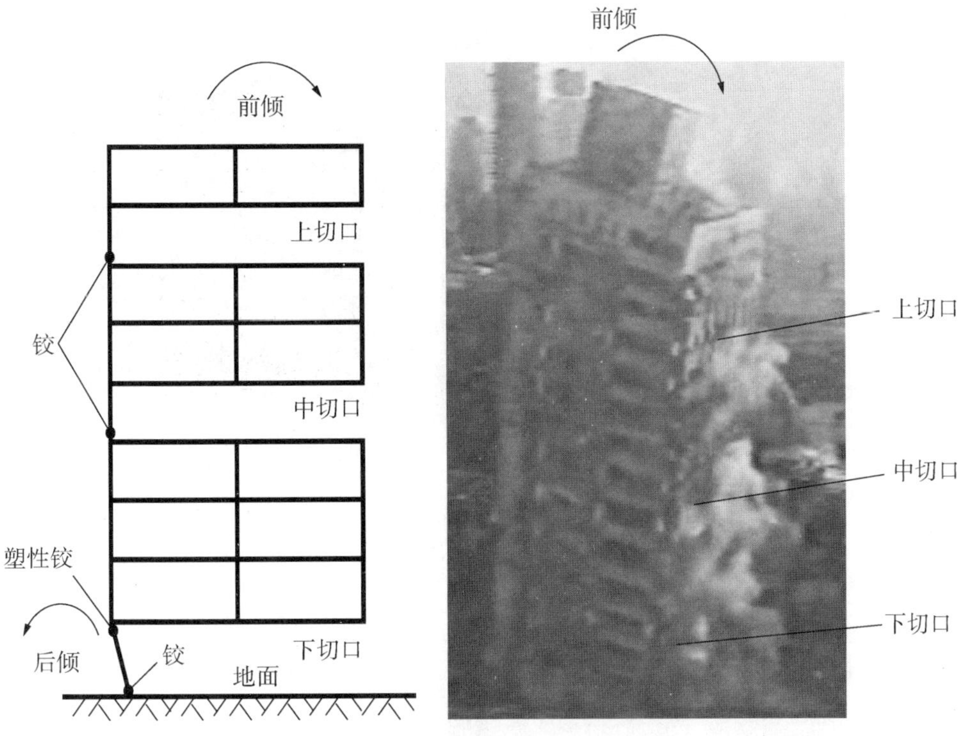

图2.19　高层多切口多体系统倒塌
（右图为上海长征医院爆破拆除，由同济大学爆破公司爆破）

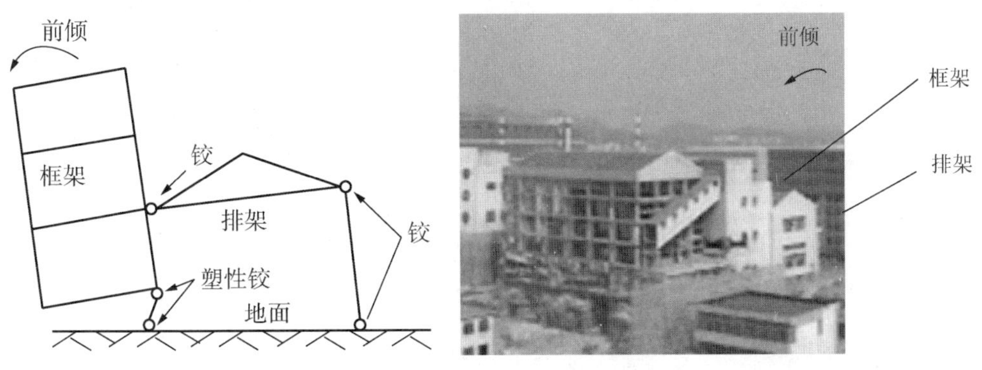

图2.20　框架排架非树多体系统倾倒（右图为恒运电厂厂房爆破拆除）

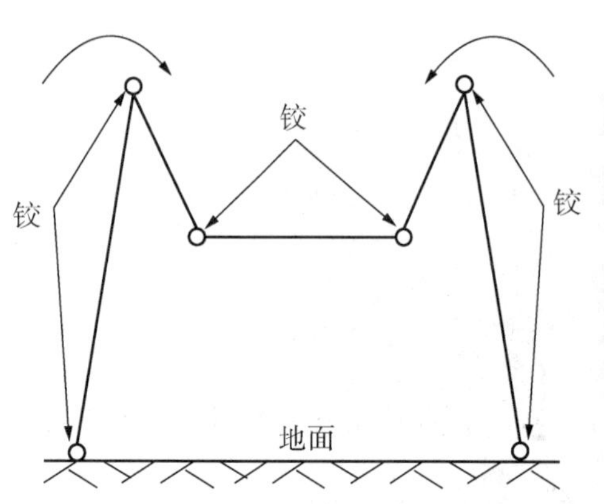

图 2.21　6 体内向折叠非树系统倒塌（右图为广州旧体育馆爆破拆除）

建（构）筑物撞地后的拓扑虽然更为复杂多变，但适当简化，也可以归入以上类型。建筑结构撞地后，可归纳出以下拓扑运动。

（7）单体整体倾倒。框架上的仓体倾倒，前趾着地后，整仓前翻，如图 2.22；整体式或小开口式剪刀墙倾倒前趾着后，剪刀墙整体前翻；框剪结构下坐停止后，向前翻倒。

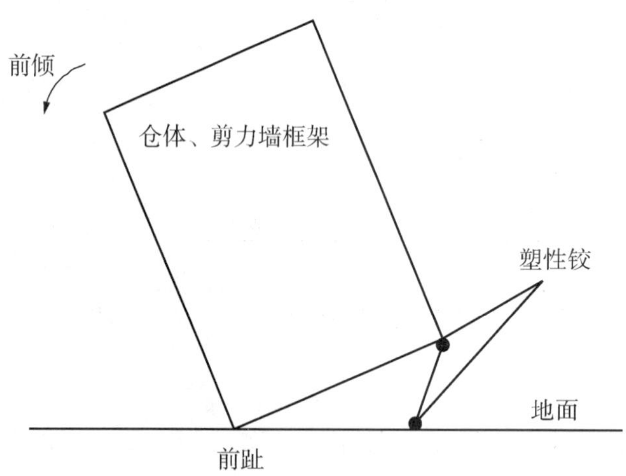

图 2.22　仓体和倾倒剪刀墙整体前翻

（8）逐层单体单向倾倒。框架楼房倾倒前柱前趾撞地后，从底层逐层向上，柱端成铰“层间侧移”形成叠饼式坍塌，如图 2.23。

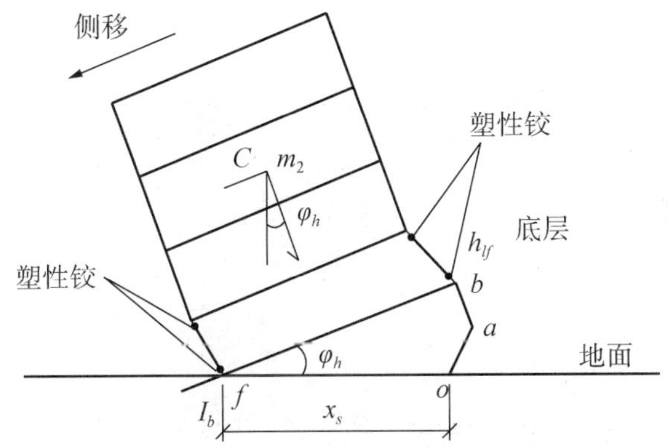

图2.23　框架楼房“层间侧移”形成叠饼式坍塌

(9) 逐跨下塌向前倾倒。框架楼倾倒，前趾着地后，逐跨向后，梁端成铰，“跨间下塌”形成爆堆，如图2.24。

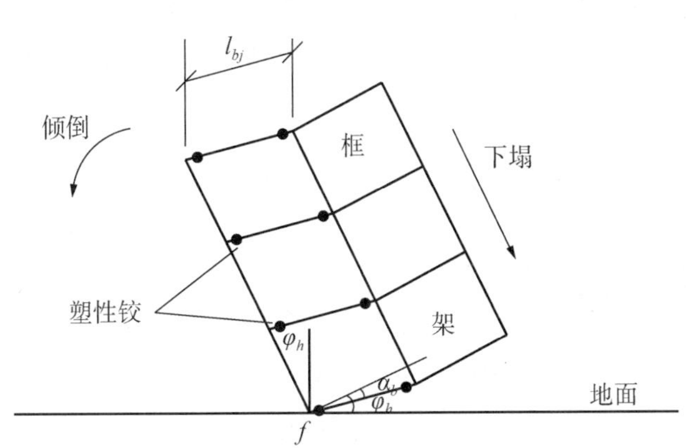

图2.24　框架楼“跨间下塌”（由和利公司爆破）

(10) 单体冲击撞地下坐质量散失单向倾倒。高层建筑下坐并倾倒，如图2.25。

(12) 装配式结构撞地各跨梁各层柱离散。如装配式梁、板式大开口剪力墙撞地坍塌。

(13) 高大薄壳筒体冲击撞地弧铰横向屈曲折合纵向下坐倾倒。电厂冷却塔爆破拆除，如图2.26。

图 2.25　楼房下坐塌落质量散失倾倒（由西南交通大学爆破）

图 2.26　高大薄壳筒体冲击撞地弧铰横向屈曲折合纵向下坐倾倒（由和利公司爆破）

由此可见，建筑机构倒塌运动可用多体来模拟，并且结构在爆破拆除倒塌时，所形成的机构是拓扑变化的系统，统称变拓扑多体系统b[7]，见论文［1］的 4.4 节。很多建筑物的倒塌都可以用以上拓扑的组合多体系统模拟b[8]，继而以统一的动力方程来描述。因此，变拓扑多体系统动力学分析，是模拟建筑物倒塌必不可少的最重要过程。

现浇钢筋混凝土构件断开，但是还有钢筋力牵连，本文将构件体间铰断开但仍有钢筋力牵连的关系称为非完全离散b[5]。钢筋混凝土构件非完全离散的材料力学基础，是钢筋的牵拉脱粘和屈服伸长。非完全离散的钢筋混凝土构体，当离散点的间距超过钢筋从混凝土中牵拉脱粘或混凝土脱落钢筋拉伸的距离而断开后，多体系统解体，其脱离体本文称为完全离散体。

某些钢筋混凝土结构的倒塌最后阶段，可从多体或其过约束经多体离散为非完全离散，直至或直接完全离散为塌落堆积，也仅此需要多体离散动力分析和离散体动力分析。非完全离散体的动力方程，和有多体和离散体并存时的数值解算方法和程序，本文统称为多体离散动力分析。存在层间叠落和下坐的钢筋混凝土结构，还需要对随动软化的弹脆性构件进行冲击动力分析。

在拆除爆破后，各种建筑结构的倒塌运动，都必先初始失稳，而步入倾倒（或下落）阶段，而后依不同结构，倒塌运动将出现较大差异。低位单切口爆破拆除的坚固结构，经过多体撞地而不解体，将没有运动解体和塌落堆积过程；大多数现浇钢筋混凝土框架则不然，倾倒撞地而破坏，在其构件端或中部形成新的塑性区，而后以新的多体拓扑落地运动，其解体和堆积时间较短。装配式钢筋混凝土框架、排架和高位切口的高耸

结构，多在空中解体，其解体和堆积时间较长。而在解体过程中，装配式结构和排架将从多体直接解体为完全离散体，而现浇钢筋混凝土结构先经过非完全离散，再到完全离散。由此可见，各种建筑机构的倒塌过程，都存在多体和离散体的事实，因而都可以统一地用多体－离散体动力学来描述。

但是从上述可知，描述倾倒（或下落）过程的变拓扑多体系统动力运动，是必经的过程，也是最重要的。多数的低位切口拆除爆破的运动，其机构倒塌的模拟，仅用多体系统动力分析即可完成，如坚固的整体结构，而框架上的筒仓结构和撞地解体生成新的多体以及近地则不必用离散动力分析的结构。因此，变拓扑多体系统动力学分析是模拟建筑物倒塌必经的必不可少的最重要过程。而某些钢筋混凝土结构的倒塌最后阶段，有可能出现完全离散的塌落堆积，也仅此需要离散体动力分析。由此可见，变拓扑多体系统动力学，可以满足大多数建筑物倒塌过程动力分析的需要。

2.1.2 多体系统与爆破拆除相结合

建筑物倒塌应用多体系统的思想是建筑机构与自然断裂生成的铰相结合，构件成为刚塑性体，由此可以建立多体动力学方程。这为控制拆除建筑物倒塌初期的关键运动计算奠定了理论基础。

然而，建筑物倒塌动力学又必须将多体动力学的基本原理与爆破拆除的现实相结合，形成多体－离散体动力学。由于同跨梁，同层柱相互平行运动，存在很多冗余约束，可将建筑机构的成百上千个柱、梁复杂非树多体化简为单开链的 1 ～ 3 个等效动力体和分结构多体，因此大大简化了建模的微分方程和数值积分。随着体数减少和体间关系简化，部分建筑倒塌的动力方程可获得近似解乃至解析解，从而便于实现倒塌过程的公式表示。多体动力方程的相似性又使其解和解定义的函数以无量纲表示而简便。按动力学方程的相似性质，将解及其导出量，无量纲规整化后，建立相似准则公式或无量纲算图，大大方便了在实用中推广，从而形成了多体动力学切口控制拆除技术（MBDC）。现将其动力学方程，钢筋混凝土构件破损的材料力学分析，混凝土构件冲击动力分析，以及有关建筑物倒塌动力学的其他问题等进行简述，见论文［1］，文 91 页。

2.2 建筑多体动力方程

建立反映拆除建筑物倒塌的动力方程，是拆除力学的中心。获得方程的解是能否应用的关键，能得到简单、易于表达的全部或部分的解析解、近似解，应用就能大大简便，仅能获得数值解则与数值模拟同样应用复杂。

Roberson-WittenBurg 法是建立多刚体系统 3 维动力方程的普遍方法之一。建筑多体机构树系统中大部分是平面单开链系统，其一般方程见论文［1］的式（1），并依据不同的体数 n 和不同的自由度数 f 以及不同的拆除条件可演变为各种方程。此外，还有根体冲击塌落为变质量体的下坐动力方程，见论文［1］的式（13）、式（14）。以下按框架建筑物倒塌时的拓扑变化顺序，说明其动力方程。

2.2.1 单跨、多跨悬臂框架梁和连续梁倾倒

这是中国爆破拆除界的经典问题，称为弯矩逐跨解体法[b[9]]，国外也称“内爆法”，即利用建筑物自身的重力产生弯矩和剪力，延时逐次起爆，在水平方向实现逐跨断裂。首次起爆第一跨下柱，而后逐次起爆的后跨下柱，并因前跨的断裂运动，获得了后跨的初始速度和初始位移。其首跨运动的动力方程如下，摘自文献［1］文112～114页。

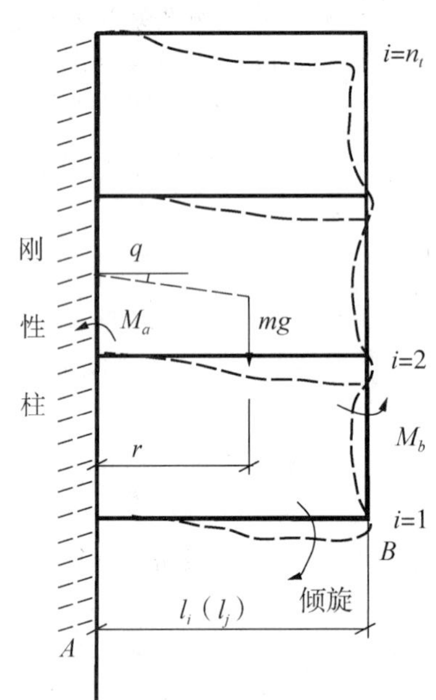

图6.2 框架单跨倾旋力

设n_t层单跨框架楼，如图6.2所示。当在重力作用下，各前后梁端都出现塑性铰后，各层梁开始平行按同一自由度q（R°＝rad）倾旋，而柱则平行刚性柱而平动。设该非树单开链多体系统可简化为$n=1$的具有同一自由度$f=1$的端塑性铰的虚拟有根悬臂动力等效梁（体），则等效动力体的主矩方程为

$$J_d \frac{\mathrm{d}^2 q}{\mathrm{d}t^2} = mgr\cos q - M\cos\frac{q}{2} \tag{6.15}$$

式中：m为梁、柱的质量，10^3 kg，$m = n_t m_b + (n_t - 1)m_c$；$m_b$为梁和梁上的质量，$10^3$ kg，m_c为柱和柱前相连的质量，10^3 kg，n_t为楼梁数；r为梁、柱及相关质量物的质心距，m；$r = \left[\frac{n_t m_b l_i}{2} + m_c(n_t - 1)l_j\right]/m$；$l_i$为梁的跨长，m；$l_j$为柱的质心水平距，m；$J_d$为梁、柱对固定端的转动惯量，$10^3$ kg · m²，$J_d = n_t J_c + n_t m_b l_i^2/4 + m_c(n_t - 1)l_j^{\,2}$；$J_c$为梁及梁上质量（不包括柱上）的转动主惯量，$10^3$ kg · m²；

$M\cos(q/2)$ 为梁两端的“塑性铰”机构残余弯矩之和，kN·m，$M=n_t(M_a+M_b)$，M_a 为固定端梁的机构残余弯矩，M_b 为倾旋端梁柱的机构残余弯矩，由于现浇钢筋混凝土框架为T型梁，故 $M_a>M_b$，M_a 和 M_b 为2.4.4节的 M_d/α_t；$q/2$ 为以梁轴与梁端钢筋的最大夹角，R°；t 为梁倾旋的时间，s。

同理，可以列出6.2.2节的等效动力体的主矢动力方程，并由此与式(6.15)的主矩方程比较。从该等效动力体方程可见，虚拟等效梁的质量、质心和惯性矩分别为梁和柱的总和，端抵抗矩为各层梁两端的机构残余弯矩之和，而拉力、剪力为各层梁的拉力、剪力之和，其合力之作用点，通过梁端之主矢点，并成为虚拟等效梁的虚拟铰点。

主矩方程的初始条件：$t=0, q=0, \dot{q}=0$，按5.2.1节数值计算，可解得数值解。式(6.15)的解析解[3]为

$$\dot{q}=\sqrt{\frac{2mgr\sin q}{J_d}-\frac{4n_t(M_a+M_b)\sin\frac{q}{2}}{J_d}} \tag{6.16}$$

令

$$q_s=\frac{q}{\arccos(M/mgr)} \tag{6.17}$$

以方程(6.15)数值解归纳平均角速度 $\dot{q}_c$，而 $\frac{\dot{q}_c}{\dot{q}}$ 的近似值 P_q 在 q 的 $[0, \pi/3]$ 有限域内接近常数0.5，在 $[0, \pi/2]$ 内以数值解曲线拟合，得

$$\frac{\dot{q}_c}{\dot{q}}\approx P_q=0.095q_s^2-0.024q_s+0.5 \tag{6.18}$$

而近似解

$$t=\frac{q}{\dot{q}_c}\approx q/(P_q\dot{q}) \tag{6.19}$$

连续多跨框架的解，见6.3.2节，文114～116页。

2.2.2 高耸建筑的初始单向倾倒

烟囱、剪力墙、框架和框剪结构等高耸建筑物爆破形成单切口后，破坏了楼房的平衡，而绕后支撑中性轴底铰 o 向前转动，单向倾倒初期，如论文［1］的图1所示，可从论文［1］的式(1)多体系统方程简化得到 $n=1$，$f=1$，底端塑性铰轴的有根竖直体的动力方程，详见论文［2］。

2.2.3 单切口框架2体初始翻倒

当框架底1～2层的墙拆除后，切口层前、中排柱逐次延时起爆，一般来说现浇框

架的重力，从质心向支撑柱传递，形成倾倒力矩 M，在后支撑柱上端 b，由于砖墙拆除，抗弯能力削弱，使倾倒力矩

$$M > M_2 \tag{2.1}$$

故在 b 处产生塑性铰；式中 M_2 为后柱上端塑性铰 b 处的抵抗弯矩。当 M_2 小于各层梁端抵抗弯矩之和时，框架上体将沿其柱端铰 b 向前倾倒，如图 2.27 所示，即

$$M = Pr_2 \sin q_2 > M_2 \tag{2.2}$$

此时框架对铰 b 动力矩 $M_{d2} = -M_2$，方向与 q_2 倒向一致；式中 P 为上体重量，r_2、q_2 见图 2.27；同时在框架后推力 $F = P\cos q_2 \sin q_2$ 作用下，若

$$Fl_1 > M_1 + M_{d2} \tag{2.3}$$

则支撑柱将作为下体向后倾倒，式中 M_1 为柱底铰抵抗弯矩，从而形成自由度 $f=2$ 体 $n=2$的折叠机构运动，铰 b 同时后坐，该体间连接铰的后坐，本文称为“机构后坐”，其运动规律遵寻 2 体运动动力方程[2]，为

$$\left.\begin{aligned} &J_{b2}\ddot{q}_2 + m_2 r_2 l_1 \cos(q_2 - q_1)\ddot{q}_1 + m_2 r_2 l_1 \sin(q_2 - q_1)\dot{q}_1^2 = m_2 g r_2 \sin q_2 + M_2 \\ &m_2 r_2 l_1 \cos(q_2 - q_1)\ddot{q}_2 + (J_{b1} + m_2 l_1^2)\ddot{q}_1 - m_2 r_2 l_1 \sin(q_2 - q_1)\dot{q}_2^2 = \\ &m_2 g l_1 \sin q_1 + m_1 g r_1 \sin q_1 + M_1 - M_2 \end{aligned}\right\} \tag{2.4}$$

式中：q_2、q_1、$\dot{q}_2$、$\dot{q}_1$、$\ddot{q}_2$、$\ddot{q}_1$ 分别为上体 C_2b 和下体 ob 与铅垂线的夹角、角速度和角加速度；m_2、m_1、J_{b2}、J_{b1}、r_2、r_1 分别为上体的质量、下体的质量、对下铰的转动惯量和质心与下铰的距离；l_1 为下体两端塑性铰的距离；M_1、M_2 分别为下铰、上铰的抵抗弯矩，正负与 q_2、q_1 的正负方向判断相同。

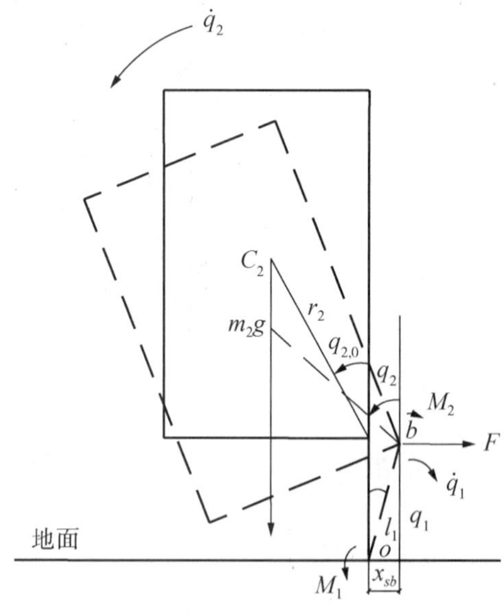

图 2.27　现浇钢筋混凝土楼双折倾倒力

（实线为初始状态，虚线为运动状态，C_2 为上体质心）

动力方程的初始条件为

$$t = 0, q_2 = q_{2,0}, q_1 = 0, \dot{q}_2 = \dot{q}_{2,0} = 0, \dot{q}_1 = 0 \tag{2.5}$$

由于方程组（2.4）为二阶微分方程组，目前还没有解析解，只有数值解。下文摘自文献［1］，近似解显性表示 q_{r1}，单位弧度计作 R°，即 q_1 的近似解（见文献［1］文136~138页：）

$$q_{r1} \approx (a_{r1} \cdot q_{a1} + 1)(a_{k1} \cdot q_{a1} + 1) q_{a1} \cdot a_p \cdot a_{r2} \tag{6.91}$$

$$q_{a1} = -\arcsin[r_2(\sin q_2 - \sin q_{2,0})/l_1] \tag{6.92}$$

式中 $a_{r1} = -8.85k_r^2 + 19.98k_r - 11.25$；$a_{k1} = -3.84k_{mj}^2 + 9.44k_{mj} - 5.63$；$k_r = (r_2)_c/(r_2)$，$k_{mj} = (m_2/J_{b2})_c/(m_2/J_{b2})$，$k_{pj}$ 多少于 0.2，见原著（文称文献［1］）。$(一)_c$ 为计算框架的参数，（一）为典型楼的参数。$a_p = 1 - 0.125\,k_{pj}$；$a_{r2} = -2.3851\,k_r^2 + 4.8754\,k_r - 1.4718$。

以式（6.91）求导，得下体实际转动角速[6]：

$$\dot{q}_{r1} \approx \dot{q}_1(3a_{k1}a_{r1} \cdot q_1^2 + 2a_{k1} \cdot q_1 + 2a_{r1} \cdot q_1 + 1)a_p \cdot a_{r2} \tag{6.93}$$

而从式（6.92）求导得

$$\dot{q}_1/\dot{q}_2 = -r_2\cos q_2/l_1\cos q_1 \tag{6.94}$$

由式（6.93）、式（6.94）得下体转速与上体转速比为 $\dot{q}_{dr1} = (\dot{q}_{r1}/\dot{q}_1)(\dot{q}_1/\dot{q}_2)$。

根据机械能守恒原理，2 体损失的势能 U 将转变为上体的动能增量，即

$$U = [(l_1(1 - \cos q_{r1}) + r_2(\cos q_{2,0} - \cos q_2)]m_2 g \tag{6.95}$$

$$\dot{q}_2 \approx \sqrt{\frac{2U}{J_{b2}/m_2 + 2r_2 l_1 \cos(q_2 - q_{r1})\dot{q}_{dr1} + l_1^2\dot{q}_{dr1}^2)m_2} + \dot{q}_{2,0}^{2.1}} \tag{6.96}$$

从以上各式可见，若已知位移 q_2，则可通过式（6.91）、式（6.92）、式（6.93）和式（6.96）近似计算其对应的速度 $\dot{q}_2$，得动力方程（2.4）即方程（6.88）的简单近似解组。

以上也是动力方程（2.4）的简单近似解组。

2.2.4 建筑物的双向倾倒

相当数量的建筑物的倒塌，可归入 $n=2$，$f=2$ 的双体双向倾倒和双体同向倾倒，如切口闭合触地框架的跨间下塌，双切口的整截面剪力墙、双切口的烟囱的双体双向折叠倾倒等。

2.2.4.1 框架跨间下塌

触地框架的跨间下塌，见图 2.24，动力方程见论文［3］。

2.2.4.2 剪力墙双体双向折叠倾倒

摘自文献［1］文 130～135 页：

大量的建筑物的双切口拆除倒塌，可归入双体双向倾倒和双体同向倾倒。如整截面剪力墙的双体双向折叠倾倒，如图 6.17 所示，其动力学方程可由单开链多体动力学方程式（6.13）在 $n=2$，$f=2$，φ_1 和 φ_2 方向相反的条件下得到，即式（6.72）[6]

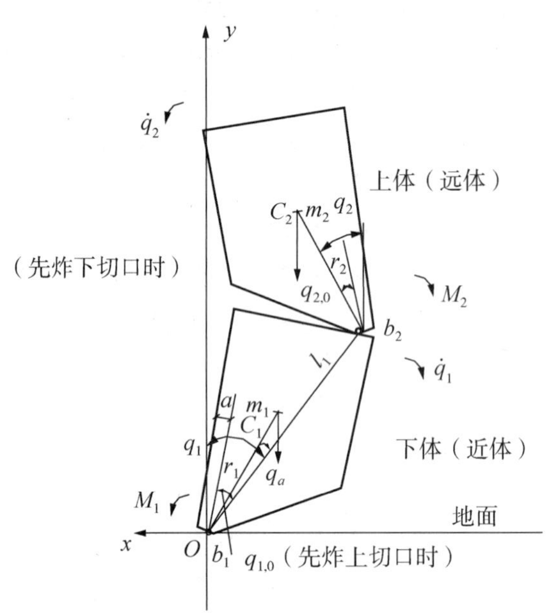

图 6.17　整截面剪力墙双体双向折叠倾倒

$$
\begin{gathered}
J_{b2}\ddot{q}_2+m_2r_2l_1\cos(q_2-q_1)\ddot{q}_1+m_2r_2l_1\sin(q_2-q_1)\dot{q}_1^2=m_2gr_2\sin q_2+M_2 \\
m_2r_2l_1\cos(q_2-q_1)\ddot{q}_2+(J_{b1}+m_2l_1^2)\ddot{q}_1-m_2r_2l_1\sin(q_2-q_1)\dot{q}_2^2 \\
=m_2gl_1\sin q_1+m_1gr_1\sin(q_1+q_a)+M_1-M_2
\end{gathered}
\tag{6.72}
$$

式中 q_2、q_1、$\dot{q}_2$、$\dot{q}_1$、$\ddot{q}_2$、$\ddot{q}_1$ 分别为上体 c_2b_2 和下体 b_2b_1 与铅垂线的夹角（$R°=rad$）、角速度$\left(\frac{R°}{s}\right)$和角加速度$\left(\frac{R°}{s^2}\right)$，逆时针为正，顺时针为负；$m_2$、$m_1$、$J_{b2}$、$J_{b1}$、$r_2$、$r_1$分别为上体和下体的质量、对下铰（内接铰）的转动惯量和质心与下铰的距离；l_1为下体两端塑性铰的距离；M_1、M_2分别为下铰、上铰的抵抗弯矩，既机构残余弯矩，见2.5.4节和2.8节，正负与 q_2、q_1正负判断相同，q_a为 r_1与 l_1 间的夹角，q_a以 l_1 为起始，与 q_1同向则同符号，与 q_1反向则反符号；以上各变量单位见6.3.1节。

动力方程的初始条件如下：

当先炸下切口时，为

$$
t=0, q_2=q_{2,0}, q_1=q_{1,0}, \dot{q}_2=\dot{q}_{2,0}, \dot{q}_1=\dot{q}_{1,0} \tag{6.73}
$$

当先炸上切口时，为

$$
t=0, q_2=q_{2,0}, q_1=q_{1,0}, \dot{q}_{2,0}=\dot{q}_{2,0}, \dot{q}_1=0 \tag{6.74}
$$

2.2.4.3 剪力墙双体同向倾倒

整截面剪力墙和小开口剪力墙的双体同向倾倒，如图6.18所示，其动力方程见式（6.72），图中 q_1，q_2 顺时针为正，逆时针为负。动力方程的初始条件，当先炸下切口时，同式（6.73）；当先炸上切口时，为

$$t = 0, q_2 = q_{2,0}, q_1 = q_{1,0} \approx 0, \dot{q}_2 = \dot{q}_{2,0}, \dot{q}_1 = 0 \tag{6.83}$$

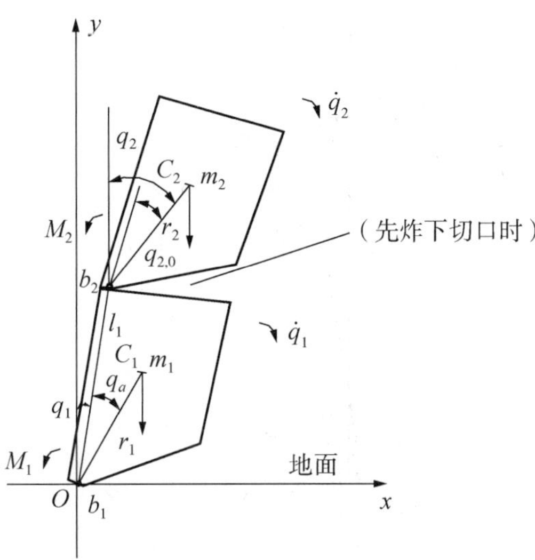

图6.18 剪力墙双体同向倾倒

2.2.4.4 大开口剪力墙、框剪楼前肢下塌后肢倾倒

当楼房单向倾倒时，前肢与后肢间的连接梁（或过道梁）的梁端抵抗弯矩 M 小于前肢和连接梁对其后端的重力矩，即 $m_3gl_2 + m_2gl_2/2 > M$，式中 m_2 为全部连接跨楼梁的质量，m_3 为前肢（多为2跨）的质量；$M = n_l(M_a + M_b)$，M_a 为梁后端的极限弯矩，M_b 为梁前端的极限弯矩，n_l 为楼梁数。由此形成前肢平行后肢下塌和倾倒，连接梁倾旋，后肢前倾的3体、2自由度的运动，如图6.19所示，其动力方程组如下：

$$\left.\begin{aligned}
&(m_2r_2^2 + J_{cr2} + m_3l_2^2)\ddot{q}_2 + \{m_2r_2l_1\cos(q_2 - q_1) + m_3[l_2l_1\cos(q_2 - q_1) + \\
&r_3l_2\sin(q_2 - q_1 + q_0)]\}\ddot{q}_1 + \{m_2r_2l_1\sin(q_2 - q_1) + m_3[l_2l_1\sin(q_2 - q_1) - \\
&r_3l_2\cos(q_2 - q_1 + q_0)]\}\dot{q}_1^2 = m_2gr_2\sin q_2 + m_3gl_2\sin q_2 + M_2 - M_3 \\
&\{m_2r_2l_1\cos(q_2 - q_1) + m_3[l_2l_1\cos(q_2 - q_1) + r_3l_2\sin(q_2 - q_1 + q_0)]\}\ddot{q}_2 \\
&+ [J_{b1} + m_2l_1^2 + J_{cn2} + J_{c3} + m_3(r_3^2 + l_1^2 + 2\,r_3l_1\sin q_0)]\ddot{q}_1 - \{m_2r_2l_1\sin(q_2 - q_1) \\
&+ m_3[l_2l_1\sin(q_2 - q_1) - r_3l_2\cos(q_2 - q_1 + q_0)]\}\dot{q}_2^2 = m_1r_1g\sin(q_1 + q_a) \\
&+ m_2gl_1\sin q_1 + m_3g[l_1\sin q_1 + r_3\cos(q_1 - q_0)] + M_1 - M_2 + M_3
\end{aligned}\right\} \tag{6.84}$$

式中：m_1 为后肢质量；图中 b_2,b_3 为连接梁的等效动力体的铰，l_2 为连接梁的长度；m_2 质心 C_2 距 b_2 的距离 $r_2 = l_2/2$；r_3 为前趾质心 C_3 距 b_3 的距离；J_{cr2},J_{cn2} 分别为 m_2 在 b_2b_3 径向和质心 C_2 的（$q_1 - q_0$）径向的转动惯量；q_0 为 b_2b_1 与铅垂线夹角 q_1 的初始角 $q_{1,0}$；J_{c3} 为前肢的转动主惯量，M_1,M_2,M_3 分别为后肢 b_1，连接梁等效动力体内接铰 b_2 和外接铰 b_3 的机构残余弯矩均值，正负号见图示；q_2、q_1、$\dot{q}_2$、$\dot{q}_1$、$\ddot{q}_2$、$\ddot{q}_1$ 分别为连接梁和后肢与铅垂线夹角（$R° = rad$）、角速度$\left(\frac{R°}{s}\right)$和角加速度$\left(\frac{R°}{s^2}\right)$，逆时针为正，顺时针为负；$J_{b1},r_1$ 分别为后肢对下铰 b_1（内接铰）的转动惯量和质心 C_1 与下铰 b_1 的距离；l_1 为后肢两端塑性铰的距离；q_a 为 r_1 与 l_1 间的夹角，q_a 以 l_1 为起始，与 q_1 同向则同符号，与 q_1 反向则反符号。

动力方程的初始条件：$t = 0, q_2 = \pi/2, q_1 = q_{1,0}, \dot{q}_2 = 0, \dot{q}_1 = 0$。

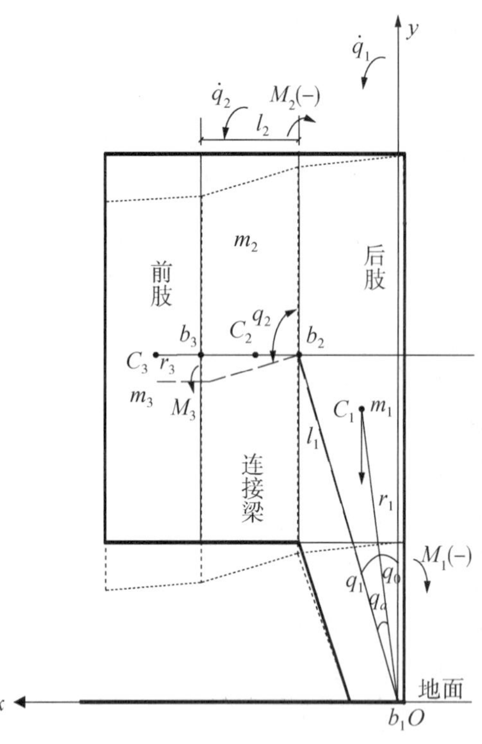

图 6.19　大开口 4 跨框架楼前肢平行后肢双体倾倒（和利与宏大爆破），$\dot{q}_1 \geq 0$

2.2.4.5 钢筋混凝土烟囱双体双向折叠倾倒

如图 6.21 所示，烟囱因切口炸药相继爆破形成上、下切口后，烟囱的折叠倾倒运动，可视为“塑性铰”连接 $n=2$、$f=2$ 的双体结构的折叠下落[7]，在重力作用下，上段单独向前顺时针倾倒，烟囱下段向后逆时针转动，其折叠过程分为四个拓扑阶段，即：

(1) 上切口爆破，烟囱上段单独向前倾倒；

(2) 下切口爆破，烟囱上段前倾，下段反向倾倒；

(3) 上切口闭合后，上“铰点”移至前壁，且上切口钢筋拉断，上弯矩为零，上段继续向前倾倒；

(4) 下切口闭合，下“铰点”后移至后壁，下切口钢筋拉断，下弯矩为零。

烟囱上、下段的姿态和支点反力可由动力方程组（6.72）的数值解获得，图中 q_1、q_2 顺时针为正，逆时针为负。

当下切口起爆比上切口延迟的时差小于 3.5 s 时，120 m 高的烟囱上段在倾倒过程中，会因烟囱下段的牵拉而短暂减速，烟囱上下段也因此而拉断，烟囱非完全离散，直至完全离散。由于钢筋拔拉脱粘机理复杂，难以准确计算。钢筋从混凝土壁拔拉脱粘，上下段烟囱脱开的受力，使上段烟囱减速，经验上可将其作为上下段烟囱非完全离散的拓扑起点。

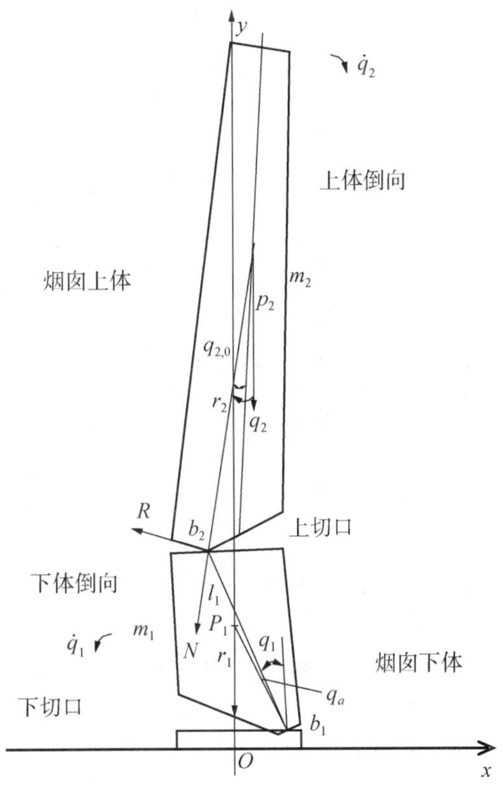

图 6.21 钢筋混凝土烟囱双体双向折叠

2.2.5 高层建筑、仓体和框架触地的倒塌

2.2.5.1 高层建筑、仓体和框架撞地的整体翻倒

框架、框剪和仓体等结构切口爆破，后支撑柱将作为下体向后倾倒，切口层上楼房框架将整结构上体沿其后柱端铰 b 向前倾倒，从而形成 $n=2$，$f=2$ 的折叠机构运动，如图 2.27。当切口闭合该建筑物撞地转动，如图 2.28，撞地后的转速，根据动量矩守恒原理，撞地后的转速[5]

$$\dot{q}_f = [\dot{q}_c J_c + m_2 r_f (v_{cx} \cos q_{rf} + v_{cy} \sin q_{rf})]/J_f \tag{2.6}$$

式中，r_f 和 q_{rf} 分别为该建筑物质心 C_2 至前趾 f 距离和质心到前趾直线与竖直线的夹角；v_{cx}（或 v_{2cx}）和 v_{cy}（或 v_{2cy}）分别为该建筑物质心的水平速度和竖直速度；J_f 为该建筑物对撞地 f 点的转动惯量。撞地前，建筑物还以 $\dot{q}_c$ 运转，其对质心 C_2 的惯性主矩为 J_c 。

该建筑物切口闭合，绕前趾 f 倾倒的楼房和仓体的单体整体倾倒，可简化为 $n=1$，$f=1$ 的具有单自由度 q 的单开链有根体运动，其动力方程为

$$J_f(\mathrm{d}\dot{q}/\mathrm{d}t) = m_2 g r_f \sin q \tag{2.7}$$

初始条件为

$$t = 0, q = q_f, \dot{q} = \dot{q}_f \tag{2.8}$$

式中，q 为 r_f 与竖直线的夹角，R°。

该建筑物转动，提高质心及其势能；若不考虑前柱撞地破坏，当质心距 x_c 不超过前趾撞地点 f 的距离 x_f，即 $x_c \leqslant x_f$ 时，撞地动能 $T_f = J_f \dot{q}_f^2/2$，w_f 为向前转动提高的质心势能，当 $T_f \geqslant w_f = r_f m_2 g(1-\cos q_f)$ 时，建筑物可能翻倒。

或者能比翻倒保证率

$$K_{to} = T_f / w_f \tag{2.9}$$

考虑楼房克服滚动阻力、后支撑钢筋拉断、翻倒应留保证富余和计算误差等，当 $K_{to} \geqslant 1.5$ 时，建筑机构保证翻倒。

框架和框剪结构，切口闭合后，当满足层间侧移或跨间下塌的静力和动力条件时，分别详见 2.6.2.2 节和 2.6.2.3 节，将首先选择其一，按各自的动力方程倒塌，其运动见下节和 2.2.4.1 节及论文［3］。若不能满足层间侧移或跨间下塌的静力和动力条件，而满足式（2.9），则绕前趾 f 单体整体翻倒。

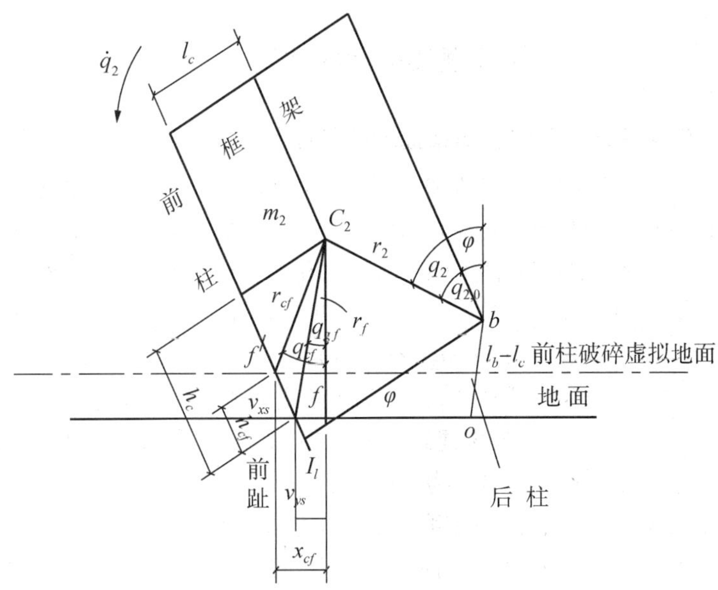

图 2.28　楼房撞地整体倾倒

2.2.5.2　框架楼房撞地的层间侧移

框架和框剪结构，切口闭合后，当满足层间侧移的静力和动力条件时，将按其的动力学方程倒塌。摘自文献［1］文 116～118 页：

> 框架多层楼房倾倒，切口上层前柱前趾撞地后，满足层间侧移的动力学条件，框架从底层逐层向上，柱端成铰而“层间侧移”，可简化为底层等效单体的 $n=1$、$f=1$ 的单向倾倒。
>
> 假设底板梁 $f'b$ 为刚性梁，底层柱端前柱撞地后如图 6.6（a）所示，底层 n_1 以上的第 n_f 层的向前运动受地面 f' 阻止，而其上的（n_t-n_{f1}）层欲克服其下柱两端抵抗弯矩 M_c 继续向前下方做变拓扑单体倾倒运动，形成（n_t-n_{f+1}）层平行于底层底梁，而向下侧移，本文简称“层间侧移”倾倒。多层框架横向倾倒，多为“层间侧移”倾倒。
>
> 框架的“层间侧移”，假设底梁 $f'b$ 为刚性梁，对 n_l 底层柱向前倾倒，可由单开链动力方程式（6.13），当 $n=1$，$f=1$ 时，等效有根悬臂体来描述，其动力方程为
>
> $$J_l(\mathrm{d}\dot{q}_l/\mathrm{d}t) = m_2gh_{lf}\sin(\varphi_h+q_l) - M_{dl}\cos(q_l/2) \qquad (6.27)$$
>
> 式中：q_l、$\dot{q}_l$ 分别为 n_l 底层柱的转角和角转速，R°，R°/s；m_2 为框架的质量，10^3 kg；$m_2 = m_f(n_t-n_l)$，m_f、h_{lf} 分别为各层的质量和层高，10^3 kg，m；n_t 为顶层序数；M_{dl} 为 n_l 层内全部柱上下端机构残余弯矩之和，$M_{dl}=M_d/\alpha_t$（见 2.4.1 节和 2.4.4 节），kN·m；φ_h 为前柱压溃后底层楼面的倾角 φ，仅管 φ 在“层间侧移”时有可能变化，但观测大多数“层间侧移”爆堆，最终 $\varphi\approx\varphi_h$。

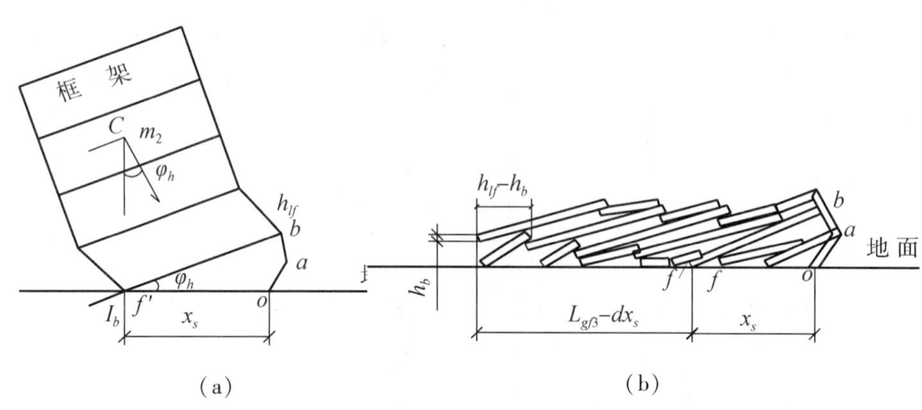

(c)

图 6.6 框架楼"层间侧移"形成叠饼式倾倒

初始条件：$t=0$，$q_l=0$，$\dot{q}_{l,0}$ 由前柱撞地破坏后的总动能 T_0 决定，$T_0=J_l\dot{q}_{l,0}^2/2$，根据机械能守恒原理，T_0 也等于 $m_2{v_b}^2/2$ 或

$$T_0=J_f\dot{q}_{cf}^2/2 \tag{6.28}$$

即绕 f' 的框架转动功能，式中 $\dot{q}_{cf}$ 为框架绕 f' 着地点的转动速度；当底层柱侧移后，$\dot{q}_{cf}$ 的转动功能转换为以 v 向前平移速度动能，且按式（6.27）再转换为绕 f' 和 l 层间柱转动的转动动能。式中 J_l 为框架对 n_l 底层的惯性矩，$10^3\ \mathrm{kg\cdot m^2}$；当忽略底层柱墙的质量后，$J_l=m_2h_{lf}^2$，$J_{l0}$ 为初始 J_l。

动力方程的解析解为

$$\dot{q}_l=\sqrt{2m_2gh_{lf}[\cos\varphi_h-\cos(\varphi_h+q_l)]/J_l-4M_{dl}\sin(q_l/2)/J_l+\dot{q}_{l,0}^2J_{l0}/J_l} \tag{6.29}$$

在判断框架各层是否充分侧移坍塌和相应爆堆形态时，只需了解逐层“层间侧移”的最终动能。当 n_l 层柱倾倒着地，即 $q_l = \pi/2 - \varphi_h$ 时，所余能量 T_{nl} 由解析解式（6.29）可得

$$T_{nl} = (n_t - n_l)m_f g h_{lf}\cos\varphi_h - [2M_{dl}\sin(\pi/4 - \varphi_h/2) + E_b] + T_0 \quad (6.30)$$

当 n_f 层侧移倾倒着地时，所余动能 T_{nf}，仿式（6.30）推论，即

$$T_{nf} = (n_t - n_f)m_f g h_{lf}\cos\varphi_h - [2M_{cf}\sin(\pi/4 - \varphi_h/2) + E_b] + T_{nf,o} \quad (6.31)$$

而 n_f 层开始侧移倾倒的初始动能 $T_{nf,o}$ 由 T_{nf-1} 的侧移速度分量决定，即

$$T_{nf,o} = (J_{nf}\sin^2\varphi_h / J_{nf-1})T_{nf-1} \quad (6.32)$$

式中：E_b 为每层砖墙剪坏所作的功，$E_b = e_b v_{be}$；v_{be} 为每楼层砖砌体的体积，m^3；e_b 为剪切单位体积砖砌所需的功，由实测决定；对 $M_{2.5}$ 砂浆 M_{10} 号砖的砖墙，按破坏抗剪强度和极限剪切应变计算，e_b 为 0.03×10^3 kN·m/m^3[9]；T_{nf-1} 为 n_{f-1} 层侧移倾倒着地所余动能；J_{nf-1} 为 n_{f-1} 以上层对本层的转动惯量，10^3 kg·m^2；J_{nf} 为 n_f 以上层对本层的转动惯量，10^3 kg·m^2；M_{cf} 为 n_f 层内全部柱上下端抵抗弯矩之和，kN·m。

$$T_{nf} > 0 \quad (6.33a)$$

表示 n_f 层充分侧移坍塌，若式（6.33）不满足，则 n_f 层不充分坍塌。K_{td} 为测移设计保证系数，

$$K_{td} = [(n_t - n_f)m_f g h_{lf}\cos\varphi_h + T_{nf,0}]/[2M_{cf}\sin(\pi/4 - \varphi_h/2) + E_b]$$

当

$$K_{td} \geqslant 1.2 \quad (6.33b)$$

可保证 n_f 层充分侧移倒塌。

而 n_l 底层在框架纵向的力平衡，由等效有根悬臂体可得，n_l 底层的下压力 N 为

$$N = (n_t - n_l)m_f g\cos\varphi_h - (n_t - n_l)^2 m_f h_{lf}\dot{q}_{l,0}^2/2 \quad (6.34)$$

由此可得，当 $N \geqslant 0$ 时，若

$$\dot{q}_{l,0}^2 \leqslant 2g\cos\varphi_h/[(n_t - n_l)h_{lf}] \quad (6.35)$$

则式（6.27）动力方程才能成立。

当同时满足式（6.35）和式（6.33b）式时，“层间侧移”倾倒充分塌落到 n_f 层；当只能满足式（6.35），而不能满足式（6.33a）时，n_f 层塌落不充分；不能满足式（6.35），框架将可能翻倒或以底层 n_l 为内侧根体，n_l+1 层以上层为外侧体的双体前倾层间运动。

2.2.5.3 高层建筑、框架下坐整体倒塌

见图2.25，见论文［4］。

2.3 变拓扑多体 – 离散体全局仿真

多体系统各个物体的联系方式称为系统的拓扑构型，简称拓扑b[7]。建筑结构在爆破拆除倒塌时，所形成的机构是拓扑变化的系统，统称变拓扑多体 – 离散体系统。将各拓扑按时间顺序编程，前拓扑的运动结果为相邻后拓扑的初始条件，即可解算和模拟建筑物倒塌的全过程。显然，建筑结构倒塌的性质和特点是由各拓扑且主要是关键拓扑决定的，而拓扑变化路径，是由拓扑转换点的条件，依据力学计算和实践经验判断确定。对于复杂而难以确定的拓扑系统，可以借助于数值模拟，如 Ls-dany 技术，显示拓扑变化路径，寻找关键拓扑。再用 MBDC 技术以关键拓扑精确确定拆除措施和预估拆除效果。

建筑爆破拆除时，立柱、烟囱支撑部切口多按顺序爆破，节点上的广义力也会跟随变化，当部分支撑拆除或节点转为铰点，或因撞地构件局部破坏转为铰点时，其构体的变化与划分及其相互的联系方式也跟随改变，也即多体系统的自由度发生改变，因此结构在爆破拆除倒塌时，所形成的机构是拓扑变化的系统，统称变拓扑多体系统。

这种拓扑构型的切换取决于系统的运动形态，拓扑切换与时间、运动学和动力学条件因素相关b[5]。时间条件多以起爆时差 t_u 判断，如建（构）筑物的立柱、烟囱的上下切口等是按起爆时差爆破形成，若计算时间满足约束 $t \leq t_u$，则为原拓扑状态，否则进入下一拓扑，因此，这是可以人为干预的切换。然而多数的拓扑切换却不能预见切换时刻，它是由系统的瞬时运动状态决定的，即由运动学条件和动力学条件形成。运动学条件可分位置量 q 和速度量 $\dot{q}$ 条件，由切口位置、尺寸、炸高计算的极限 q_u，若约束方程为 $q \leqslant q_u$ 为原始拓扑状态，否则进入下一拓扑。比如空间条件，如烟囱切口的闭合引起铰点前移，形成切口端弯矩的纵筋拉断失效，从而进入下一拓扑；又如建筑物倾倒着地，引起的空中运动结束和撞地冲击后产生新的拓扑等。而速度方向变化也是拓扑的改变，若 $\dot{q}$ 方向改变前，约束方程为 $\dot{q} \geqslant 0$ 或 $\dot{q} \leqslant 0$，则为原始拓扑状态，否则为另一拓扑，如双向折叠建筑物的根体的外接体（立柱），初期与其上结构反向旋转，随后变为同向旋转倾倒。而动力学切换条件，将比以上条件更复杂，有铰点条件和体内结构强度条件，它们可以按极限分析，从外接体依次向内接铰点，按动静法建立广义力的平衡方程式计算，注意对非惯性坐标系需要加上惯性力和惯性矩，求出 F，如果满足约束方程 $F \leqslant F_u$（铰的摩擦稳定条件或强度条件，或结构的强度条件），则为原始拓扑，否则为另一拓扑。当发生过约束时，如果没有拓扑动力切换，则多体间的内力将突然增大，并引起速度突变，根据突变速度点，也可以判断其附近应有动力拓扑切换点。由于动力学条件与结构的强度，钢筋的逐渐拉拨脱粘相关，难于预料准确动力切换点的时刻，故在切换到离散拓扑进程中可采用非完全离散体模型，在此可部分时刻代替多体系统的模拟，因此并不要求准确的离散动力切换点时刻。

单切口爆破 3 跨以内的框剪、框架结构的多体运动，可简化为 1 ～ 4 个拓扑阶段。现以三柱两跨的多层框架楼为例，说明建筑拆除倒塌运动的拓扑变化过程，即：①切口层前排柱爆破，首跨梁单独倾旋，为拓扑 1，如图 2.6 所示和 2.2.1 节所述；②切口层中排柱爆破，切口上方框架沿后支撑柱切口层柱端向前倾旋，后支撑柱向后倾倒，形成

2 自由度体双折运动，为拓扑 2，如图 2.8 所示和 2.2.3 节所述；③后支撑柱爆破，框架做有初速的自由落体下落运动，为拓扑 3，如 2.2.5.3 节所述；④后支撑柱撞地而折断为 2 体，框架按单开链有根 3 体运动，为拓扑 4，如图 2.17，或按图 2.27 所示和 2.2.5.1 节所述，直至前趾撞地。而后按 2.2.4.1 节，或按 2.2.5.2 节或 2.2.5.1 节直至撞地解体和塌落堆积。

如果后支撑柱底只切割钢筋而不爆破，则框架有可能沿拓扑 2 而前趾撞地，但大多数是在空中，框架与后支撑柱断开而离散进入拓扑 3；而拓扑 3 的框架又前趾撞地，直接进入撞地解体。各拓扑的切换点和动力方程初始条件见表 2.1 和图 2.29。

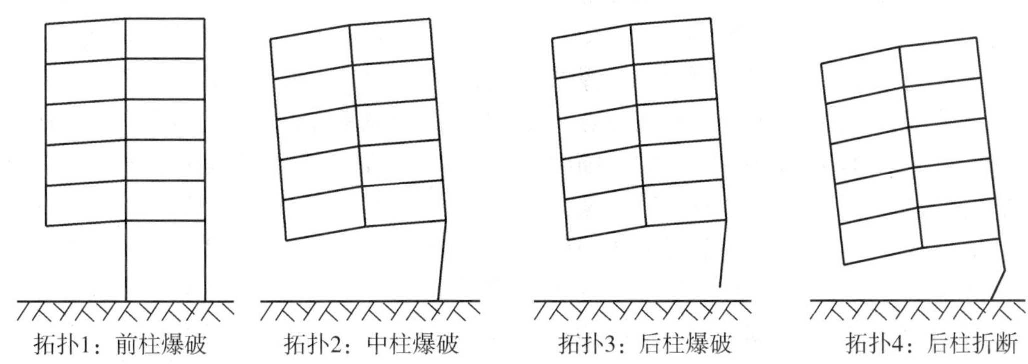

图 2.29　拓扑变化过程

表 2.1 中，$q_{2,3}$、$\dot{q}_{2,3}$ 分别为拓扑 3 的 2 体的位置和速度，其他表中双下标可以此类推。y_c、y_{c2} 为框架质心高，l_1、l_b 分别为后柱高和其底与柱端铰 b 距离，l_a 为后柱原高，l_e 为后柱炸高，l_c 为后柱撞地时下坐高，y_s、y_h 分别为前趾距地面高和堆积物高。

4 跨以上的结构，可按 2.2.1 节逐跨断裂而依次增加梁的倾旋拓扑。多切口爆破拆除，可根据单切口爆破拆除时拓扑运动而增加拓扑运动的型式。

表 2.1　框架楼爆破拆除倒塌拓扑切换点和动力方程初始条件

拓扑构型	切换点	初始条件	切换点类型
切口层前排柱爆破，首跨梁单独倾旋（拓扑 1）	$t = 0$	$q_i(t) = 0$ $\dot{q}'_i(t) = 0$	时间 t_1
切口层中排柱爆破，切口上方框架向前倾旋，后支撑向后倾倒（拓扑 2）	$t = t_1$，$q_{i,1} = q_i(t_1)$ $\dot{q}_{i,1} = \dot{q}_i(t_1)$ $t = t_2$，$q_{2,2} = q_2(t_2)$；	$[q(t)] = [0, q_{i,1}]$ $[\dot{q}(t)] = [0, \dot{q}_{i,1}]$	时间 t_2
后支撑柱爆破，框架下落（拓扑 3）	$\dot{q}_{2,2} = \dot{q}_2(t_2)$；$q_{1,2} = q_1(t_2)$； $\dot{q}_{1,2} = \dot{q}_1(t_2)$	$q(t) = q_{2,2}$； $y_c = y_{c,2}$	空间 $l_b = l_a - l_e$
后支撑柱撞地折断为 2 体，框架按单开链有根 3 体倾旋（拓扑 4）	$t = t_3$，$q_{3,3} = q_2(t_3)$； $\dot{q}_{3,3} = \dot{q}_2(t_3)$，$q_{2,3} = q_1(t_3)$； $\dot{q}_{1,3} = \dot{q}_1(t_3)$	$[q(t)] = [q_{1,3}, q_{2,3}, q_{3,3}]$ $[\dot{q}(t)] = [\dot{q}_{1,3}, \dot{q}_{2,3}, \dot{q}_{3,3}]$	空间 $y_s = y_h$ 后柱总长 $l_1 = l_b - l_c$

2.4 动力方程的相似性质

为了避免拆除爆破重复观测，模型重复实验，工程案例重复数值计算，我们可以将案例、实验证明正确的数值计算结果，按动力学方程的相似性质，将解及其导出量，无量纲规整化后，建立相似准则公式或算图，以便在实用中推广，见论文［1］，相似规律及证明从略。

2.5 构件破损的材料力学分析

在钢筋混凝土构件正截面力平衡方程组中，采用概率理论的材料强度。基于该理论的多体、离散体材料在构件正截面力平衡方程组也采用概率理论的材料强度，以材料标准强度计算出结构安全极限抗力（弯矩），以随机屈服强度均值计算出结构失稳抗力（弯矩）和破损强度的机构残余抗力（弯矩），见文献［1］第2章文14～19页。残余抗力应考虑钢筋采用抗拔拉脱粘强度和钢筋弯曲系数[b[5]] $\alpha_t = \cos(\theta_p/2)$，式中 θ_p 为塑性铰转动角，见图2.31；受压区混凝土的保护层脱落；在混凝土的受压区采用破损后的等效矩形应力图系数 α_c [b[5]]，其中以延性破坏设计的钢筋混凝土立柱多为“延性（受拉）破坏”，α_c 为0.8～0.9[b[5]]；钢筋混凝土烟囱切口支撑部多为“脆性（受压）破坏”，α_c 为0.25～0.4[b[5]]。上述将传统钢筋混凝土理论发展出构件破损的拟静力动载计算方法，并已被现场观测和工程实例所证明正确。

强度弯矩计算如下。

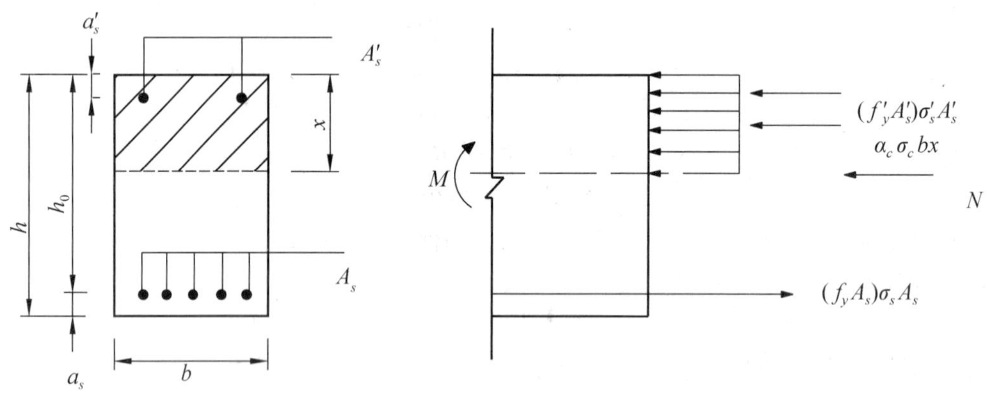

图2.30 双筋构件计算

如建筑结构的梁，当爆破拆除梁跨的前柱后，梁形成悬臂动力状态的弯曲构件，梁近端弯矩为 M_A，如图2.30，其矩形正截面受弯承载力满足以下拟静力力的平衡条件[b[5]]：

$$N = \alpha_c\sigma_c bx + \sigma'_sA'_s - \sigma_sA_s \tag{2.10}$$

$$M = \alpha_c \sigma_c bx(h_0 - x/2) + \sigma_s' A_s'(h_0 - a_s') \tag{2.11}$$

式中：N 为轴力，当纯弯曲时，$N=0$；α_c 为混凝土受压区等效矩形应力图系数b[5]，或称受压不均匀系数，α_c 与受压混凝土总压力和总压力作用点等效；b 为截面的宽度；x 为混凝土受压区高度；h_0 为截面的有效高度；A_s 为纵向受拉钢筋截面面积；A_s' 为受压钢筋截面面积；a_s'为受压钢筋合力点至受压区边缘的距离；σ_c 为混凝土弯曲抗压强度；σ_s'为受压钢筋抗压强度；σ_s 为受拉钢筋强度；M 为抵抗弯矩。

当 $\sigma_c = f_c$，$\alpha_c = 1$，$\sigma_s = f_y$，$\sigma_s' \doteq f_y$ 时，M 用为结构安全极限弯矩 M_u，以判断结构在预拆除时的安全。当 $\sigma_c = \sigma_{cs}$，$\alpha_c = 1$，$\sigma_s = \sigma_{st}$，$\sigma_s' \doteq \sigma_{st}$ 时，f_c、f_y 和 σ_{cs}、σ_{st} 分别为混凝土、钢筋的标准强度和随机屈服强度均值（文献［1］简称随机强度均值）；M 为结构失稳弯矩 M_{um}，用以判断结构失稳转变为机构。而当建筑机构运动时，受压区混凝土破坏应力下降，压区保护层因卸载而脱落，α_c 为0.25～1 b[5]，$\sigma_c = \sigma_{cs}$，$\sigma_s' = \sigma_{st}$，$\sigma_s \doteq \alpha_t \sigma_{ts}$，$\sigma_{ts}$为钢筋抗拔拉脱粘强度，$k_d M$ 为机构残余弯矩 M_d；k_d 为动载系数，可取1～1.2；α_t 为钢筋弯曲系数。

由于多数梁均设计为“强剪弱弯”的“延性破坏”适筋断面，故当梁端载荷弯矩 $M_A > M_{um}$ 时，梁端将形成塑性铰而转动。

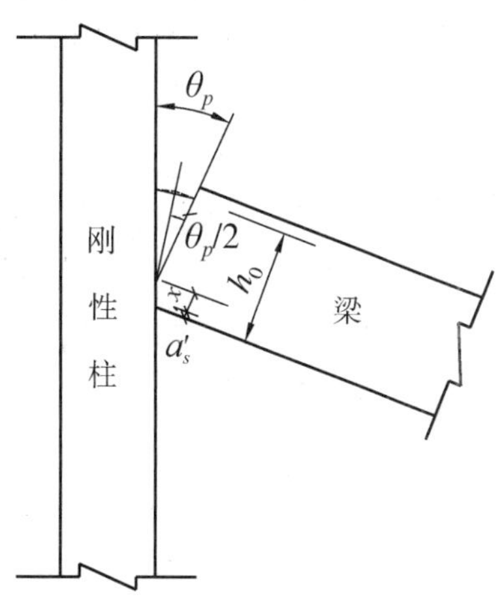

图 2.31　钢筋弯曲系数 α_t 力图

高烟囱支撑部拉区钢筋拔拉脱粘，在支撑部塑性铰破坏前，可以观测到支撑部中轴拉区钢筋“拔拉脱粘”。从图 3.21 的照片 9－4 可见，中轴拉区钢筋，在上下 0.7 m 摄像范围出现多组水平裂缝，混凝土被裂缝分割而剥落，其中因纵钢筋从混凝土中抽拔而出，混凝土丧失握裹力和粘结力，本文称为钢筋的拔拉脱粘。从倾倒着地的烟囱支撑部中轴可见混凝土囱壁已经脱落，钢筋可露出 1.5～2.0 m，钢筋拉细，钢筋头端有 45°的拉断斜断口。由此可见，钢筋在混凝土脱粘区，Ⅱ级钢筋的绝对拉伸可达 0.3 m，Ⅰ级钢筋可达 0.5 m。钢筋混凝土构件的钢筋拔拉脱粘和混凝土脱落而钢筋拉伸，增大了构件间的相对位移，延长了离散构件间的连接时间，形成了体间的非完全离散。

2.6　混凝土构件冲击动力分析

由于撞地的冲击应力波在地面和楼梁面的不断反射使反射处应力叠加接近加倍，且层内立柱多为短柱，故首先在立柱两端近距内形成压溃破坏区及塑性铰b[5]。框架层内后立柱以单排孔爆破下落撞地，在层内立柱中部一般不生成塑性区。

钢筋混凝土墙、柱等支撑构件，在遭受冲击时，将经历渐近稳态压缩、非稳态压缩及其组合的混合压缩等历程。非稳态压缩柱破坏的每立方米破坏功，由钢筋混凝土应力－应变曲线所包围的图形面积计算得到。而渐近稳态冲击压缩破碎功，从短柱近两端应

力波叠加，全重叠加波加载破碎－碎块散落卸载的循环破碎机理出发b[5]，推导并提出了定质量冲击含稳态压溃的关系式，即全部压缩过程的等效强度b[5]

$$\sigma_e = k_d k_{sc} k_l \sigma_{cs} \tag{2.12}$$

式中：k_d 为混凝土动载强度系数，取 1.1；k_{sc} 为楼梁压溃立柱等效接触断面系数，取测 0.74b[5]；压溃柱高比 k_l =（柱高－残柱长）/柱高，取测 0.58b[5]；当后柱撞地时，下坐小于底层高，仅为层内渐近稳态压缩，k_l 为 0.58～1，下坐小取大值。以上为多体端冲击应力波叠加理论的破碎功等效强度计算方法。

高层及多层楼房，在采用倾倒或原地塌落爆破拆除时，立柱仅在底层内压碎，压碎立柱的质量 m_1，当相对底层以上楼房的质量 m_2 很小，即 $m_1 / m_2 \leqslant 0.2$ 时，其力学模型可简化为定质量冲击定抗力模型，如图 2.32 所示。从图中可见，根据楼房势能 mgh，在考虑冲击中楼房下落势能后，原地塌落剩余楼房势能 m_2gh_2，其势能差（$mgh - m_2gh_2$）全部消耗在克服层内破坏全部柱（面积 S）产生竖向抗力 $S\sigma_e$ 所作的功 $S\sigma_e h_{fs}$，h_{fs} 为除去梁高和爆破高度后，立柱破坏的高度。由此，利用楼房的原地塌落，可以测量立柱受冲击时的等效定强度 σ_e，即定质量冲击定抵抗强度为

$$\sigma_e = (mgh - m_2gh_2)/(Sh_{fs}) \tag{2.13}$$

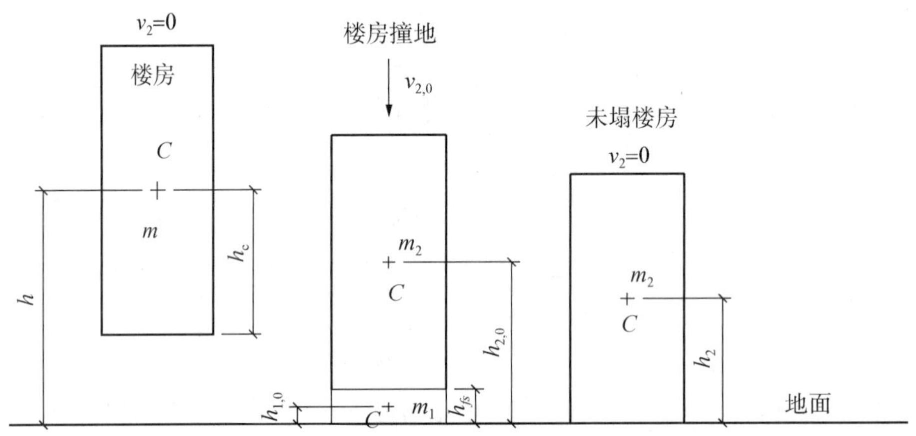

图 2.32　楼房原地坍塌定质量冲击机械能（$m = m_1 + m_2$）

楼房坍塌观测反泬立柱冲击定强度 σ_e，见论文［4］。

也可以已知 σ_e，预计楼房原地坍塌时，柱的破坏高度 h_{fs}，即

$$h_{fs} = (mgh - m_2gh_2)/(S\sigma_e) \tag{2.14}$$

式中，m、m_2 分别是楼房坍塌前、后的质量，h、h_2 分别是楼房坍塌前、后的质心高度。爆破双排后柱下坐，见图 3.14。

确定了 σ_e，将可以预计楼房倾倒下坐值 h_{pf}。根据论文［1］式（18），切口底层柱压碎机理及后柱撞地楼房姿态变化，见文 34 页的 2.6.1.1 节，编制了楼房撞地下坐的无量纲准则算图 3.13 和算图 3.14，见文 53 页和 54 页，以确定倾倒楼房切口底层后支撑爆破 h_e 后下坐的 h_{pf}。参见文献［1］文 216 页 7.5.4.2 节。

当力学模型为定质量冲击变抗力模型，楼房姿态变化见论文［4］。

但是，如果原地塌落的高层楼房切口层上被压碎的下层的质量散失，$m_1/m_2 \leqslant 0.4$，则上述定质量的冲击模型将不适用，而应当应用高层建筑变质量冲击的力学模型，如图2.33所示。

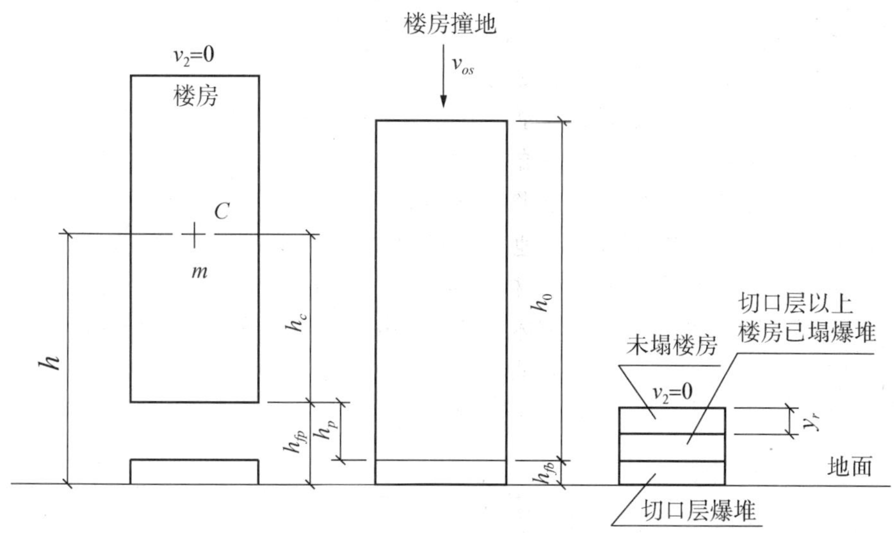

图2.33 高层建筑变质量冲击

C 为质心；h_{fs} 为压碎楼房高；$m = m_1 + m_2$ 。

高层楼底连续下坐，克服立柱的动强度（即每立方米体积钢筋混凝土比功）σ_{cg} 及所下坐高度计算，分别详见论文［4］和文献［1］的式（3.25）和6.3.6节及7.5.4.4节，即

$$\sigma_{cg} = \left[v_{os}^2 + \frac{2}{3}g(h_0 - y_r^3/h_0^2)\right]\rho/[(1 - y_r^2/h_0^2)S] \tag{2.15}$$

式中：ρ 为楼房沿高度的线质量，10^3 kg/m；S 为高于切口上层的下层支撑总横断面积，m^2；v_{os}为楼房撞地时的速度，m/s，$v_{os}^2 = 2gh_p$；h_p 为切口层内不含梁高的楼房下落高度，m；$h_p = h_{fp} - h_{fb}$；h_{fp}楼房切口顶平均距地高，m；h_{fb}为切口层堆积的爆堆高，m；h_0 为楼房刚着地时，在切口层爆堆上的楼高，m；$h_0 = H - h_{fp}$；H 为楼原高，m；y_r 为楼房着地并停止坍塌的楼高，可近似取爆堆上的楼高。高层建筑层间塌落质量散失（见论文［1］图4）的原地塌落后高度计算，见 $\lambda_p - \eta_r$ 准则曲线，无量纲参数 $\lambda_p = h_p/h_0$，$\eta_r = y_r/h_0$，式中 h_p 为切口高，y_r 为楼房原地塌落后爆堆上的高，h_0 为切口上方楼高。当论文［4］的式（16）和式（17）$q = 0$，$\dot{q} = 0$，$v = 0$ 时，可推导出无量纲准则方程

$$\lambda_p = F_P(1 - \eta_r^2)/2 - (1 - \eta_r^3)/3 \tag{2.16}$$

式中，$F_P = K_{to}F_{sp}$，$F_{sp} = S_l\sigma_{cg}/(gh_0\rho)$，$S_l$ 为楼房底层支撑体截面积，σ_{cg} 支撑体的等效动强度[5]，C_{30}混凝土柱的 $\sigma_{cg} = 13.645$ MPa，其中坍塌保证率 $K_{to} = 1.1$。

2.6.1 结构体撞地姿态

构体、框架结构偏心撞地，除了撞地柱发生破坏外，还会引起构体和框架结构姿态的改变。

2.6.1.1 后柱撞地姿态

后柱撞地还将引起框架转速 $\dot{q}_2$ 加快，后柱近似竖直向下撞地，见图 2.34。

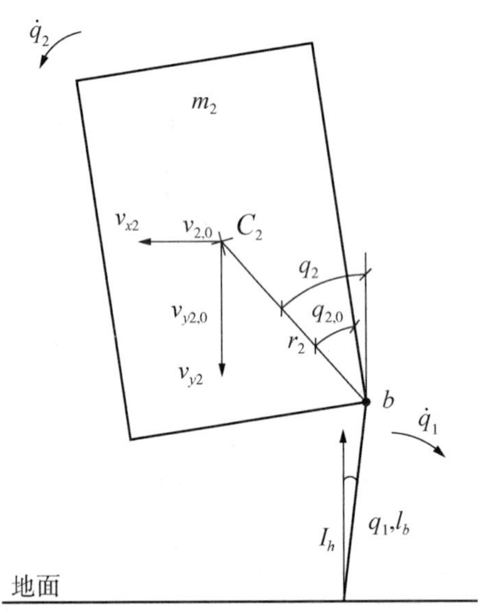

图 2.34 框架后柱撞地姿态（v_{y2}，$v_{y,0}$ 向上为 +）

根据后柱撞地动量原理，在忽略后柱质量 m_1 后，即 $m_1=0$，惯性矩 $J_{b1}=0$，下式中 $v_{x2,0}$、$v_{y2,0}$、$\dot{q}_{2,0}$、v_{x2}、v_{y2} 和 $\dot{q}_2$ 分别为撞地前后框架质心的水平前向、竖直下落速度（m/s）和转动速度（R°/s），$v_{y2,0}=\dot{y}_c$，$\dot{q}_{2,0}=\dot{q}_c$；q_2、q_1、$\dot{q}_2$、$\dot{q}_1$ 分别为框架和立柱的与铅垂线夹角（R°）和转速（R°/s），碰撞前后框架位形不变；l_e 为长 l_a 后柱的爆破高度；r_2 为框架质心到后柱顶铰点 b 的距离；$q_2=q_c$。

由文献［1］式（3.26）、式（3.27）和式（3.28）可推出后柱撞地后框架的转速

$$\dot{q}_1=(-r_2\dot{q}_2\cos(q_2-q_1)-v_{y2,0}\sin q_1+v_{x2,0}\cos q_1)/l_b \tag{2.17}$$

$$\dot{q}_2=\{J_c q_{2,0}-m_2 r_2[\cos(q_2+q_1)(v_{y2,0}\sin q_1-v_{x2,0}\cos q_1)+v_{y2,0}\sin q_2+v_{x2,0}\cos q_2]\}/\{J_c+m_2 r_2^2[\sin^2 q_2-\cos^2 q_2+\cos(q_2+q_1)\cos(q_2-q_1)]\} \tag{2.18}$$

式中：J_c 为框架对质心的转动惯量，10^3 kg·m^2；撞地前、撞地时后立柱长 $l_b=l_a-l_e$（未考虑撞地后柱压溃）；$v_{y2,0}$ 向下为负。

高层多跨框架重心以后柱撞地，除引起框架向前转速加快，还将引起框架前柱撞地。

2.6.1.2 前柱撞地姿态

框架前柱前趾撞地，如图 2.35 所示。框架撞地点 f 的速度，因与地面完全非弹性

碰撞，其撞地冲量将主要引起整个框架转速和动能的改变。式（2.19）中：r_f 和 q_{rf} 分别为框架质心至前趾距离和质心到前趾直线与竖直线的夹角；v_{cx} 和 v_{cy} 分别为框架质心的水平速度和竖直速度；J_f 为框架对撞地 f 点的转动惯量。如果撞地前，框架还以 $\dot{q}_c$ 运转，其对质心 C_2 的惯性主矩为 J_c，则根据动量矩守恒原理，框架撞地后的转速 $\dot{q}_f$ 为

$$\dot{q}_f = \dot{q}_c J_c / J_f + m_2 r_f (v_{cx} \cos q_{rf} + v_{cy} \sin q_{rf}) / J_f \tag{2.19}$$

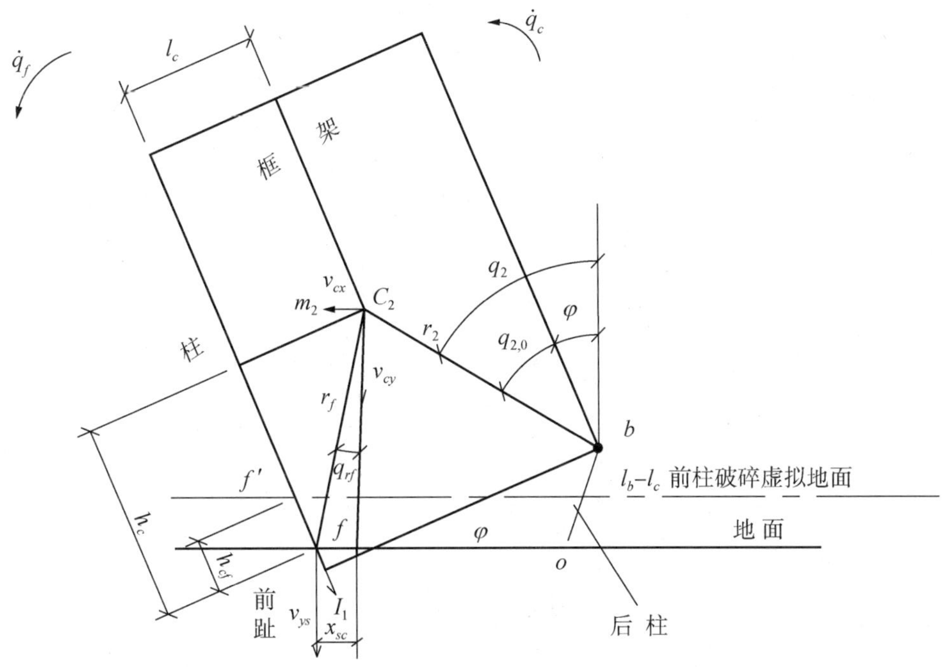

图 2.35 框架前柱撞地姿态（v_{cy} 向上为正）

2.6.2 撞地结构冲击破坏形态

观察楼房撞地，结构和构件破坏，层内柱的撞地端和楼梁的连接端，将形成压缩破坏区而生成塑性铰，层间柱有可能在柱中段形成弯曲破坏区而生成塑性铰，此外梁端也将可能破坏生成塑性铰。由此可知，塑性铰将原结构分割为新的分结构体，且这些塑性铰又使原结构体形成新的多体基本系统，由此生成新的变拓扑多体系统。由于柱梁的破坏形态不同，且有破坏组合，故可将结构的破坏分成以下类型。

2.6.2.1 层间折叠柱和层内柱端压溃柱

层内各短柱因撞地而使柱两端同时被压溃，或层间各长柱（2～4 层）中部因弯曲破坏生成塑性铰，从而形成折叠柱，由此形成楼层撞地从下层至上层逐层破坏，即“层间叠落”，如图 2.36 和图 2.37 所示。冲击柱是两端破坏或柱中部破坏生成塑性铰（折叠破坏）。详见文献［1］文 60 页。结构“层间叠落”破坏，其叠落规律，详见论文［4］。

2.6.2.2 同层柱端铰侧移

楼房倾倒撞地后，底层柱上下两端被破坏，其极限抵抗弯矩之和 M_{cl} 减小，无法克服上层楼房的侧移弯矩 $m_2gh_{lf}\sin\varphi_h$，本文将运动弯矩与抵抗弯矩之差称为弯矩余量，即层间侧移弯矩余量

$$M_{fc} = m_2gh_{lf}\sin\varphi_h - M_{cl} > 0 \tag{2.20}$$

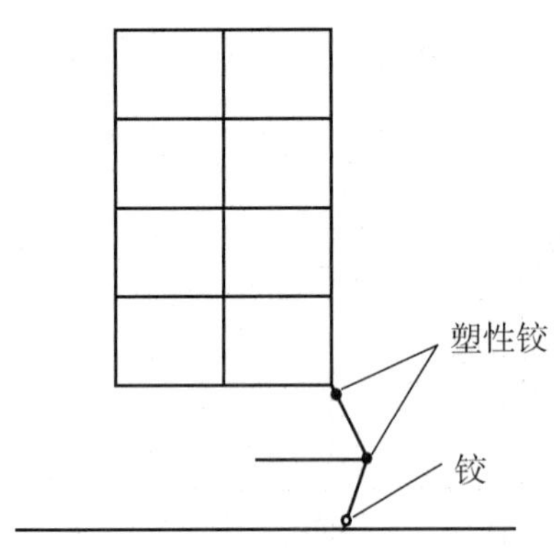

图 2.36 层间折叠柱的“层间叠落”

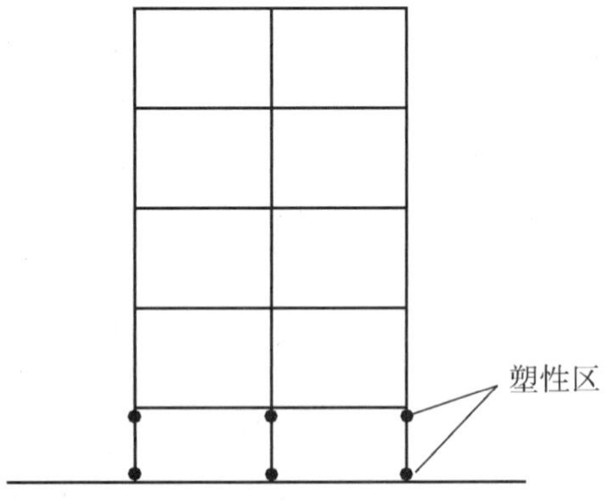

图 2.37 层内柱端压溃“层间叠落”

式中，h_{lf} 为底层层高；φ_h 为底层楼面的倾角；M_{cl} 为底层内全部柱上下端抵抗弯矩之和，即

$$M_{cl} = \sum_{1}^{n_c} M_{uj} + M_{dj} \tag{2.21}$$

式中，M_{uj} 为立柱上端极限矩；M_{dj} 为立柱下端极限弯矩；n_c 为底层柱数。

由此，底层柱上下两端被破坏，生成柱端塑性铰，形成上层楼房平行于底层楼梁，侧向向前下方运动，如图 2.38 所示。结构“层间侧移”后的运动规律见 2.2.5.2 节和文献［1］第 6 章 6.3.3 节。

另外，撞地横向冲量形成的初始横向动能 T_0，也将与 $(m_2gh_{lf}\sin\varphi_h - M_{dl})\tan\alpha_h$ 力矩差所做的功，促使框架横向侧移，当式（2.20）成立时，还需满足充分条件，即

$$\tan\alpha_h = T_0/(-m_2gh_{lf}\sin\varphi_h + M_{dl}) > \theta_n \tag{2.22}$$

撞地框架才会“层间侧移”。

$$T_0 = J_f q_f^2/2 \tag{2.23}$$

其中，θ_n 为压力移出柱支承面外的柱最小倾角，取（柱宽/柱高）的正切，约 0.22。

2.6.2.3 同跨梁端铰下移

框架前柱撞地后，如图 2.39 所示，由于前 j 跨各层梁前后两端的抵抗弯矩之和 M_{bj} 无法阻止下塌跨的等效自重 $m_{bj}g$ 所生成的下塌弯矩 $m_{bj}gl_{bj}\cos\varphi_h$，即跨间下塌弯矩余量

$$M_{cbj} = m_{bj}gl_{bj}\cos\varphi_h - M_{bj} > 0 \tag{2.24}$$

式中，l_{bj} 为前 j 跨长度；φ_h 为撞地柱与竖直线的夹角；m_{bj} 为前 j 跨及后各跨的等效质量，

$$m_{bj} = m_{ij}/2 + m_{cj} + \sum_{1+j}^{n_{bs}} (m_{lj} + m_{cj}) \tag{2.25}$$

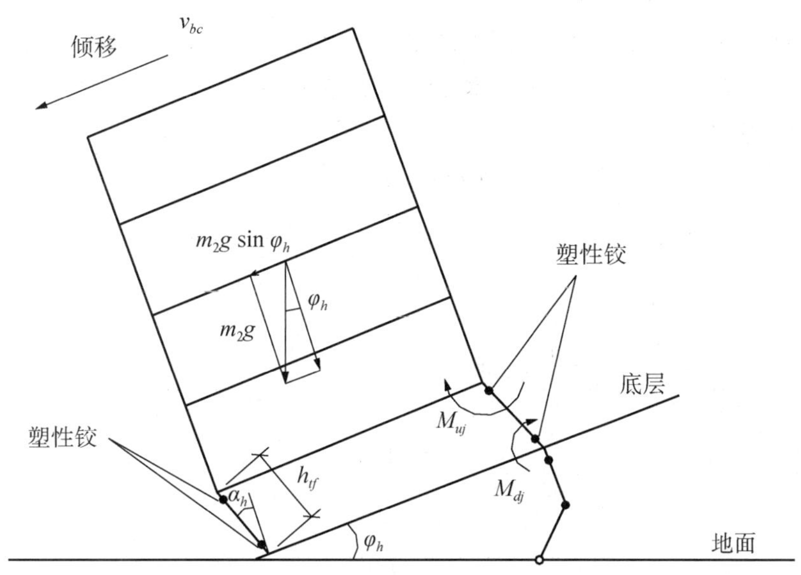

图 2.38 柱端铰侧移引起“层间侧移”

式中，m_{lj} 和 m_{cj} 分别为 j 跨间各层楼盖质量和 j 跨后柱质量，n_{bs} 为楼房的 j 跨以后总跨数。

$$M_{bj} = \sum_{n_l}^{n_t+1} (M_{fj} + M_{rj}) \tag{2.26}$$

式中，M_{fj} 为前 j 跨的前端极限弯矩；M_{rj} 为前 j 跨的后端极限弯矩；n_l 为底层数，n_t 为顶层数。

由此，当式（2.20）和式（2.21）不满足，而式（2.24）可以满足时，前 j 跨梁的前后两端将破坏，生成梁端塑性铰，形成 j 跨以后各跨平行 j 跨前柱而向下塌落，形成“跨间下塌”，如图 2.39 所示。结构“跨间下塌”的运动规律，见论文［3］。

2.7 动力方程输入参数

应用计算机求动力学方程的解析解、近似解和数值解，将计算时间大大缩短，但是楼房力学建模和参数输入却可能花费大量辅助机时。本文根据建筑物建模的特点，创新了输入参数的方法，减少了辅助机时。

建筑物的质量在使用、施工和拆除中不断变化，为了动力学计算，特定义建筑物的质量代表值为建筑构体运动中的质量，即

$$m = K_m \cdot m_0 \tag{2.27}$$

式中，K_m 称为质量系数，为 1 ～ 1.2，楼房可取 1.05；m_0 为按结构图计算的裸装质量，本文为方便计算，梁、板以中轴为边。从式（2.27）中可见，m 已包含了楼房的装修质量，拆除前遗留在楼房内的物品、设备、家具和管道的质量，以及未计入的楼梯质量。本文中烟囱的质量代表值 m，因没有装修，和悬吊、安装的其他物品很少，K_m 取 1。而

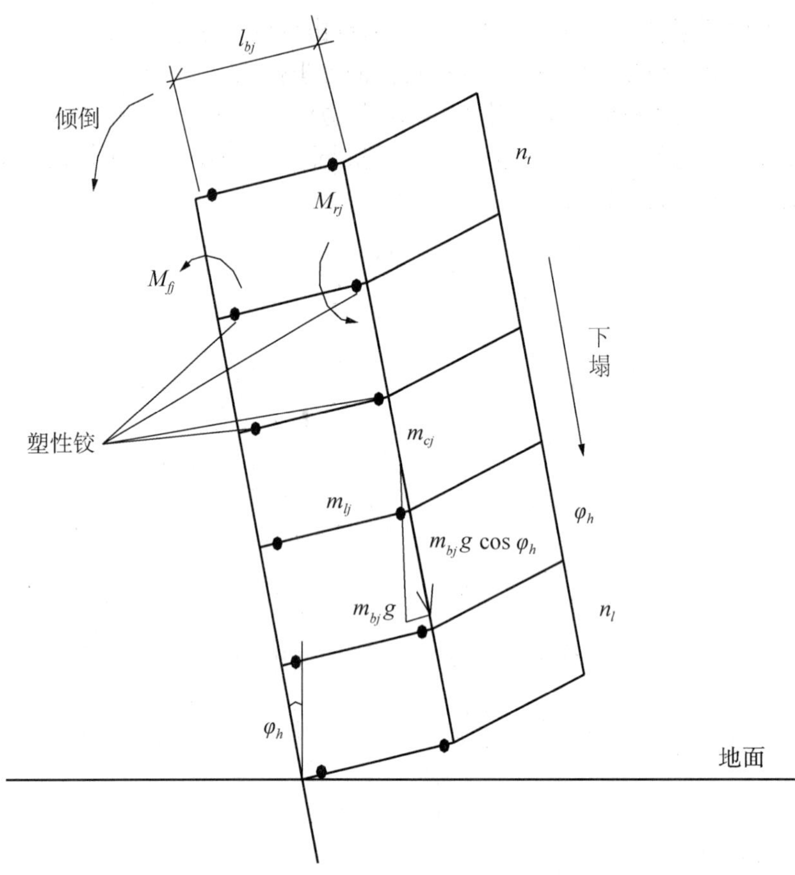

图 2.39　结构“跨间下塌”运动

仓体的质量代表值 m，因仓内可能还遗留未放完的物料，K_m 可取 1.2。同一建筑取不同 K_m 值，不改变 m/J_b，而 M/J_b 稍有变化，因 M/J_b 项所占数值相对前者比较小，故对多体姿态计算影响很小。

楼房的质量、质心、转动惯量及其主惯量矩有以下特点：楼房质心高宽比 $\eta = h_c/B$ 和切口高宽比 $\lambda = [h_{cu} - (h_e + h_p)]/B = \tan\beta_g$，式中 $(h_e + h_p)$ 为爆破下坐高度，B 为楼宽，h_c 为爆破下坐后，楼房质心高；转动主惯量比 $k_j = J_{co}/J_{cs}$，J_{co} 为切口形成后楼房主惯量，J_{cs} 为同楼房切口形成后质量均布图形主惯量；为简化计算，$J_{cs} = m\ (B^2 + h^2)\ /12$；式中 h 为楼房高度，当 $k_j = 1$ 时，由 η 和 λ 解的关系可得无量纲相似算图。绝大多数的楼房 k_j 为 0.75～1.25，由此引起 $\lambda - \eta$ 图的 η 变化在第 3 章相似算图的图示值中在 2% 内，引起的姿态误差可为工程应用所忽略而容许，详见论文［5］文 133 页，论文［7］文 145 页。因此仅从多体 - 离散体动力学分析能比翻倒保证率 K_{to} 看，多数楼房 $k_j \approx 1$，是无需建模求 J_{co} 的，也就是说还可以仅公式计算和相似准则算图并可以忽略质量，就可应用多体 - 离散体动力学判断建筑物倾倒类楼房单纯翻倒。当部分情况需建模时，J_{co} 可用像物变换法[3]快速建模计算，从而大大减少动力学应用的工作量。

鼠标像物变换法是用鼠标点击，在以计算机处理的照相、摄影、复印生成的楼层层

面图上，不考虑图形各方比例的变化，以鼠标点击构件图像端（角）点，并用计算机图像处理技术，修正畸变后的图像，获取构件的像坐标且变换为真实的物坐标，并计算构件相关质量、质心坐标和主惯量等参数的计算方法，本文称为鼠标像物变换法。计算程序可免费提供。此外，利用楼房重心、主惯量与模型图形形心和主惯量的比，还可简化应用相似算图和公式的输入计算。

3　多体动力学精确控制拆除技术（MBDC）

拆除建筑爆破，直接破坏的结构部分称为切口。建筑物因在切口内失去了原有支撑而塌落，而切口下顶角处的结构支撑力又确保了建筑物的倾倒。因此，切口数量及其相互关系，切口的形状和大小等参数，切口之间和切口内各部分的爆破时差，就决定并控制了建筑物的倒塌。

根据建筑物的结构、强度的可能和周围环境的许可，全面综合选择爆破拆除方案，而后比较并确定拆除切口参数、倒塌空间（包括后坐）、爆堆范围、下坐（限制或确保）及切口起爆时差，再返回修改整体拆除方案，如此反复和比较，形成爆破拆除方案设计，以下分述之。

3.1　楼房切口参数

主要楼房建筑物的基本类型切口参数，其相似算图简介见论文［1］的第5节，而原理和验证如下。

3.1.1　剪力墙单切口整体翻倒切口参数

详见论文［5］，见论文集文130页。

3.1.2　剪力墙楼房整体翻倒复合切口参数

详见论文［5］附注，见论文集文135页。

3.1.3　框架楼房单切口2体翻倒切口参数

详见论文［6］，见论文集文136页。

3.1.4　框架跨间下塌切口参数

详见论文［3］，见论文集文110页。

3.1.5　同向双切口剪力墙切口参数

详见论文［7］，论文集文142页。

3.1.6　反向双切口爆破拆除楼房切口参数

详见论文［8］，见论文集文147页。

3.1.7 高层建筑原地塌落切口高参数

高层建筑原地坍塌，l 被压塌柱的质量散失，相应地带走了部分动能。下坐楼底克服径向平均抵抗力 F_{cs}，S_1 为该底层立柱总横断面积。连续下坐时克服立柱的动强度所作的比功 σ_{cg}。由论文［4］的式（20），当楼房竖直原地连续下坐后，$v=0$，$q_0=0$，$\dot{q}_0=0$，得

$$F_{cs} = [v_{os}^2 + (2/3)g(h_0 - y_r^3/h_0^2)]\rho/(1 - y_r^2/h_0^2)$$

式中：v_{os} 为建筑物撞地时的速度，m/s，$v_{os} = 2gh_p$；h_p 为切口层不包含梁高的楼房下落高度（撞地前下落高度），m；h_{fp} 为楼房切口顶距地高，m；h_0 为楼房刚着地时的在切口层爆堆上的楼高，m；y_r 为楼房着地停止坍塌时，在切口层爆堆上的楼高，m；ρ 为楼房沿高度的线质量，10^3 kg/m。$h_0 = H - h_{fp}$，h_{fb} 为切口层梁堆积所形成的爆堆高，m。

楼房原地塌落后的切口层爆堆上的楼高 y_r，见图 3.1。

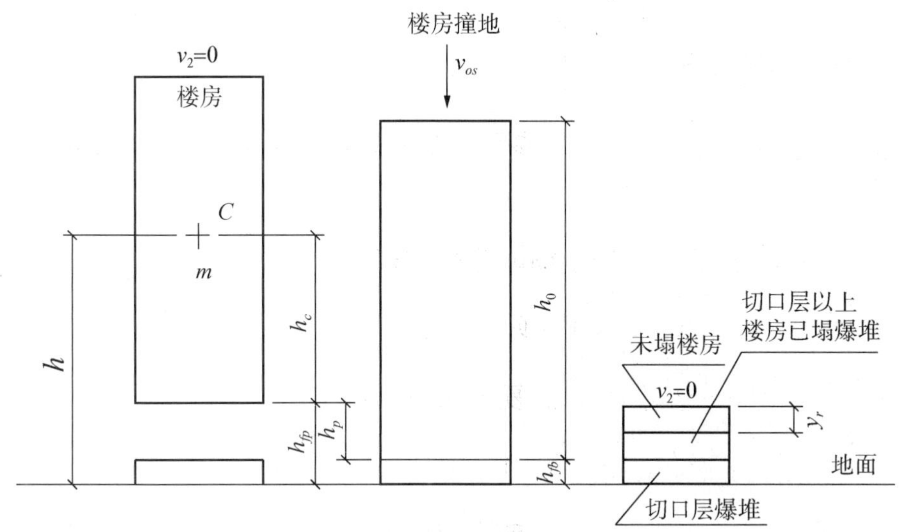

图 3.1 高层建筑变质量冲击

C 为质心；h_{fs} 为压碎楼房高；$m = m_1 + m_2$

$$F_{cs}(y_r^2 - h_0^2)/\rho + (2/3)g(h_0^3 - y_r^3) + 2gh_p h_0^2 = 0$$

引入无量纲参数 $\lambda_p = h_p/h_0$，$\eta_r = y_r/h_0$，式中 h_p 为切口高，y_r 为楼房原地塌落后爆堆上的高，h_0 为切口上方楼高，当论文［1］式（16）中的 $q=0$，$\dot{q}=0$，$v=0$ 时，可推导出无量纲准则方程，见论文［1］式（19），

$$\lambda_p = F_P(1 - \eta_r^2)/2 - (1 - \eta_r^3)/3$$

其中，$F_P = (S_l\sigma_{cg})/(gh_0\rho)$，$S_l$ 为楼房高于切口上层的下层支撑结构截面积，σ_{cg} 支撑体的等效动强度[5]，23 层楼房坍塌以切口层柱测试得 C_{30} 混凝土的 $\sigma_{cg}=13.645$ MPa，式中 F_p 未含坍塌保证率 K_{to}，图 3.2 中线 $e1$、线 $e2$、线 $e3$、线 $e4$、线 $e5$、线 $e6$ 和线 $e7$ 的 F_P 分别为 2.6、2.4、2.2、2.0、1.8、1.6、1.4 的准则方程曲线。

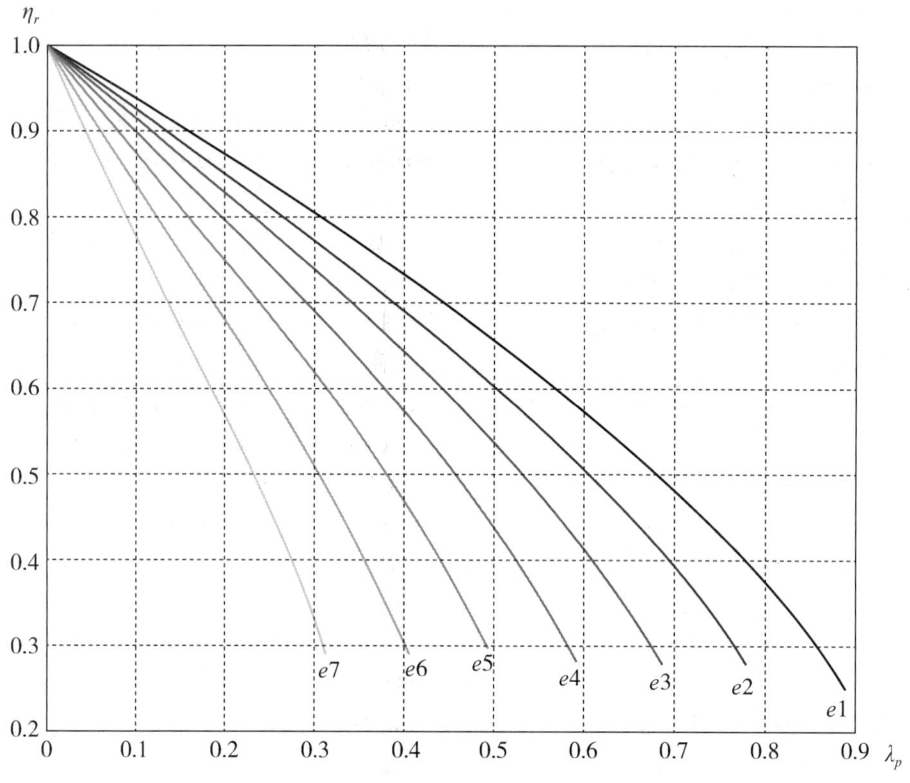

图 3.2　楼房无量纲原地塌落高 η_r 与切口高的关系

3.1.8　楼房爆破拆除切口参数总结

本节摘自论文［1］的5.1节。各类楼房有不同的拆除方式。当切口爆破后，按方程（1）或式（13）倾倒，切口闭合，构架模型，由动力学方程相似性质，得无量纲准则判断楼房倒塌，见图4。图中线 a 族为单切口剪力墙和框剪结构整体翻倒楼房的 $\lambda-\eta_h$ 准则曲线，$\lambda=h_{cud}/B$，式中 h_{cud} 为下坐后切口高，B 为楼宽，见图1，$\eta_h=H/B$，H 为下坐后楼高，其中 $K_{to}=1.5$，即 a1 为保证线，而 a2 为高风险线，其 $K_{to}=1.1$，后支撑中性轴底铰 o 距后墙距离 $a=0$；线 b 族为楼房双切口同向倾倒，上切口先闭合形成组合单体翻倒的下切口 $\lambda_1-\eta_h$ 准则曲线[16]，其中 $\lambda_1=h_{cud1}/B$ 为下切口高宽比，h_{cud1} 为下坐后下切口高，$K_{to}=1.5$，线族 b 的 b1、b2 和 b3 分别为无量纲下体高 $l_j=l_1/B=0.92$、1.14 和 1.36（上切口高宽比 $\lambda_2=h_{cud2}/B=0.22$，$h_{cud2}$ 为上切口高，l_1 下坐后下体高），族内曲线上、中和下分别为 $a/B=0.066$、0.0825 和 0.11。该计算方法已为工程实例所证明准确[17]。线 c 族为框架和壁式框架楼房跨间下塌破坏倒塌的 $\lambda-\eta_h$ 准则曲线[10]，框架跨

数 $n_c=4$，其中 $K_{to}=1.9$，线c1、线c2和线c3分别是跨长 l_o（或平均跨长）为3.2m、3.5m和3.8m，其对应无量纲弯矩 $K_t=K_{to}M_{dh}/(mgl_o)$ 分别为1.5352、1.4036和1.2928，式中 M_{dh} 分别为各跨梁前端和后端机构残余弯矩初值[5]和墙抗剪弯矩 M_f，M_r，M_q 之和；m 为框架楼房质量，10^3 kg。该计算方法已为4个工程实例所证明准确[10]。线d族为框架楼房单切口爆破后，后单柱上端形成塑性铰 b，即形成2体2自由度体运动，见图2，线d1、线d2、线d3和线d4分别为框架切口闭合后翻倒的 $\lambda-\eta_h$ 准则曲线，对应主惯量比 $k_j=J_{c2}/J_{co}$ 为0.75、1.0、1.25、1.5，其中 K_{to} 为1.4～1.5。线c族为高层建筑层间塌落质量散失（见图3）的下坐 $\lambda_p-\eta_r$ 准则曲线，无量纲参数 $\lambda_p=h_p/h_0$，$\eta_r=y_r/h_0$，式中 h_p 为切口高，y_r 为楼房原地塌落后爆堆上的高，h_0 为切口上方楼高，当式（16）$q=0$，$\dot{q}=0$，$v=0$ 时，可推导出无量纲准则方程

$$\lambda_p=F_P(1-\eta_r^2)/2-(1-\eta_r^3)/3 \tag{19}$$

式中，$F_P=K_{to}F_{sp}$，$F_{sp}=S_l\sigma_{cg}/(gh_0\rho)$，$S_l$ 为楼房高于切口上层的下层支撑体结构截面积，σ_{cg} 支撑体的等效动强度[5]，C_{30} 混凝土柱的 $\sigma_{cg}=13.645$ MPa，其中坍塌保证率 $K_{to}=1.1$，图中线e1、线e2、线e3、线e4、线e5、线e6和线e7分别 F_{sp} 为2.6、2.4、2.2、2.0、1.8、1.6、1.4的准则方程曲线。读者可按实况和图4得插值准则曲线，若拆除工程的（$\lambda(\lambda_1,\lambda_p)-\eta_h(\eta_r)$）坐标点在相应准则曲线右上方，则楼房倒塌。楼房反向双切口倾倒的准则曲线见文献[18]并被3个工程实例所证明准确[18]，抬高切口、下向切口和浅切口复合的切口单向倾倒的 η_h，小于准则曲线a族为0.25～0.35，计算方法并被文献[19]证明准确。容许高风险的拆除可降低 K_{to}；随着拆除实例增多，当能确保成功时，可依据实况降低保证率 K_{to}，相应也降低 η_h 和 η_r。

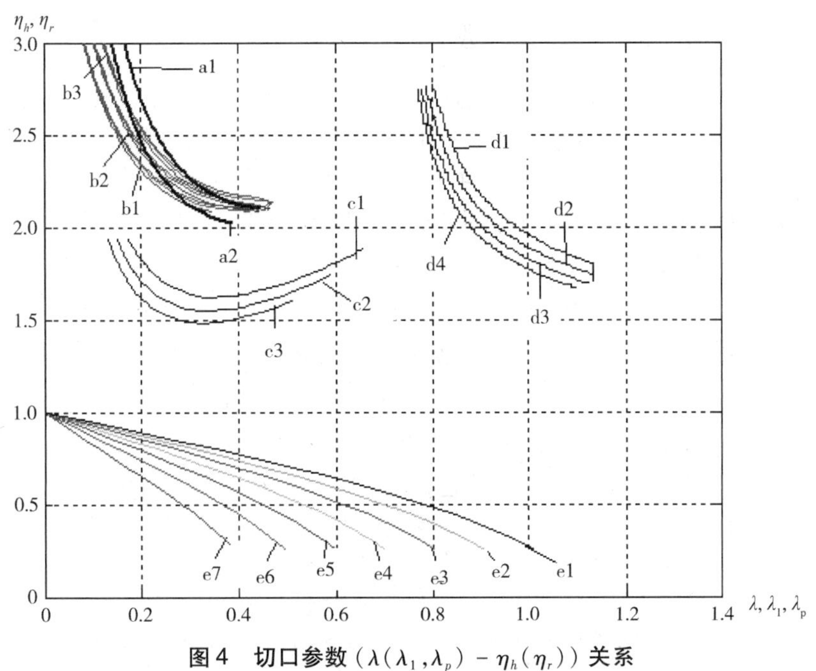

图4　切口参数（$\lambda(\lambda_1,\lambda_p)-\eta_h(\eta_r)$）关系

3.2 爆堆前沿宽和高

爆堆内多体相互之间及其与地面的连系关系，本文定义为堆积。该堆积可以分为Ⅰ～Ⅴ类，即Ⅰ类——整体翻倒堆积，Ⅱ类——跨间下塌堆积，Ⅲ类——层间侧移堆积，Ⅳ类——散体堆积，Ⅴ类——整体倾倒而不翻倒。

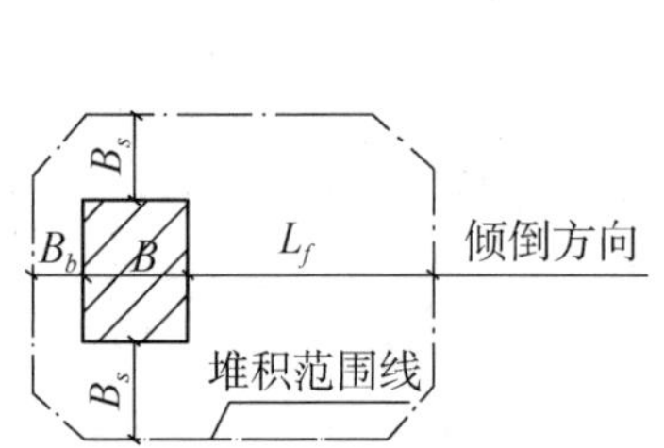

图3.3 爆堆形态平面

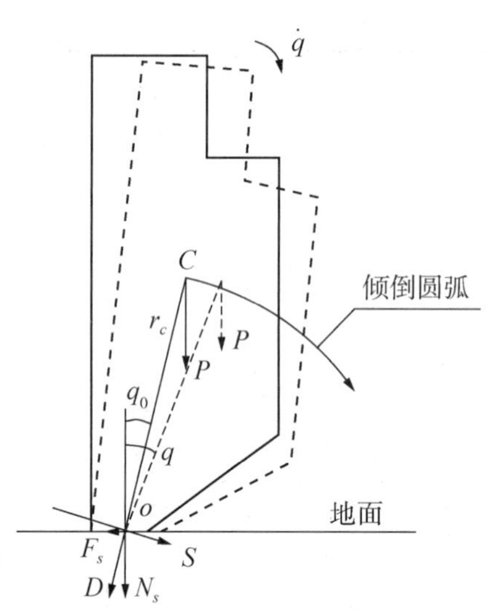

图3.4 剪力墙楼房单向倾倒力

3.2.1 单切口楼房的爆堆

根据楼房结构、爆破拆除方式和切口准则算图，基本可以判断爆堆类型，并由动力学方程及其相似性推出爆堆形态公式。

由3.1.1节判断整体翻倒而形成Ⅰ类堆积爆堆，其爆堆前沿宽见图3.3和图3.5（e）。即从建筑物倒塌的安全出发（$K_{to}=1$），当框架、剪刀墙和框剪结构运动满足文献［1］的式（6.69）和式（6.70）时（见论文［1］本文97页式（12）），和不满足式（2.20），也不能满足式（2.24）时，形成Ⅰ类堆积爆堆，其爆堆前沿宽为 L_{gf1} ，如图3.5（e）所示。

$$L_{gf1} = dx_s + H - h_{cu} - h_{cf} \tag{3.1}$$

式中，dx_s 为前柱撞地点与爆前的前柱距离，当 dx_s 为正时，撞地点在原前柱前沿前，当 dx_s 为负时，撞地点在原前柱前沿后；H 为楼高或分段楼高；h_{cu} 为楼段切口前沿高；h_{cf} 为楼房撞地时前柱破碎高。

爆堆高为

$$h_{gf1} = B \tag{3.2}$$

式中，B 为楼宽。

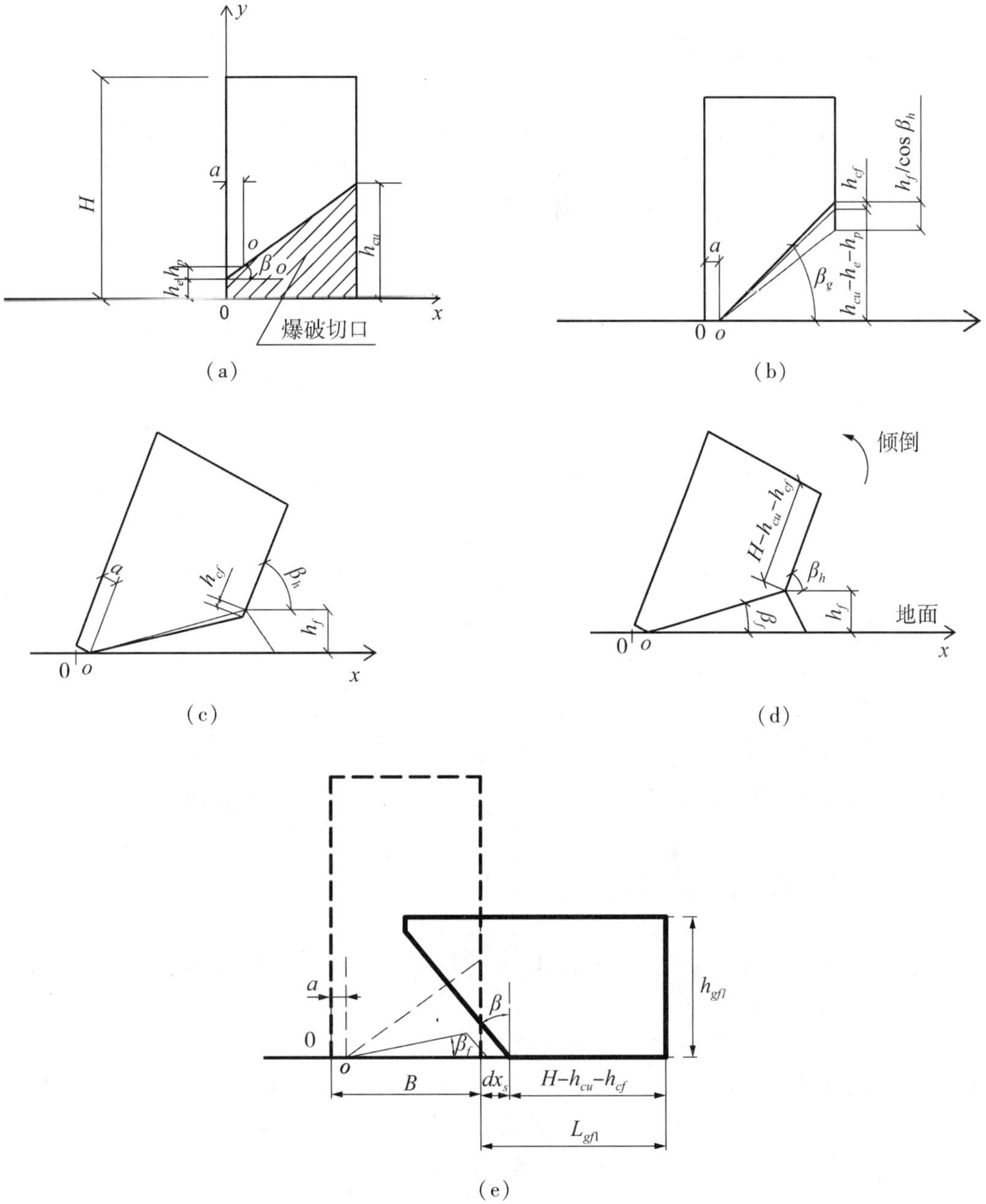

(a)

(b)

(c)

(d)

(e)

图 3.5 剪力墙楼房倒塌姿态

a——爆破切口；b——起爆下坐；c——前倾撞地；d——前趾压溃（爆堆形态）；e——翻倒爆堆。

剪力墙和框剪结构按b[5]

$$dx_s = (B - a)\left(\frac{1}{\cos\beta} - 1\right) \tag{3.3}$$

式中，β 为切口角。

当框架构件强度满足式（2.24），而不能满足式（2.20）时，将形成层间侧移堆积，而形成楼梁叠饼式坍塌爆堆，简称Ⅲ类堆积爆堆，其爆堆前沿宽为 L_{gf3} ，如图 3.6（b）所示。

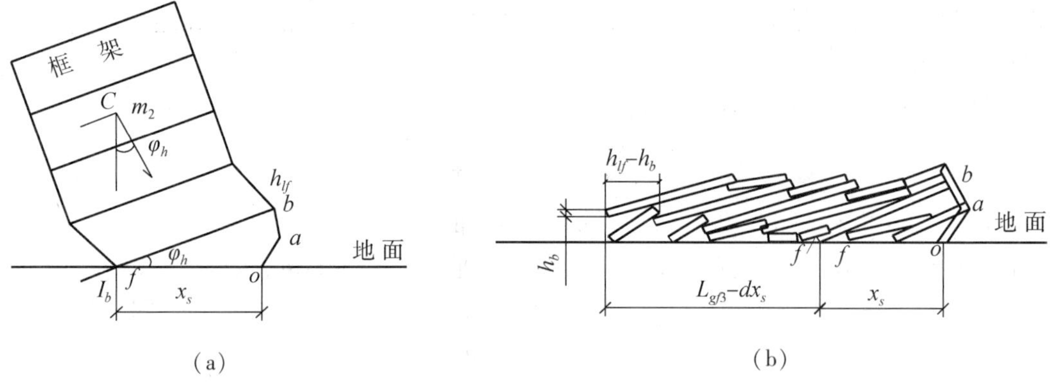

（c）

图 3.6　框架楼“层间侧移”形成

$$L_{gf3} = dx_s + \sum_{nl}^{nf} k_{lf}(h_{lf} - h_b) + b_n \tag{3.4}$$

式中：$\sum_{nl}^{nf}(h_{lf} - h_b)$ 为叠饼梁下柱总高，h_{lf} 和 h_b 分别为撞地层间侧移底层 n_l 到层间侧移终止层 n_f 的层高和梁高；飞石区的飞石和个别前冲脱离的顶层梁可超过 L_{gf3} 达 10 m。b_n 为楼前悬臂结构宽；k_{lf} 本文称为侧移系数，$k_{lf} = s_f/(h_{lf} - h_b)$ ，式中 s_f 为同层顶板和底板下相互层向侧移距离，对框架结构 $s_f \leqslant (h_{lf} - h_b)$，$k_{lf} \approx 1$ 。对于下述砖混结构，当高宽比小于 1.3 时，砖混结构楼的楼盖有圈梁可视为刚体，楼的重载由纵横的承重墙支撑，当单切口爆破倾倒拆除，切口上沿前趾撞地时，楼房很难整体翻倒，但可以层间侧移倾倒，而当底层上的楼盖层间侧移还不够充分时，承重墙已经坍塌，不能支撑楼盖充分侧

移，形成类似Ⅲ类堆积的叠饼坍塌爆堆。由于砖混楼房层间楼盖未充分侧移，砖柱和承重墙已经垮塌，故 k_{lf} 可取为0.7～0.9，如文献［1］的表7.10中例18的3幢楼房。由于屋顶的电梯房和楼梯间顶房，向前方前冲，其电梯房和楼梯间顶房的冲出距离超过了式（3.4）计算的爆堆前沿宽，因此，在电梯房和楼梯间顶着地区，应在地面局部区域防止其撞地冲击。

Ⅲ类堆积叠饼式坍塌爆堆高为

$$h_{gf3} = \sum_{nf+1}^{nt} h_{lf} + \sum_{1}^{nf} (h_b + 0.1) + h_{te} \tag{3.5}$$

式中：n_t 为楼房顶层数；h_{te} 是屋盖以上的电梯房和梯房间房高。

当框架构件强度满足式（2.24）而不能满足式（2.20）时，将产生同跨梁下塌的跨间下塌堆积，形成本文简称的Ⅱ类堆积爆堆，其爆堆前沿宽为 L_{gf2}，见图3.7。

$$L_{gf2} = dx_s + H - h_{cu} - h_{cf} \tag{3.6}$$

跨间下塌爆堆高为

$$h_{gf2} = l_{bj}\cos\alpha_b + B - l_{bj} + h_{fbj+1} \tag{3.7}$$

式中：α_b 为图3.7所示的 j 跨 l_{bj} 跨长的楼梁的下塌角，α_b 可增致 $\pi/2$；h_{fbj+1} 为 $j+1$ 以后跨的塌落高度，$j \leqslant 2$ 。

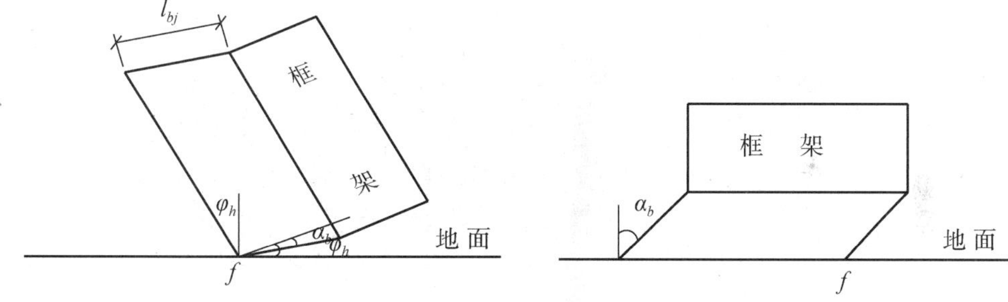

图3.7 框架楼“跨间下塌”

在式（3.4）和式（3.6）中，dx_s 为前柱撞地点与爆前的前柱距离，当 dx_s 为正时，撞地点在原前柱前，当 dx_s 为负时，撞地点在原前柱后；H 为楼高；h_{cu} 为楼段切口前沿高；h_{cf} 为楼房撞地时前柱破碎高，可设为切口顶到本层梁底高；B 为楼宽；框架2体单切口初始折叠翻倒堆积和Ⅱ、Ⅲ类堆积的 $dx_s = dx_s'B$，式中 dx_s' 为无量纲前柱撞地点与爆前的前柱距离，框架从 dx_s' 准则算图3.8，按铰 b 以上（见图2.28，见文26页文献［1］框内图6.6）楼房重心高宽比 η_c 和切口层 λ_l 插值选取，λ_l 在小于R侧。当 $\lambda_l = 1$ 时，η_c 为0.85～0.55（相应楼高宽比 $\eta_h = 2\eta_c + \lambda_l$，$\lambda_l$ 为下坐后切口层后柱铰 b 高与楼宽比 l_1/B），相应 dx_s' 为0.37～0.1。

装配式钢筋混凝土框架，当向前倾倒构件空中散落或倾倒撞地时，撞地反冲量多将结构节点和机构的铰点破坏而断开，断开的构件和其支承的砖砌体在空中散落，向前形成散体堆积爆堆，简称Ⅳ类堆积。其爆堆前沿，应由散落堆积的砖砌体和包含其中的最长支撑构件两者中之最大者决定。工厂的装配式钢筋混凝土框架爆堆，多由炸后最长支

撑构件长 l_c 决定，其爆堆前沿宽为

$$l_{gf4} \leqslant \max(l_c) + dx_s \tag{3.8}$$

式中：$dx_s = dx_c + B/2$；dx_c 为空中散落起始构件群体的质心运动着地的位置，距原前排柱的距离，向后距离为负，大多数情况下 dx_c 可设为零，以简化计算。而爆堆侧宽也由 $\max(l_c) + B/2$ 决定。

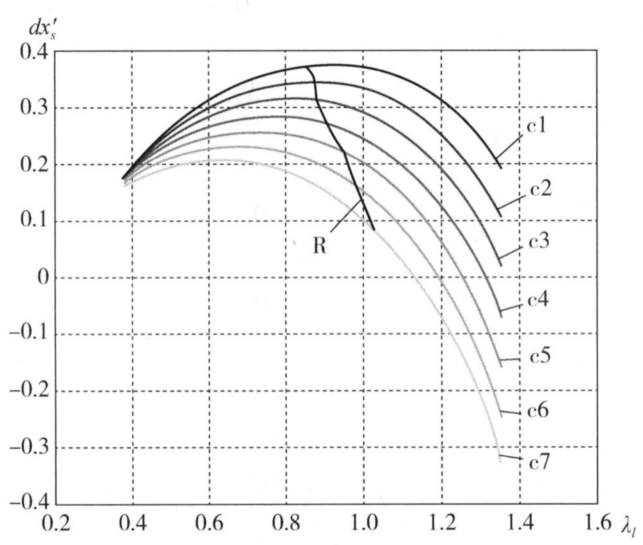

图 3.8　$\lambda_l - dx'_s$ 关系（k_j =1；R 为保证翻到线，K_{to} 为 1.4～1.6）

表 3.1　图 3.8 中曲线对应的 η_c 值

曲线名称	c1	c2	c3	c4	c5	c6	c7
η_c	0.85	0.8	0.75	0.7	0.65	0.6	0.55

采用原地坍塌拆除的框架，由框架楼塌落高度 h_{fp}，经切口闭合冲击撞地，形成Ⅳ类堆积，楼房原地塌落后的切口层爆堆上的楼高 y_r，可逆解下式获得，即

$$F_{cs}(y_r^2 - h_0^2)/\rho + (2/3)g(h_0^3 - y_r^3) + 2gh_ph_0^2 = 0 \tag{3.9}$$

式中：ρ 为楼房沿高度的线质量，10^3 kg/m；F_{cs} 为变质量下坐楼的楼底径向平均抵抗力，kN，为撞地速度 v_y 从 v_{y0}～0 的平均值，$F_{cs} = \sigma_{cg}S$；S 为高于切口上层的下层支撑结构总横断面积；σ_{cg} 为测量楼底连续下坐时克服支撑的动强度所做的比功，由实测获得，见论文［4］，23 层楼房以切口层测得 C_{30} 钢筋混凝土柱 $\sigma_{cg} = 13.645 \times 10^6$ J/m^3；h_0 为楼房刚着地时的在切口层爆堆上的楼高，m，$h_0 = H - h_{fp}$，h_{fb} 为切口层梁堆积所形成的爆堆高，m；h_p 为切口层不包含梁高的楼房下落高度，m，$h_p = h_{fb} - h_{fb}$，h_{fp} 为楼房撞地前下落高度。如图 3.1 所示。

当原地坍塌的楼房，撞地破坏的支撑构件和砖砌体，散落在原楼房四周，形成散体堆积，撞地未破坏的结构体，立在其上，形成Ⅳ类堆积爆堆，如文献［1］的图 7.40 所

示。其爆堆前沿，同样也由散落堆积的砖砌体和撞地破坏各层所余最长支撑件堆积决定。四周散落堆积的爆堆宽为 L_{gf5} ，考虑爆破抛掷作用，L_{gf5} 适当加大，即

$$L_{gf5} = (h_{lf} - h_b) + b_r n_{ft} + dx_s \tag{3.10}$$

式中：n_{ft} 为坍塌的楼层数；b_r 为下层堆积比上层堆积物突出的水平距离，b_r 可取 0.4 m；$dx_s = dx_c + B/2$ ；dx_c 为坍塌楼房着地时的质心位置与爆前质心位置之距离，dx_s 按式（3.1）中的方式处理，可简化为零。楼房下坐再坍塌，y_r 又前倾翻倒，L_{gfs} 再补加Ⅰ或Ⅱ或Ⅲ类堆积计算。爆堆高度为

$$h_{gf5} = (H - h_{cu} - h_{fsb}) + (h_b + 0.1) n_{ft} \tag{3.11a}$$

式中：h_{fsb} 为楼房压溃高，即除去梁高和爆破高度后，由立柱的压溃高度 h_{fs} 推算，$h_{fsb} = h_{fs}/(1 - h_b/h_{lf})$ 。或

$$h_{gf5} = y_r + (h_b + 0.1) n_{ft} \tag{3.11b}$$

当堆积上楼房翻倒时，

$$h_{gf5} \approx B + (h_b + 0.1) n_{ft} \tag{3.11c}$$

3.2.2 多切口楼房的爆堆

剪力墙和剪框结构楼房，两切口以上的框架，可按文献［1］的 7.4.1.2 节，首先计算上下切口各段框架结构体前趾着地姿态。当采用双切口同向倾倒时，上切口的高度一般在 3 层以下，比下切口小；若楼房上体（段）的自重接近楼房下体（段）的自重，或者超过下体重量，当采用下行起爆顺序（先炸上切口）或时差 1.0 秒内的上行起爆（先爆下切口）时，上下切口爆破后，楼房上体的后推力减缓了楼房下体的前倾转动，却加快了上切口的闭合，通常在下切口闭合前，上切口已经闭合，而形成上下体迭合的楼房有根组合单体着地状态，如论文［9］的图 1b 所示。

然后，当上切口闭合时，上体结构与下体结构可设合为同一体运动。合一体着地爆堆，见论文［9］的图 1b，图 2 至图 5，即整幢楼房着地爆堆，由各体分爆堆堆积所组成。而各分体爆堆仍按本节上述塌落堆积爆堆计算，详见论文［9］。

本两节的爆堆范围，是指建筑结构坍塌着地的范围，坍塌时构件运动和破坏所产生的个别飞石范围，还要在计算结构倒塌爆堆范围外推 5～10 m，并视构件着地速度和前冲速度而选取。

3.3 楼房的后坐

在定向倾倒中，后柱支撑着上部结构前倾同时，也有部分结构伴随向后运动，此运动本文称为后坐，其最大值为后坐值。显然，该后坐是以后柱的支撑为前提。当支撑后柱失去支撑能力时，其上的结构下落，本文称为下坐，详见文献［1］的 7.5.4 节。根据后坐形成的机理，又可将后坐分为机构后坐、柱根后滑和支撑后倒。爆堆后沿是后坐的最终结果，因此本节也给予研究。爆堆后沿宽总是小于或等于后坐值的。由于后排柱上产生塑性铰的位置不同，故后坐的方式也各异。

3.3.1 单切口剪力墙的后滑

剪力墙和框剪结构的后滑，是由于在向前倾倒时，底铰 O 在径向压力和切向推力的迫使下，遵寻论文［2］的动力方程式（1），沿地面向后滑动，如图 3.10 所示。

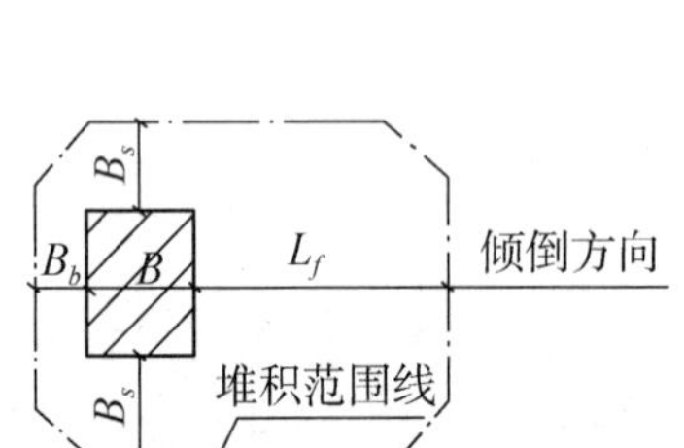

图 3.9 爆堆形态平面

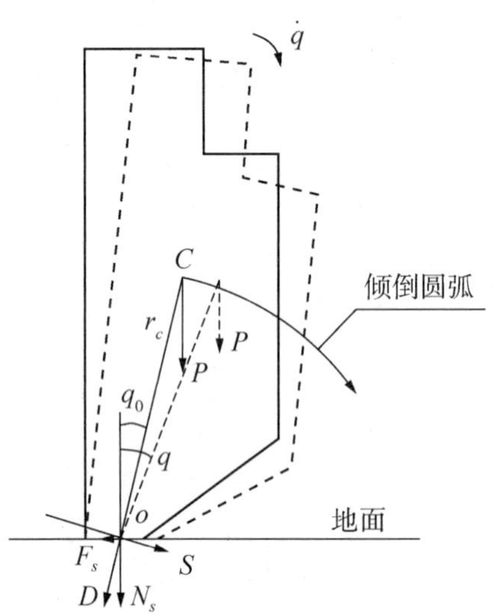

图 3.10 剪力墙楼房单向倾倒地面力

径向压力

$$D = P[\cos q - (2mr_c^2/J_b)(\cos q_o - \cos q)] \tag{3.12}$$

切向前推力

$$S = P(1 - mr_c^2/J_b)\sin q \tag{2.13}$$

后滑水平推力

$$F_s = D \cdot \sin q - S \cdot \cos q \tag{3.14}$$

对地面竖直压力

$$N_s = D \cdot \cos q + S \cdot \sin q \tag{3.15}$$

$$F_s > N_s f \tag{3.16}$$

式中：f 为墙根或柱根对地面的静滑动摩擦系数，取 0.6；其他符号含义见论文［2］的式（1）。若式（3.16）成立，则剪力墙和框剪结构的后支撑向后滑动，简称为后滑。计算表明，当 f 小于 0.35 时才可能后滑，因此，在少数条件下才会后滑。而爆堆后沿宽 B_b 由剪力后墙根或剪框结构后柱根向后滑动距离决定。但是若 $F_s \leqslant N_s \cdot f + t_e$，$t_e$ 为墙根或柱根钢筋的牵拉力，由于后墙或后柱爆破后还有钢筋牵连，则后墙或后柱根后滑距离，将不大于后墙（后柱）炸高 h_e 与冲击压溃高度 h_p 之和，即

$$B_b \leqslant h_e + h_p \tag{3.17}$$

3.3.2 框架和排架的后坐

框架和框剪结构单切口爆破，形成2自由度2体的折叠机构运动，铰 b 同时机构后坐[b[5]]，见论文［10］图1。将计算结果引入无量纲参数，机构后坐值也可以从无量纲算图查算，$x_b = dx'_b B$，式中 dx'_b 为无量纲机构后坐值，框架从 dx'_b 准则算图3.11，按铰 b 以上楼房重心高与宽比 η_c 插值选取（相应 $\eta_h = 2\eta_c + \lambda_l$），$\lambda_l$ 为后柱下坐后铰 b 高与楼宽比 l_1/B，λ_l 在小于R侧。准则算图由动力学方程、导出量及相似性和近似解计算决定。由此可见，利用无量纲算图查算 dx'_b，计算 x_b 比论文［10］计算 x_b 要简单得多。横向倾倒的工厂排架的后倒计算原理与以上相似，详见文献[b[5]]。

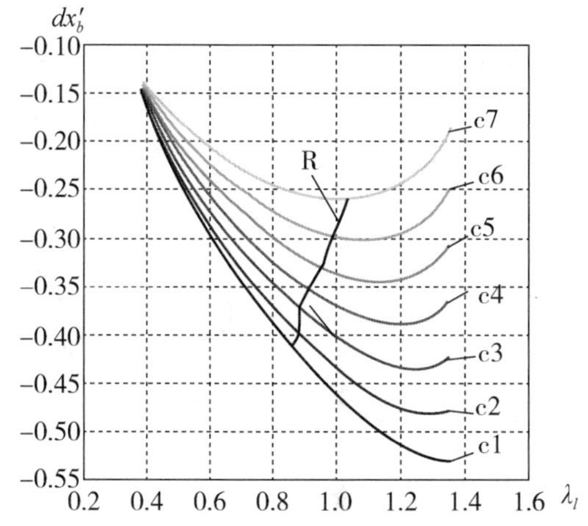

图3.11 $\lambda_l - dx'_b$ 关系（k_j =1；R边界线为保证翻倒，K_{to} 为1.4～1.6）

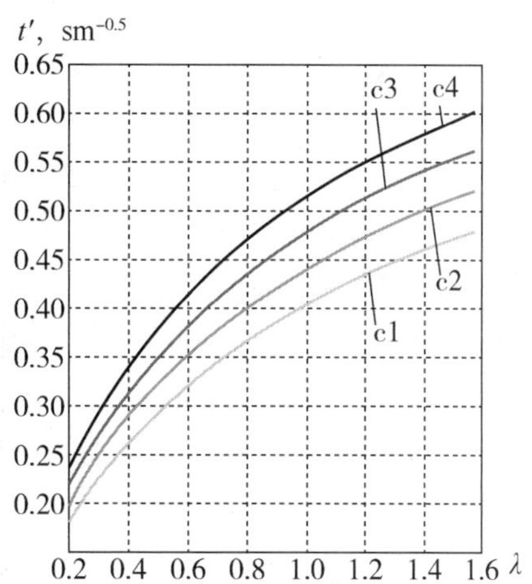

图3.12 $\lambda - t'$ 关系（曲线c1、c2、c3和c4分别 η_c 为1.0，1.1，1.2和1.3）

表3.2 图3.11中曲线对应的 η_c 值

曲线名称	c1	c2	c3	c4	c5	c6	c7
η_c	0.85	0.8	0.75	0.7	0.65	0.6	0.55

3.4 起爆时差

正算再逆算论文［1］的动力学方程（1），可得多切口上行起爆次序比下行起爆更易于下坐[b[5]]。切口起爆时差可参考小于论文［1］的式（8）的单切口闭合时间

$$t = t' \sqrt{B(1 + k_j/3)} \tag{3.18}$$

式中，t' 为相似时间函数，$t' = t''/\sqrt{g}$，s/m$^{0.5}$，$t''(\lambda, \eta_c)$ 为无量纲时间，由论文［1］的式（8）和式（3.18）得算图3.12，并从中按前跨断塌后的 λ 和楼房重心平均高宽比 η_c

插值可选取 t'。

仓体框架，切口的前排柱可全部炸掉，而后排柱起爆时差及其炸高将影响仓体是否翻倒的关键。不同起爆延时时间 t_f（s）的仓体撞地的倾倒保证率 K_{to} 和仓体前漏斗首先着地的后柱最小炸高 l_e 等因素有关，在切口闭合前，适当增长 t_f，仓体 K_{to} 会越大，标志越容易翻倒。详见文献［1］的 7.5.6.2 节[b[5]]。

排架的后柱（或旁柱），要适当延迟起爆时差，降低爆后结构重心，增加前方柱炸高等措施，控制后柱前倒（或旁柱向中倒向）。详见文献［1］的 7.5.2.1.1 节[b[5]] 和 7.5.2.2 节[b[5]]。

3.5 楼房的下坐

当切口爆破仅剩后柱时，柱的拟静重载随框架倾倒而减少，但 4 跨以上框架，经动力学方程分析重载已达多层间单后柱失稳强度，单细长柱更易于失稳折断而楼房下坐[b[5]]。爆破底层内后柱冲击压溃总长，随炸高增高，而加速增长。从文献［1］图 7.42 中可见，楼宽分别增大 1.5 到 2 倍，楼跨也分别从 2 跨增加到 3 跨以至 4 跨，后柱的轴压力 $(N)_c$ 则增加到 1.27 倍和 1.55 倍。改变楼房宽度 B，其对应的后柱轴应力 $\sigma_p = N/S_1$，式中 S_1 为立柱断面积，m^2，见表 3.3。从表中可见，在没有考虑安全系数和突加载荷的情况下，若加高一层的恒运电厂办公楼增加到 4 跨，当切口爆破后仅剩后柱时，后柱载荷已接近折断下坐值 9.98 MPa，而柱撞地时的柱端反射应力波叠加值已达到柱静强度 19.2 MPa，可能压溃下坐。因此，3 跨以上楼房，当防止下坐时，应采取防止压溃下坐措施，见文献［1］。

表 3.3　楼跨与后柱突加峰值应力

楼跨	2	3	4	5	备注
楼宽 $(B)_c$，m	11.6	17.4	23.2	29.0	
初始静轴压 N，kN	1488	1891	2303	2734	K_m 为 1.05（见 2.7 节）
后柱轴应力 σ_p，MPa	6.2	7.9	9.6	11.4	二层柱断面 0.24 m^2
4 层支撑高度纵向失稳强度 σ_λ，MPa	9.98	9.98	9.98	9.98	C_{20} 静强度 19.2 MPa 纵向稳定系数 0.52

3 跨以内的框架，由式（2.12）和动量定理计算冲击压溃高度，见文献［1］7.5.4.2 节。但单后柱无量纲冲击下坐 λ_{hp} 与 $h_{pf}/(h_e-0.2)$ 无相关性，式中 h_{pf} 为较大下坐高（$k_j=1.25$），m，h_e 为炸高，m；但当 $h_e \leqslant 0.7$ m 时，$h_{pf} \approx \lambda_{hp}(h_e-0.2)$ 经动力学方程分析为拟线性，其中

$$\lambda_{hp} = C_p F_p + C_h \tag{3.19}$$

式中：无量纲 $F_P = S_l \sigma_e / P$；σ_e 为层内后柱的等效强度，见式（2.12），7～10 层楼房

C_{20}混凝土采用15.6 MPa，其中 $k_l=1$；P 为楼房重力，10^6 N；S_l 为单后柱截面积，m^2；C_p，C_h 以图3.13中 B、切口层后柱原高 l_a 插值选取；条件为最大 h_{pf} 的主惯量比为 $k_j=1.25$，后柱起爆延时0.5 s，柱根和铰 b 有钢筋混凝土柱端弯矩。当 $h_e>0.7$ m时，h_{pf} 为随 h_e 增加而非线性加速增长，详见文献［1］7.5.4.2节。3跨以上的框架、框剪结构，采用浅切口爆破，留双排后柱，其炸高与压溃总长基本成线性关系，下坐减少。

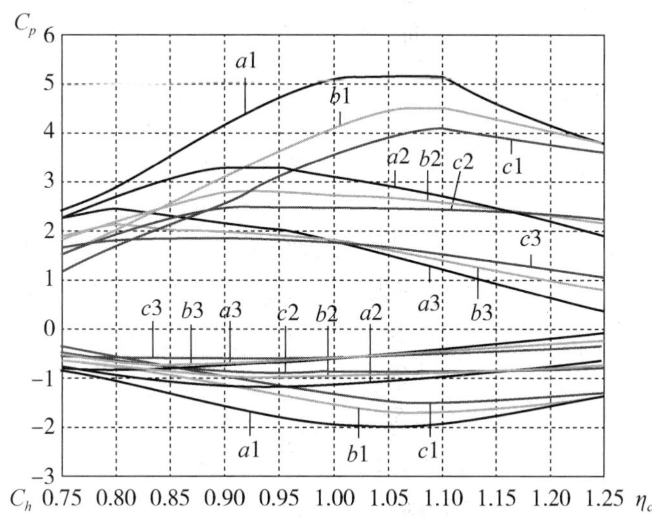

图3.13　η_c 与 C_p，C_h 关系

表3.4　图3.14曲线对应 B、l_a 值

曲线名称	$a1$	$a2$	$a3$	$b1$	$b2$	$b3$	$c1$	$c2$	$c3$
l_a/m	6.1	6.1	6.1	7.6	7.6	7.6	9.1	9.1	9.1
B/m	10.7	12.0	13.3	10.7	12.0	13.3	10.7	12.0	13.3

由此，后柱能不爆应尽量不炸，为减小对楼房向前翻滚的后柱拉阻力，可以在后柱根切割纵筋，若必须爆破后立柱，也应尽量少炸，不可随意增大后柱炸高，而造成实际较小的切口角。若留双排后柱，其下坐大幅减少。机构后坐铰 b 或不存在，后坐相应也减少。下坐计算如下：

双柱无量纲下坐 $\lambda_{pe}=h_{pf}/h_e$，无量纲 $F_p=S_l\sigma_e/P$，S_l 为双后柱截面积，m^2；$P=m_2g$，10^6 N；m_2 为双后柱上楼房质量。如图3.14所示，底层内双后柱爆破，从图中查得 λ_{pe}后，可从柱平均炸高 h_e 算出框架、框剪楼下坐高 h_{pf}。

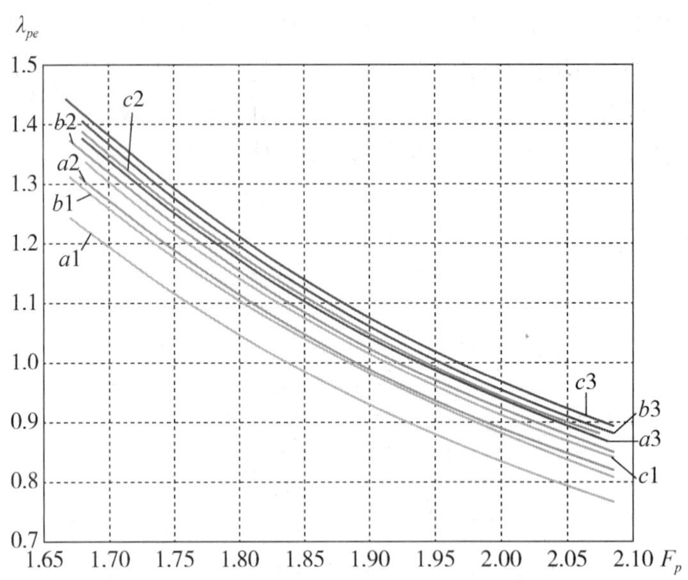

图 3.14　无量纲下坐 λ_{pe} 与 F_p 关系（k_j =1.25，$t_{kj} \leqslant 10\%$）

表 3.5　图 3.14 曲线对应 $k_a = a/B$，$j = h_c/B$ 值

曲线名称	$a1$	$b1$	$c1$	$a2$	$b2$	$c2$	$a3$	$b3$	$c3$
k_a	0	0	0	0.2	0.2	0.2	0.4	0.4	0.4
j	0.9	1.1	1.3	0.9	1.1	1.3	0.9	1.1	1.3

* a 为双柱轴间距，m；h_c 为切口上楼房质心高，m；t_{kj}为 k_j 在 0.75 ～ 1.25 内的误差。

高层整栋楼房原地塌落冲击质量散失，塌落后楼高，切口炸高和塌落层高关系，详见 3.1.7 节和 3.1.8 节。

3.6　钢筋混凝土烟囱

高 180 m 以下烟囱切口参数按切口啮合倾倒静力学机理决定[b[5]]，而其运动相关参数按以上动力学确定。爆破烟囱切口后，随着烟囱失稳和倾倒，支撑部从大偏心受压转为大偏心剪压的塑性状态，构件破坏复杂，已很难从钢筋混凝土结构学和前人有关烟囱切口支撑部受力分析研究中找到现成的结论以供借鉴，只能从支撑部破坏的观测中汲取经验，深化研究，形成认识。

3.6.1　烟囱支撑部的破坏观测

现以烟囱支撑部观测为例，说明钢筋混凝土烟囱的切口塑性铰的生成、移行和消亡的过程，以及切口闭合机理。根据烟囱支撑部观测的破坏状况，可将支撑部从切口底线

分为以下基础筒壁和以上的上段筒壁部分，切口向后又分为压应力极限平衡区（简称2区）、压应力增高峰值区（简称1区）和拉应力区（简称3区）。在基础筒切口以下分为前部的对应切口下的基础筒横筋拉区（简称4区），而其后为基础筒纵筋外弯区（简称5区），如图3.15所示。在上段筒壁2区将产生前剪面，形成前剪区。1区压应力增高后，在上段筒壁将产生后剪面，在1区和2区中形成后剪区；各区的划分由烟囱自重和筒壁的弹塑性应力应变关系和带钢筋的损伤混凝土决定，2区的应力还由带钢筋的断裂混凝土决定。

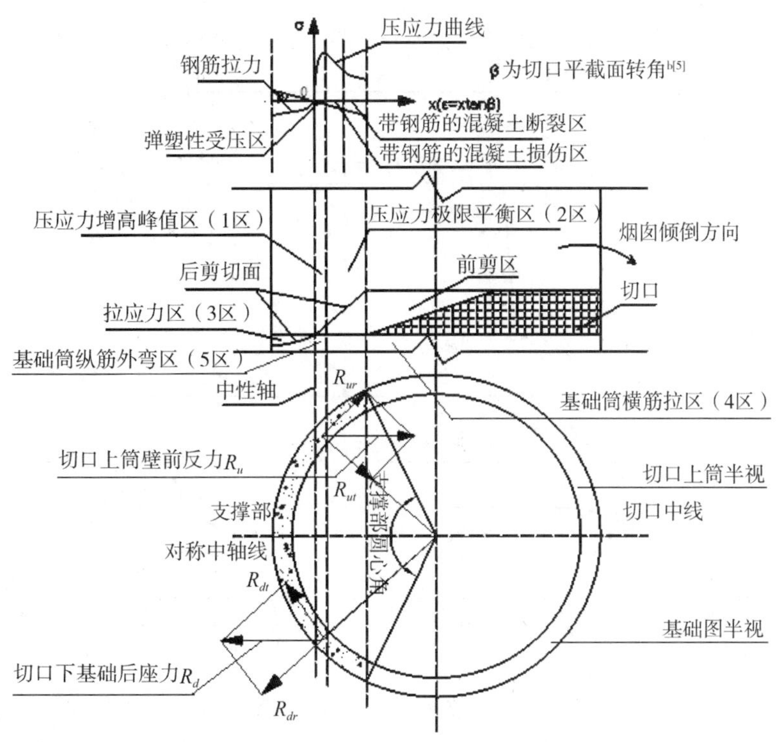

图3.15 烟囱支撑部受力分区示意（$R_d = R_u$）

3.6.1.1 烟囱倾倒失稳和中性轴（塑性铰心）后移

镇海电厂150 m高烟囱（简称烟囱1），于+30.0 m切口支撑部外侧布置摄像头，如图3.16所示，以观测+30.0 m以上120 m高烟囱倾倒时，支撑部的破坏外观，而位移计及应变计布置如图3.17所示。山东新汶电厂120 m高烟囱（简称烟囱2）+0.5 m切口支撑部位移计布置，如图3.18所示，太原国电210 m高大薄壁烟囱（简称烟囱3），如图3.19和图3.20所示，以观测支撑部钢筋和混凝土内壁受力应变的变化。

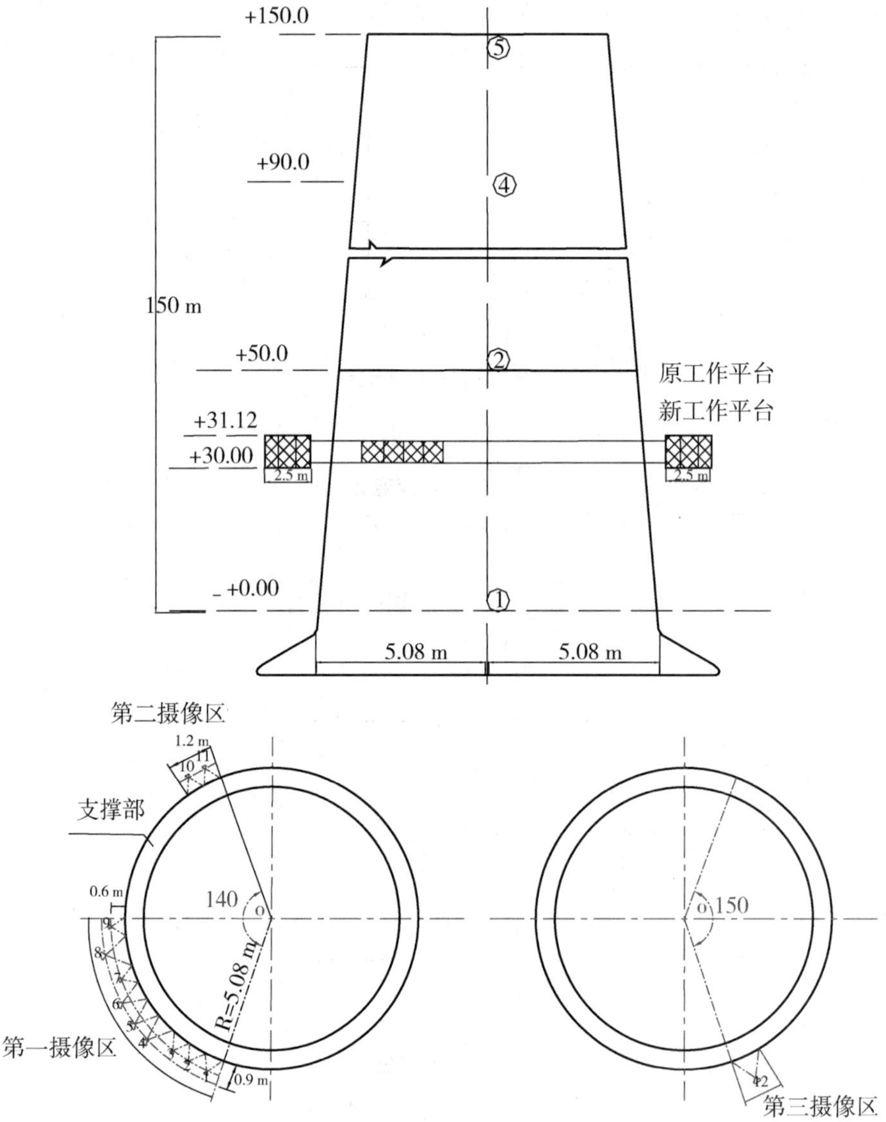

（a）+30.0 m高程（11个）　　（b）+0.6 m高程

图 3. 16　烟囱 1 各摄像点布置及其覆盖范围

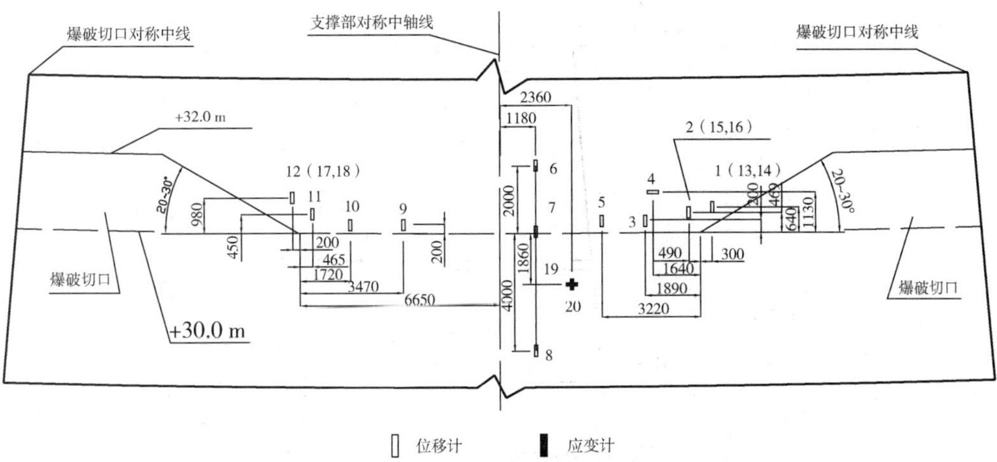

图 3.17　烟囱 1（+30.0 m）位移计及应变计布置展开，尺寸标注单位 mm
（括号内为内壁安装应变计）

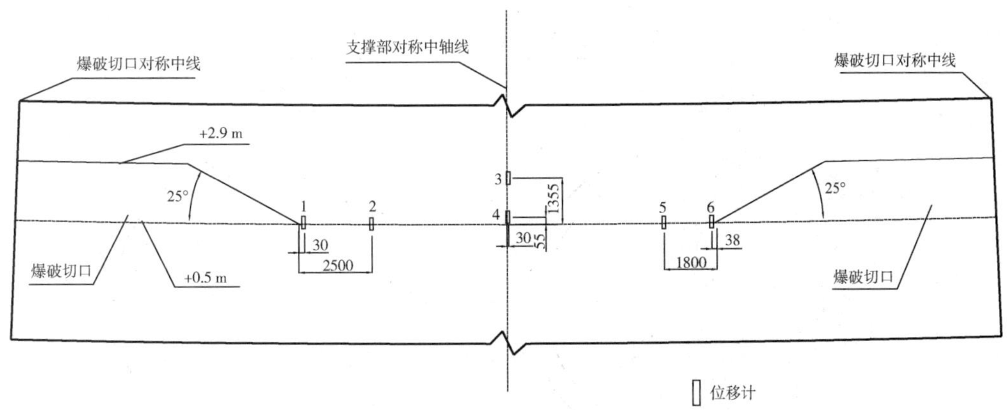

图 3.18　烟囱 2 大变形位移计布置展开
（尺寸标注单位 mm）

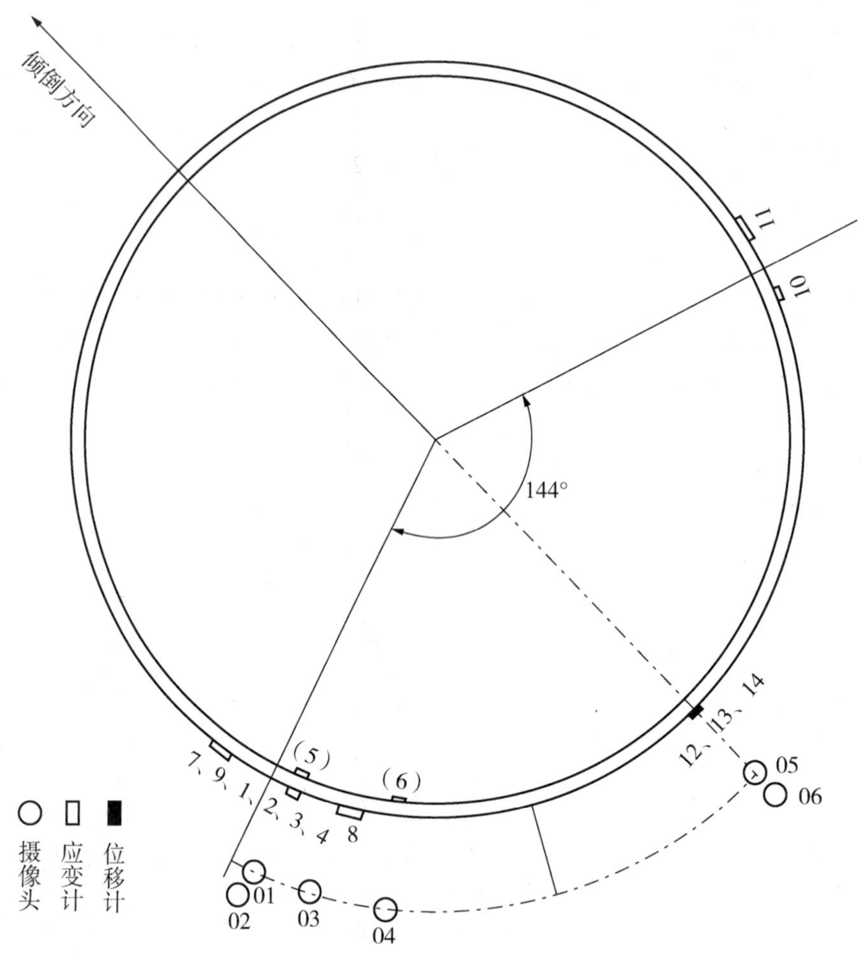

图 3.19　烟囱 3 支撑部 ±0 m 位移计及应变计布置平面

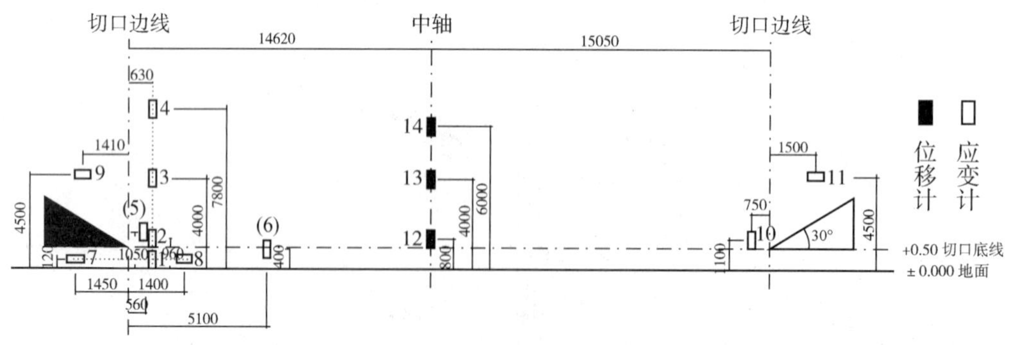

图 3.20　烟囱 3 支撑部 ±0 m 位移计及应变计布置立面展开

（尺寸标注单位 mm）

烟囱支撑部破坏次序[b[10]]如下：

从烟囱 1 摄像观测看，烟囱切口爆破 90 ms 后，烟囱突加载荷在支撑部引发比爆破震动强 5 ～ 10 倍振幅的振波，而爆破后 0.75 s，在定向窗口端外壁开始出现水平裂纹（见图 3.21：照片 1－4），很快转为 45°倾斜裂纹，1.11 s 裂纹迅速分岔，1.9 s 其伸延速度 26 mm/s，且裂纹成片发展成 X 状（见图 3.21：照片 1－9），在 2.28 ～ 2.55 s 这种压剪裂纹以 880 ～ 4200 mm/s 速度沿水平且向支撑部中间扩展，直至距定向窗口 3.68 m（见图 3.21：6－2）裂纹也张开，裂缝宽达 8 ～ 30 mm，外壁混凝土保护层挤出、垮落（见图 3.21：6－3）。由此显示混凝土压剪破坏向支撑部中间发展。2.86 s，距定向口 3.75 m 开始发现水平挤出裂纹，并以 7200 mm/s 速度向支撑部中间延伸，3.27 s 与支撑部中轴水平裂纹贯通（见图 3.21：9－2），3.636 s 向上发展到三条水平裂缝和竖向裂纹（见图 3.21：9－4）。由此显示囱壁切口端先受压破坏，而后中轴后壁受拉，在受拉区和受压区间，再伴有挤出拉伸裂纹[b[10]]，并且切口端先受压破坏的混凝土，在切口端堆积。

照片 1－4　起爆后 0.740 s

（切口处出现斜向裂缝）

照片 1－9　起爆后 2.540 s

（壁面出现大范围裂缝）

照片 6－2　起爆后 2.852 s

（斜裂缝发展至离切口 3.68 m 处）

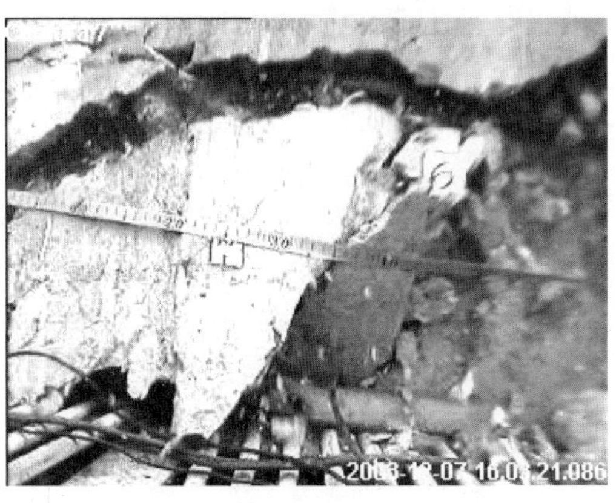

照片 6－3　起爆后 2.972 s

（裂缝发展处，保护层明显挤出）

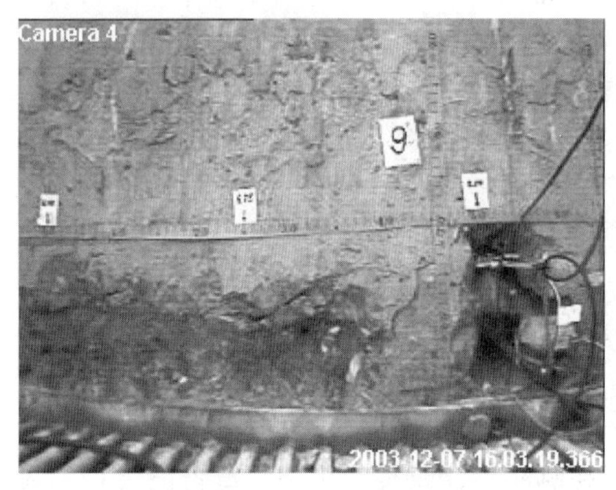

照片 9-2　起爆后 3.276 s
（水平、斜裂缝发生离切口端 5.75 m 处）

照片 9-4　起爆后 3.636 s
（新水平裂缝发生）

图 3.21　烟囱 1 各摄像点摄像

支撑部外表面各测点裂缝出现时刻，详见表 3.6b[5]。各测点位置如图 3.16 所示。

表 3.6　切口爆破支撑部背面各测点裂缝发展时刻

测点编号	1#	2#	3#	4#	5#	6#	7#	8#	9#
裂缝时刻/s	0.74	1.99	2.34	2.67	2.63	2.85	3.09	3.07	2.93

支撑部背后环向钢筋受拉断裂时刻为：1#测点 3.14 s；2#测点 3.55 ～ 4.07 s；3#测点 3.58 s；4#测点 3.05 s；5#测点 4.1 s；6#测点 4.31 s；但 7#～9#测点处未见环筋拉断，其发展规律与表 2.5 有相似之处，是因受拉断裂所至。由此可见，中性轴在 6#～ 7#测点之间，1#～ 6#测点段下压，7#～ 9#测点段上拉，其转动方向与烟囱倾倒方向一致，以中性轴为铰心（点），烟囱绕其倾旋。1#～ 6#段抵抗烟囱下旋而为受压 1 区和 2 区，因此混凝土受压横胀，环筋断裂；而 7#～ 9#段纵钢筋受拉，为受拉 3 区，形成水平张拉平行裂缝组。抗拉力和抗压力对中性轴形成抵抗塑性弯矩，由此围绕中性轴区域形成塑性铰。而烟囱上下段（体）间界面的中性轴，是烟囱单向倾倒运动的铰点。从表 3.6 还可发现，钢筋混凝土大断面的脆性断裂的塑性铰铰点（心）是逐渐后移的，其先在切口定向窗口角点，随着烟囱的倾倒趋势，当极限平衡 2 区和压应力增高峰值 1 区，无法承受烟囱自重和拉区弯矩共同形成的压力时，压应力增高 1 区峰值将后移，即中性轴随烟囱倾倒而向后移动。由此可见，塑性铰在形成过程中是向后移行的，并且当导致钢筋混凝土构件脆性断裂时，有较大的受压不均区。

当基础筒壁和上段受压 1、2 区能够承受烟囱自重和拉区弯矩共同形成压力时，压应力增高峰值及中性轴将停止后移，此时支撑部中轴将迅速受拉，混凝土和纵筋急速破坏。如烟囱 2，在起爆 2.39 s 后，位移计 5#、2#分别受压、拉，表明中性轴随烟囱倾倒，在测点 5#、2#位之间，在 4.84 s 后位移计 5#逐渐受拉，显示中性轴停止后移，又再

随竖向压力减少微弱前移。另如烟囱1，+28.1 m处向后距切口端4.8 m纵筋上的20#竖向应变计，在切口爆破0.8 s后开始受压，2 s达最大应变ε，为1.3×10^{-3}，2.7 s逐渐转为受拉，最大应变ε为4.2×10^{-3}，表明中性轴不再后移而在距切口边后方4.8 m附近，说明随烟囱倾倒，竖向压力分量减少，中性轴又有微弱前移趋势。由此可见，中性轴位置是由烟囱自重、拉区弯矩形成的压力载荷和1、2压区的抗力所决定，如果抗力最终小于载荷，则中性轴将不断后移，直至支撑部压塌。从中性轴移动可见，支撑部塑性铰不是一成不变的，但是有其相对稳定而缓慢移动的时段。由于本文的多体系统，其铰的位置假设为固定，因此只能在机构初始失稳后，塑性铰相对稳定期，应用多体系统动力学模型。从支撑部塑性铰的观测可见，塑性铰内不存在机构机械铰内的空隙，因此塑性铰在某些位置会发生多体间的过约束，而导致非完全离散。过约束的判断和后果，详见文献［1］的4.3节。另外，支撑部观测所见，受压2区破坏的混凝土，在定向窗口处部分堆积，当烟囱倾倒旋转时，切口是在堆积体上闭合，塑性铰微小前移，因此要精确计算烟囱的多体系统，可设支撑部塑性铰为滚动移行铰。

当基础筒壁不能承受烟囱自重和拉区弯矩共同形成压力时，烟囱上段伴随中性轴的后移而立即下坐，其后果详见后节。

3.6.1.2 支撑部塑性铰后剪或下落后消亡

正梯形切口，高烟囱在极大的自重压力和倾倒水平后推力作用下，当基础筒能支撑时，支撑部1、2、3区有可能向后剪切，形成后剪区。如烟囱1，+30m支撑部中轴，在2.93～3.17 s摄像可见，受拉混凝土向外推出，表明高位切口烟囱上段向后剪切。一旦后剪滑移失稳，将使上、下段烟囱圆心错开，上、下段烟囱壁仅两侧点接触，巨大的点接触压强，将使上下筒壁相互嵌入，烟囱上段被剖开成前后两片，因后坐，前片掉入基础筒中，后片推出基础筒后，而整体下坐，如烟囱1。若这时烟囱已进入初倾中期（倾倒角大于4.0°），烟囱上段已经离散整体下坐将较小影响倒向，当支撑部能够抵抗上段筒壁的后剪力时，随着烟囱的倾倒，切口前壁闭合，支撑部的全部纵筋，将被倾倒的烟囱拉起，纵筋从混凝土囱壁内拔拉脱粘，而最终断裂，支撑部的塑性铰因破坏而消亡。烟囱倾倒的原支撑部中性轴铰点前移到切口前壁，而成为前壁机械铰。

而倒梯形切口，基础筒壁4区因横筋切断，其抗压能力削弱，在烟囱自重和拉区弯矩共同形成压力下，基础筒壁5区多因外翻弯曲（受力分析见3.6.2.5节），上段烟囱失去基础筒前部支撑而下坐，滑下基础，上、下段烟囱壁仅两侧点接触，相互嵌入，高位切口烟囱上段被剖开成前后两片，后片掉入基础筒中，前片下推出基础筒前而整体下落。若筒壁两侧切力不平衡，将引发上段烟囱沿纵轴随倾倒而转动。当转动约$\pi/4$后，上段一侧壁脱离切割约束，且高位切口基础筒壁也被上段切割出25～35 m的竖直开口。

由此可见，当高烟囱受压切口啮合式破坏，以支撑部中性轴后移稳定后为塑性铰，是支撑部破坏和切口闭合的机理。若塑性铰强度难于抵抗向后或向下（横）剪力或切口闭合向前上方或前下方的拉力时，塑性铰将完全破坏而消亡，由此依赖于该塑性铰的多体拓扑运动也跟随结束。而当高大烟囱薄筒壁压皱下溃时，请见下节。

3.6.1.3 高大薄壁烟囱支撑部筒壁纵向皱折压溃

薄壁高大烟囱的正梯形切口在竖直高压下，如210 m高烟囱3的观测倾倒摄像发现，爆破后 1 s 烟囱 3 下坐；从测振波形b[10]可见，爆破 0.7 s 后，有约 1 s 时段 4.5 Hz 的振幅较大的筒壁破坏下坐波形。已明显区别于前述高烟囱的爆破振波和烟囱倾倒摄像b[11]、b[12]，显示了薄壁高大烟囱爆破后，在压力 N_h 作用下，首先下坐破坏的特征，即壁厚 δ 的支撑部已无力支撑其烟囱近自重，支撑部中性轴不断后移，并 α_0 减小到b[13]

$$r_e(1-\cos\alpha_0) < \delta/2 \tag{3.20}$$

见式（3.33），文 68 页。烟囱将下坐并且若支撑部在地面将出现折皱屈曲压溃。另外，从应变观测看，爆破切口后 0.12 s，于定向窗口后 0.5 m，从基础筒壁距地0.38 m，向上超过切口顶距地 7.8 m，在筒壁内外纵筋上，所安装的 6 个应变计，均从下向上显示了折皱式屈曲变形，并且在 0.225 s 后发展到支撑部中轴，如图 3.22、图 3.23 所示，4 个外横筋应变计也显示屈曲受拉向外凸出，观测见文献b[12]，如 7# 横筋应变计显示 5 区立即受拉，而引起 4 区外翻弯曲（受力分析见 3.6.2.5 节）。支撑部距地 8 m 以下筒壁压塌成皱褶式混凝土块堆积，皱褶半长b[14]2.5 ～ 3.0 m，水平分布 3 ～ 4 条塑性绞线，压塌堆积体高 1.8 ～ 2.0 m。而倒梯形切口，将更早、更易基础筒壁外翻弯曲、下塌，在地面而引出以上皱褶过程。因此，烟囱支撑部折皱压溃下坐、筒壁塑性屈

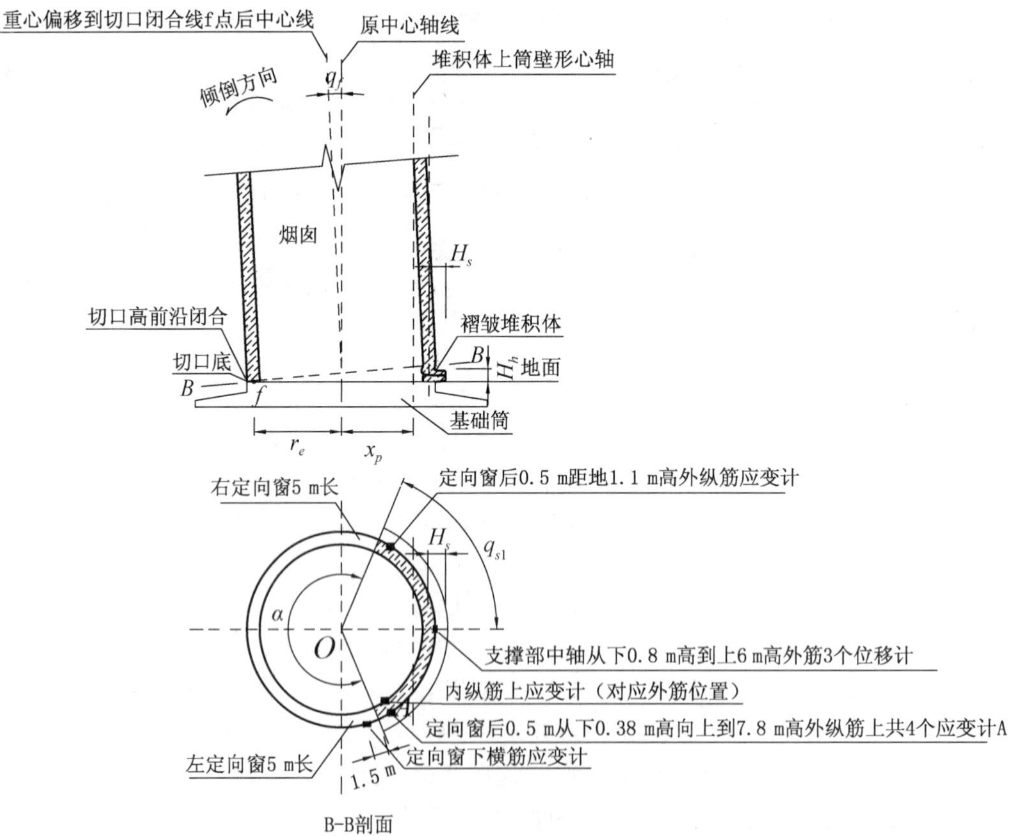

图 3.22　烟囱 3 支撑部 ±0 m 位移计及应变计布置及轴向压溃皱褶示意

曲，直至切口闭合，是薄壁高大烟囱支撑部破坏的机理。由此，要使烟囱倾倒稳定，必须自下而上依次序折皱，形成必要的能支撑烟囱上段倾倒的堆积体高。

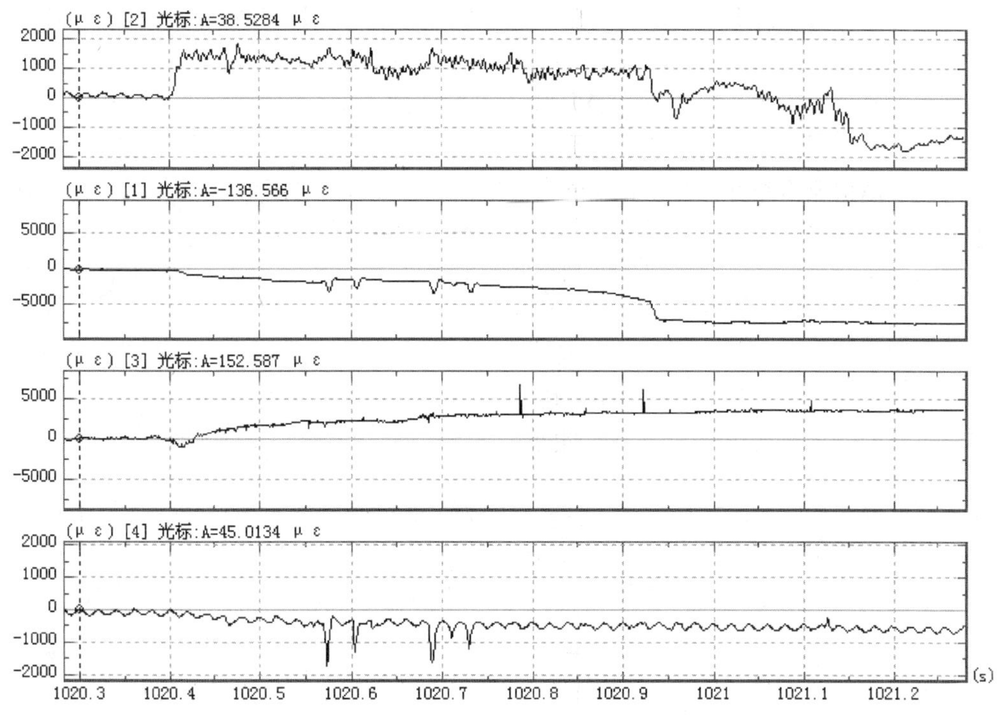

图 3.23　筒壁 A 位外纵筋应变计记录

（纵轴 0 以上为拉，0 以下为压；横轴为时间 0～1 s；应变计从下 0.38 m 高向上 7.8 m 高分别为光标［2］、［1］、［3］、［4］）

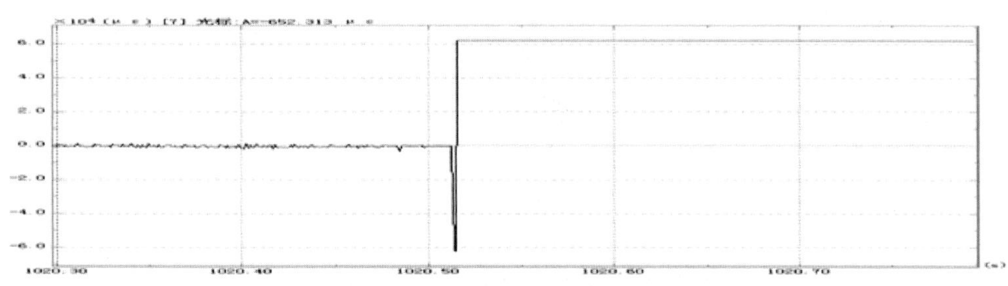

图 3.24　维持基础筒稳定的横筋 7 号观测点记录的波形（1～0.4 s）

（纵轴 0 以上为拉，0 以下为压）

3.6.1.4　支撑部拉区钢筋拔拉脱粘

在支撑部塑性铰破坏前，可以观测到支撑部中轴拉区钢筋“拔拉脱粘”。从图 3.21 的照片 9－4 可见，中轴拉区钢筋，在上下 0.7 m 摄像范围出现多组水平裂缝，混凝土被裂缝分割而剥落，其中因纵钢筋从混凝土中抽拔而出，混凝土丧失握裹力和粘结力，本文称为钢筋的拔拉脱粘b[5]。从倾倒着地的烟囱支撑部中轴，可见混凝土囱壁已经脱落，钢筋可露出1.5～2.0 m，钢筋拉细，钢筋头端有45°的拉断斜断口。由此可见，钢筋在混凝土脱粘区，Ⅱ级钢筋的绝对拉伸可达0.3 m，Ⅰ级钢筋可达0.5 m。钢筋混凝土构件的钢筋拔拉脱粘和混凝土脱落钢筋的伸长，增大了构件间的相对位移，延长了离散构件间的连接时间，形成了体间的非完全离散。

3.6.2 烟囱切口力学分析

从研究中可知，爆破切口后，随着烟囱失稳和倾倒，支撑部从大偏心受压转为大偏心剪压的塑性状态，构件破坏复杂，已很难从钢筋混凝土结构学和前人有关烟囱切口支撑部受力分析研究中找到现成的结论以供借鉴，只能从以上支撑部破坏的观测中汲取经验，深入研究，从而形成下述认识。

3.6.2.1 倾倒失稳的圆心角和失稳弯矩

切口爆破形成后，支撑部在大偏心受压下脆性断裂，首先在定向窗口处破坏，截面上受压1区（见图3.15）混凝土达到极限强度，受压钢筋达到屈服，已不属线弹性区，应力为矩形分布；由于是脆性破坏，受拉3区钢筋平均强度小于屈服极限，但是在判断倾倒失稳时，可留有富余，设3区钢筋达到极限抗拉强度，拉应力为矩形分布；切口支撑部破坏从受压区开始而形成残余压应力2区。根据烟囱纵轴Y的力平衡条件，在支撑部截面内有$\sum Y = 0$，如图3.25所示。因此，拉、压区边界（中性轴）圆心角之半q_s见式（3.21）。

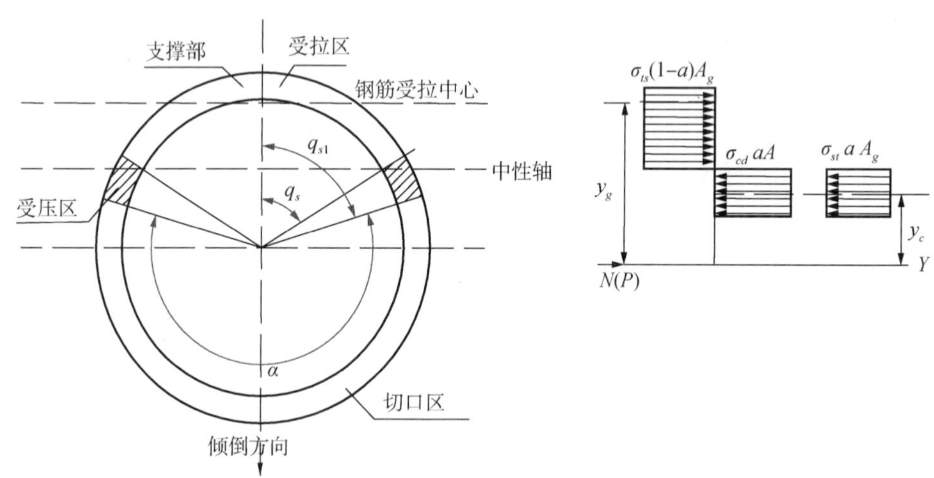

图3.25 烟囱爆破切口截面受力图

A为全截面面积；aA受压区面积；A_g为钢筋总面积；aA_g为受压区钢筋面积；$(1-a)\ A_g$为受拉区钢筋面积。

$$q_s = [(\delta \cdot \sigma_{cd} \cdot \lambda \cdot r_{cs} \cdot r_e + s_p) \cdot q_{s1} - P/2]/(\delta \cdot \sigma_{cd} \cdot \lambda \cdot r_{cs} \cdot r_e + s_p + s_{ap}) \quad (3.21)$$

式中：q_{s1} 为保留支撑部圆心角之半，R° = rad；$q_{s1} = \pi - \alpha/2$；α 为切口圆心角，R°；r_e 为切口断面平均半径，m；r_{cs} 为混凝土在筒壁温度作用后的强度折减系数b[15]；σ_{cd} 为 1、2 压区混凝土破坏抗压强度平均值，MPa，且 $\sigma_{cd} = \alpha_c \sigma_{cs}$，其中 σ_{cs} 为混凝土的弯曲随机抗压屈服强度均值（MPa），α_c 为混凝土受压等效矩形应力图系数，为 1.00 ～ 0.25，初始失稳取 1.0，中性轴后移时取小值；λ 为支撑部截面的纵向弯曲系数b[5]，按文献［1］表 2.4 中 φ_λ 选取，表中 l_o 为切口高度 h_b；s_p 为每弧度圆心角的钢筋随机抗压强度均值（kN/R°），且 $s_p = n_s \sigma_t \lambda$，其中 σ_t 为钢筋强度，取随机屈服强度均值 σ_{st}（MPa），n_s 为每弧度圆心角的钢筋面积，10^3 mm^2/R°；s_{ap} 为每弧度圆心角的钢筋平均抗拉强度，在中性轴后移过程中 $s_{ap} = n_s \cdot (\sigma_{st} \sim \sigma_{ts})$，kN/R°，$\sigma_{ts}$ 为钢筋抗拔强度，MPa，σ_{ts} 应小于钢筋极限抗拉强度 σ_{tp}；δ 为烟囱切口处壁厚，m；P 为烟囱自重，kN。

烟囱倒向切口截面"受压区高度系数"b[5] $\xi = (\cos q_S - \cos q_{s1})/(1 - \cos q_{s1})$，考虑到受拉 3 区钢筋按园周分布连接中性轴，当调整 $\xi \leqslant 0.4$ 时，属于大偏心受压破坏，即烟囱失稳由受压区破坏引起。

在中性轴后移过程中，由于无法确认 α_c 和 s_{ap}，在分析确保倾倒失稳时可留有足够的保证余地，而设 $\alpha_c = 1, \sigma_{cd} = f_c, \sigma_s = (\sigma_{st} \sim \sigma_{ts}) = \sigma_{tp}$ 和 $s_{ap} = \sigma_{tp} n_s$，截面倾倒力矩之半为[6]

$$M_{sp} = (P/2) \cdot r_e \cdot \cos q_s \tag{3.22}$$

截面抵抗力矩之半为

$$\begin{aligned} M_{sc} = {} & \sigma_{cd} \cdot \lambda \cdot (q_{s1} - q_s) \cdot \delta \cdot r_{cs} \cdot r_e (r_e \cos q_s - y_c) + \sigma_{st} \cdot n_s \cdot \lambda \cdot (q_{s1} - q_s)(r_e \cos q_s - y_c) \\ & + \sigma_{ts} \cdot n_s \cdot q_s \cdot (y_g - r_e \cos q_s) + M_{ct} \end{aligned} \tag{3.23}$$

初始失稳时截面抵抗力矩即为失稳弯矩。

$y_c = r_e(\sin q_{s1} - \sin q_s)/(q_{s1} - q_s)$

$y_g = r_e \sin q_s / q_s$

M_{ct} 切口部位裸露钢筋的抗压抵抗力矩之半，即 $M_{ct} = s_p \alpha_{tc} (y_{tc} + r_e \cos q_s) \lambda_t$；式中 α_{tc} 为切口部分裸露钢筋对应的 $\frac{1}{2}$ 圆心角；y_{tc} 为切口部分裸露钢筋形心至烟囱中心的距离，$y_{tc} = r_e \sin\alpha_{tc}/\alpha_{tc}$；$\lambda_t$ 为裸露钢筋的纵向弯曲系数，切口裸露钢筋可看作下端固定，上端自由的压杆，$l_0 = 2h_b$。对Ⅱ级钢筋（$d > 28$ mm），$\lambda_t = \dfrac{\left(\frac{\pi}{4}\right)^2 E \left(\frac{d}{l_o}\right)^2}{\sigma_t} < \left(\dfrac{10d}{h_b}\right)^2$，$d$ 为钢筋直径，m；σ_t 为钢筋强度，取标准强度 f_y 值；表 3.7 烟囱 $d = 0.02$ m，当 $\dfrac{10d}{h_b} < 0.08$ 时，M_{ct} 为 M_{sc} 的 1% 以下，基本可以忽略。令 $\alpha_c = 1, \sigma_{cd} = f_c, \sigma_s = \sigma_{tp}, s_{ap} = n_s \sigma_{tp}$ 的倾倒失稳名义保证率

$$k_c = M_{sp}/M_{sc} \tag{3.24}$$

$k_c \geqslant 1.5$ 可确保烟囱顺利倾倒b[5]（当 σ_{tp} 采用极限抗拉强度均值时，$k_c \geqslant 1.4$）。

以切口以上 120 m 镇海电厂烟囱为例，其切口圆心角 α 与倾倒失稳保证率 k_c 的关系见表 3.7b[5]，k_λ 是施加自重突加载荷后截面受压区高度系数。从表中可见，当 $\alpha >$

205°，烟囱于纵向力平衡下，在支撑部形成“塑性铰”，可实现顺利倾倒。

表 3.7　120m 烟囱切口圆心角 α 与倾倒失稳保证率 k_c 和 k_λ 对应关系

α（度）	190	200	210	220	230	240	260
k_c	1.108	1.414	1.786	2.250	2.825	3.558	5.721
k_λ	0.5962	0.6292	0.6639	0.7008	0.7397	0.7811	0.8697

3.6.2.2　自重突加载荷的圆心角

切口爆破瞬间，还存在突加载荷，切口上方的烟囱自重会以突加载荷迭加在支撑部上b[5]，有可能压塌支撑部。其施加突加载荷后的峰荷值与原烟囱自重引起的载荷比值，$\lambda_p = [2(\pi - q_{s1}) + q_{s1}]/\pi = 2 - q_{s1}/\pi$；对应不同的切口圆心角 α，施加突加载荷后的峰荷 $\lambda_p P/2$ 引起的受压区 $(q_s - q_{s1})$ 的高度系数 $k_\lambda = (\cos q_s - \cos q_{s1})/(1 - \cos q_{s1})$，当 $k_\lambda > 0.85$ 时，支撑部的受压区高度已接近支撑部全断面，为了安全不可再大。从表 3.7 中可见，当 $\alpha \geqslant 260°$ 时，k_λ 已大于 0.85，由此可见，在安全上留有余地时，α 应不大于 240°。

突加载荷除了短时迭加在支撑部外，也短时增大烟囱各部的应力，突加载荷与切口上烟囱自垂成正比，当切口角偏大，切口高度偏高时，烟囱高度越高，其突加载荷越明显，因此极易引发起爆后烟囱及其支座的瞬时破坏。其防治措施详见文献［1］的 7.2.2.2 节。

3.6.2.3　中性轴后移和机构残余弯矩

随着高烟囱倾倒，支撑部处于大偏心受压破坏，其特征是中性轴向后移动。设烟囱系由切口弹塑性体和切口上方的刚体组成，切口截面遵从平截面假设b[5]，则受压区混凝土边缘的极限压应变为

$$\varepsilon_{cu} = x_a \tan\beta \tag{3.25}$$

式中：β 为切口平截面转动角b[5]，即刚体烟囱倾倒角；x_a 为混凝土的实际受压 1 区高度，混凝土的受压 1 区计算高度 $x \approx 2k_2 x_a$，k_2 为受压 1 区混凝土应力合力作用点到受压 1 区外边缘的距离与 x_a 的比值，$2k_2 \approx 0.8$ b[5]，因此

$$\varepsilon_{cu} = x\tan\beta/(2k_2) = r_e(\cos\alpha_{s1} - \cos\alpha_0)\tan\beta/(2k_2) \tag{3.26}$$

式中：α_{s1} 为压应力增高 1 区与极限平衡 2 区交界对应圆心角之半；α_0 为移动中性轴对应圆心角之半。根据 $\sum Y = 0$（由于烟囱初始倾倒很慢，动载系数 k_d 近似为 1），则

$$(\alpha_{s1} - \alpha_0) \cdot \sigma_{cs} \cdot \delta \cdot \lambda \cdot r_e \cdot r_{cs} + (q_{s1} - \alpha_{s1}) \cdot \sigma_a \cdot \lambda \cdot \delta \cdot r_e \cdot r_{cs} + \sigma_{st} \cdot (q_{s1} - \alpha_0) \cdot n_s = N_h/2 + \sigma_{ts} \cdot \alpha_0 \cdot n_s \tag{3.27}$$

式中，N_h 为烟囱自重和质量引起对支座的竖直压力，kN；当烟囱单体倾倒时，

$$N_h = N\cos(q_0 + \beta) - R\sin(q_0 + \beta) \text{ b[5]} \tag{3.28}$$

此时水平推力b[5]

$$R_h = N\sin(q_0 + \beta) + R\cos(q_0 + \beta) \tag{3.29}$$

其中径向反力[b[5]]

$$N = P\{\cos(q_0+\beta) - (2mr_c{}^2/J_b)[\cos(q_0) - \cos(q_0+\beta)]\} \tag{3.30}$$

切向反力[b[5]]

$$R = P(1 - mr_c{}^2/J_b)\sin(q_0+\beta) \tag{3.31}$$

式中，m 为烟囱质量，10^3 kg；J_b 为烟囱对切口支点的转动惯量，10^3 kg · m。

而烟囱的初始倾倒角

$$q_0 = \arctan[r_e\cos(q_s)/r_c] \tag{3.32}$$

式中：r_c 为烟囱重心高，m；σ_a 为残余压应力极限平衡区混凝土的抗压强度，MPa；σ_{cs} 为混凝土的抗压随机屈服强度均值，MPa；σ_{cs} 和 σ_a 应考虑环向筋侧限影响的 Kant - Park 的 $\sigma_c(\varepsilon)$ 的表达式，详见文献［1］的式（2.3），由于烟囱倾倒时，切口逐渐闭合，定向窗口角端混凝土不断压坏，而其上部损伤较小混凝土下移补充，因而使受压 1、2 区 ε_0、ε_{50c}以及极限 ε_p 均增大，经观测，ε_{50c}的增大倍数近似为 2 ~ 6，而 $\varepsilon_p/\varepsilon_0$，可取至 q_{s1}；ρ`为环筋的体积比；$s_h$ 为环筋间距；$b$`为受侧限混凝土的宽度，烟囱近似取壁厚 δ；$\sigma_a = 0.2\sigma_0$；$\sigma_0 = k_{cb}\sigma_{cs}$，当 σ_{cs}取弯曲抗压随机屈服强度均值时，C_{20}~ C_{30}混凝土 k_{cb} = 1.35；σ_{st}为钢筋随机屈服强度均值，MPa。

为简化分析，可近似认为 $\varepsilon_{cu} = 6\varepsilon_{50c}$，解式（3.27）至式（3.31）和文献［1］的式（2.3）联立方程，可得切口上倾倒角 β 与移动中性轴圆心角之半 α_0 的关系，见图 3.26[b[.5]]（图中 1 为压应力 1、2 区交界圆心角之半 α_{s1}；2 为中性轴圆心角之半 α_0；3 为切口支撑部截面转动角 β）。

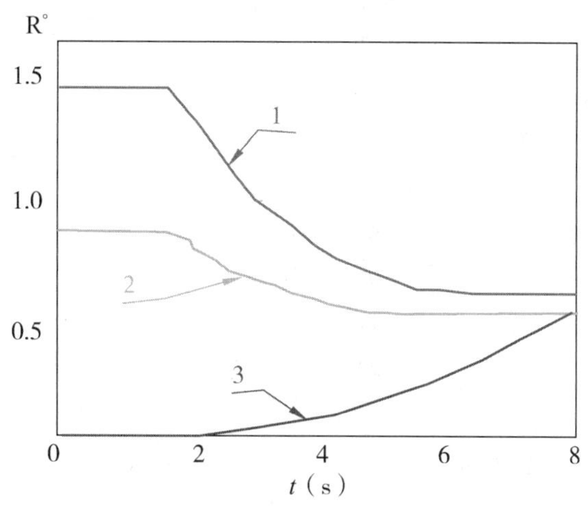

图 3.26　镇海电厂 +30 m 支撑部中性轴及其参数

从图中可见 α_0 随 β 增大而减小，并逐渐趋近极限值本文称极限中性轴，表明支撑部压应力增高 1 区和残余压应力极限平衡 2 区的总抗力已能支撑烟囱自重和 2 区拉应力弯矩所形成的载荷；这与观测一致[12]，由此说明以上分析，正确地反映了烟囱倾倒时切口支撑部应力重新分布的过程。中性轴停止后移表明，烟囱在倾倒初期，暂时性纵向平衡，由此保证了在微倾阶段（倾倒角达 1.5°～2°）烟囱的倒向，并顺利进入初始倾倒阶段。但当倾倒角 1.5°以上时，如果 α_0 减小到 $r_e(1-\cos\alpha_0)<\delta/2$，则支撑部将无能力支撑烟囱自重而被竖直压力 N_h 压塌，即

$$r_e(1-\cos\alpha_0)<\delta/2 \tag{3.33}$$

烟囱将下坐并且若支撑部在地面将出现折皱屈曲压溃。

以切口以上为 120 m 高的镇海电厂烟囱为例，极限中性轴圆心角之半 α_0 与切口圆心角 α 的关系，见表 3.8b[5]。表中采用了标准强度，安全留有了余地。从表中可见，当 $\alpha=260°$ 时，中性轴已使受拉区缩小到壁厚 δ 之内，故难以承受 N_h 压力。从安全上留有余地考虑，α 不应大于 235°。计算和观测都显示，伴随着中性轴后移，压应力 1 区缩小，而压应力极限平衡 2 区增大，两区之比可小于 1/9。

表 3.8　极限中性轴圆心角之半 α_0 与切口圆心角 α 关系

α (°)	200	210	220	230	240	260	备注
α_0 (°)	29.2	25.9	22.6	19.4	16.3	10.6	$\delta=0.3$ m
$r_e(1-\cos\alpha_0)$	0.6286	0.4942	0.3779	0.2804	0.1994	0.0844	

为测算参数 q_0，α_0，α_c，可采用以下式逆算。中性轴后移稳定初期，支撑部的截面抵抗力矩为机构残余弯矩：

$$M_d=2k_dM\alpha_{tn},\ M\approx\sigma_{cd}\lambda(q_{s1}-q_s)(\delta-a'_s)r_{cs}r_e(r_e\cos q_s-y_c)+\sigma_{st}n_s\lambda(q_{s1}-q_s)\cdot(r_e\cos q_s-y_c)+\sigma_{ts}n_sq_s(y_g-r_e\cos q_s) \tag{3.34}$$

式中，$\sigma_{cd}=\alpha_c\sigma_{cs}$，$k_d\alpha_{tn}\approx1$，见文献［1］文 19 页和式（6.36）。

极限压区边介对应的圆心角之半 α_0，是以中性轴后移推断应变极限 ε_p 获得，因而是近似的。在烟囱倾倒的初倾倒段，也可以用倾倒角 $q=(\beta+q_0)$ 与时间 t 的观测值，在切口闭合前，以文献［1］式（6.38）曲线拟合逆算出初始倾倒角 q_0，和对应底塑性铰的抵抗弯矩 M_b，由此 $M=M_b$，且

$$q_s=\arccos[(r_c\tan q_0)/r_e] \tag{3.35}$$

$$\alpha_0=q_s \tag{3.36}$$

和其对应的压区等效矩形应力图系数 α_c，从烟囱 2 实测逆算参数，得 C_{25} 混凝土的 120 m高烟囱的切口 $\alpha_c\approx0.28$。详见文献［1］文 35 页。

3.6.2.4　前剪区压剪和基础筒壁外翻弯倒与烟囱倒向

高烟囱在极大的自重压力下，筒壁两侧的受力如图 3.15 所示，切口上段两侧受压区水平反力 R_u 的切向分量 R_{ut} 牵拉横筋被阻止，而径向分量 R_{ur} 指向筒内，易于被混凝土抗压强度所克服，正梯形切口，必然将切口前方筒壁延至压剪破坏，但前剪区的压剪力随烟囱倾倒角增大而减少，因此由前剪区压剪破坏引起的下坐是有限的，改善切口前方筒壁的强度，可以限制这种有限的下坐。当切口两端不同，不平衡压碎时，将引起切口两端塑性铰不平衡和不对称底塑性铰轴。由于它多发生在微倾或初倾早期，故发生越早越易引起倒向偏离。加强切口前方强度，采取减少定向窗夹角，加强环筋对混凝土横

向约束等措施，均可以推迟、延缓、限制这种压剪。因此定向窗口的作用不仅在以后切口闭合时，有均匀支撑烟囱的可能，更重要的是在微倾和初倾阶段前期，较小的定向窗口角加强了前剪区的强度。正梯形切口烟囱倒向观测，见表 3.9b[5]，表明定向窗口角在 30°以下，切口高在 2.4 m 以下（直侧边式切口），前剪区的压剪破坏，引起的地面烟囱倒向偏离只在 ±2°以内，已经可以满足拆除工程的要求。高位切口烟囱上段，因后坐而失去支撑，切口前剪区将延续剪切，继续扩大了偏离倒向，见表 3.9 例 6。例 5 基础在淤泥上，基础歪斜扩大了倒向偏离。

表 3.9　正梯形切口钢筋混凝土高烟囱倒向偏离观测

序号	名　称	切口以上烟囱高/m	切口圆心角/°	定向窗口角/°	切口高/m	倒向偏离/°
1	茂名沸腾炉烟囱	120	220.4	20～25	3	1
2	新汶电厂（烟囱 2）	120	220	25	2.4	1.9
3	镇海电厂上切口（烟囱 1）	120	210	20～25	2.0	1.5
4	广州纸厂烟囱中切口	70	220	30	1.8	<1
5	天津大港	120		60	2.1	6
6	广州南玻（高 10 m 位置切口）	91	230	39	2.1	7.9
7	兰州西固	74	232	17	1.85	1.8
8	宝钢	200				

而倒梯形、倒三角形等下向切口烟囱，基础筒两侧，如图 3.15 所示，两侧筒壁受压区水平后坐力 R_d 的切向分量 R_{dt} 无法为下向切口 4 区割去的横筋拉力所克服，如图 3.24 所示，引起其径向分量 R_{dr}，使筒向外弯曲，定向窗口下基础筒壁外翻而压塌，Ls-dyna 通用程序也可模拟出这个结果，上段烟囱立即下坐，使微倾的烟囱两侧失去稳定方向的支撑，随机偏倒增大，见表 3.10。

表 3.10　有下向切口的钢筋混凝土高烟囱倒向偏离观测

序号	名　称	切口形式	切口以上烟囱高/m	切口圆心角/°	定向窗口角/°	切口高/m	倒向偏离/°
1	茂名 3、4 部炉烟囱	唇形	120	231	38	3	9
2	锦州电厂	唇形	240	217	30	5～16.3	4
3	湘潭钢厂	倒梯形	90	209	49.5	2.1	3～15
4	合山电厂	倒梯形	120	216	25	2.1	6
5	成都国电	剪刀形	210	216	25	7.6（下 1.5）	基础下塌

3.6.2.5 高大薄壁烟囱支撑部筒壁折皱压溃

高大薄壁钢筋混凝土筒壁可看成刚塑性体，皱褶线可看为塑性铰，由此建立钢筋/混凝土筒壁轴向压溃折皱模型，如图3.22和图3.27所示，筒壁轴向压溃折皱的经典力学，见论文［12］。

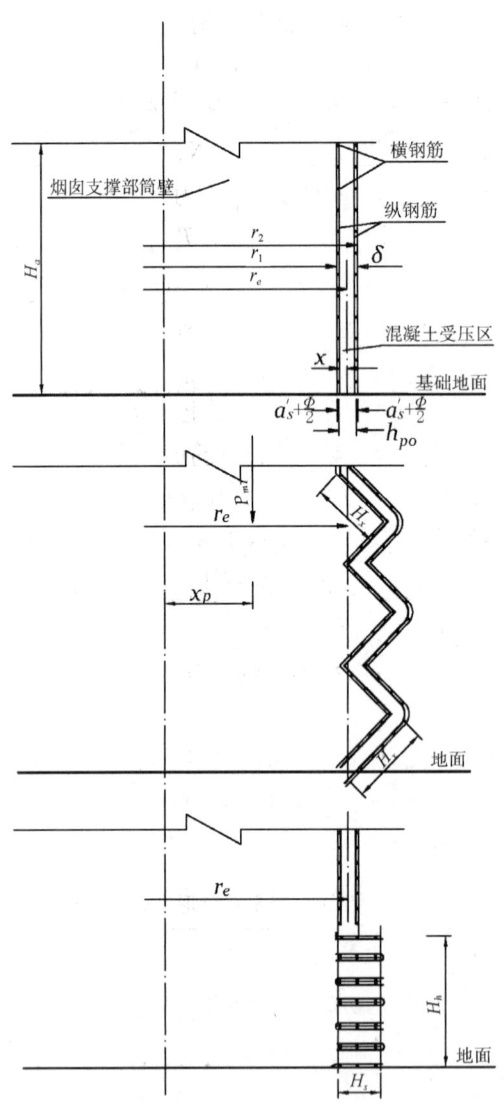

图3.27　钢筋混凝土支撑部筒壁皱褶（ϕ为纵筋直径）

3.6.2.6 支撑部后剪下坐和塑性铰消亡

随着烟囱的倾倒，烟囱倾倒角β的增大，根据观测，前剪区已破坏，未压溃的支撑部中性轴后移到极限中性轴，从3.6.1.1节可知支撑部面临被后剪切的危险更大，大偏心压剪破坏主要在压应力2区，即烟囱支撑部的塑性铰压区。维持塑性铰不被后剪破

坏，是应用多体动力学的主要条件。根据烟囱1环向摄像和广州纸厂烟囱竖向摄像观测后剪的范围，为简化分析，设后剪切面由1、2压应力区的斜平面，和拉应力3区的上凹曲面所组成，见图3.15。剪切面以上烟囱构成正梯形切口向后滑动体模型，仿照钢筋混凝土梁剪压破坏分析的“理论与试验结合法”，在本模型上建立公式，式中参数可参考钢筋混凝土受剪承载力计算取值和烟囱后剪观测，由此形成正梯形切口后剪滑动分析。

设 α_s 为剪切斜面的水平角，则斜平面的下滑力[b[5]]

$$F(\alpha_s) = N_s\sin\alpha_s + R_s\cos\alpha_s \tag{3.37}$$

式中：N_s为1、2区竖向压力，$N_s = N_h - N_t$；N_h 为烟囱的竖直压力（包括烟囱自重和3区纵筋拉力），kN；N_t为1、2区纵筋支撑力，kN；$N_t = 2\sigma_{st}\cdot(q_{s1} - \alpha_0)\cdot n_s\cdot k_{td}$；$k_{td}$为钢筋的动载系数，取1.35；$R_s$ 为支撑部的水平推力，$R_s = R_h - T_t$，kN；R_h 为烟囱水平推力，kN；T_t 为环筋的拉力在倾倒面的分量总和，T_t为 α_s 的函数，即 $T_t(\alpha_s)$，kN；而滑动面抗滑力[b[5]]

$$R(\alpha_s) = [N_cf_2 + (N_S - N_c)f_1]\cos\alpha_s - R_sf_2\sin\alpha_s + t_f + t_\tau \tag{3.38}$$

式中：N_c 为2区的支撑力，kN，$N_c = 2\sigma_a(q_{s1} - \alpha_{s1})(\delta - a'_s)r_er_{cs}$；$f_1$ 为1区混凝土的摩擦系数，0.6～0.7，可取0.6；f_2 为2区破坏混凝土的摩擦系数取0.2；t_f 为支撑部纵向钢筋的暗锁抗力，kN；$t_f = \tau_0\,k_{s\,p}\cdot\cos\alpha_{st}$，$\tau_0$ 为纵筋剪切力；$k_{s\,p}$ 为纵钢筋暗锁系数，1区取1，3区取0.3，当切口高度 $h_b > 1.5$ m时，2区取0，$h_b \leqslant 1.5$ m，k_{sp} 随 h_b 减小而从0线性增加到1；α_{st} 为纵筋剪切力的水平角，1区取 α_s，3区取 $\alpha_s/2$；t_τ 为1区和部分3区混凝土的剪力和骨料咬合力，kN，其强度取混凝土抗压强度的0.125倍。剪切滑动失稳系数[b[5]]为

$$k_s = \max[F(\alpha_s)/R(\alpha_s)] \tag{3.39}$$

当

$$k_s(\alpha_{sm}) > 1 \tag{3.40}$$

正梯形切口支撑部将大偏心压剪失稳破坏。式（3.40）成立的 α_s 为 α_{sm}；式（3.39）中 $\tan\alpha_s \leqslant \alpha_h = h_b/[r_e(\cos\alpha_0 - \cos q_{s1})]$。

表3.11　部分钢筋混凝土正梯形切口烟囱后剪状况

序号	名称	切口以上烟囱高/m	切口圆心角/°	切口高/m	后剪状况	备注
1	镇海电厂烟囱1，+30 m切口烟囱上段	120	210	2.00	明显后剪	当$\beta = 0.1606$时，$k_s = 0.99$，当$\beta = 0.4678$时，$k_s = 1.11$
2	广州纸厂+30 m切口以上烟囱	70	230	1.8	未后剪	$\beta = 7.6°$，$k_s = 0.98$
3	韶钢烧结厂14#烟囱	80	210	2.0	明显后剪	纵筋 ϕ16@100双层折叠烟囱，底外半径 $r_2 = 3.38$ m，壁厚 $\delta = 0.3$ m，烟囱重953.8 t

续表 3.11

序号	名称	切口以上烟囱高/m	切口圆心角/°	切口高/m	后剪状况	备注
4	韶钢烧结厂 90#烟囱	80	210	2.0	未后剪	纵筋 ϕ18@100 双层底外半径 r_2 =2.83 m，壁厚 δ =0.3 m
5	兰州西固电热厂 100 m 高烟囱b[5]	74	232	1.85	明显后剪	
6	恒运电厂 100 m 高烟囱	99	237	2.00	拉区钢筋有后剪断裂现象	
7	广州纸厂 60 m 高烟囱	60	235	3.00	半个支撑部滑离基础	
8	新汶电厂烟囱 2	120	220	2.4	后剪着地	支撑部拉区 1/4 先切割钢筋
9	茂名 3.4 部炉烟囱	120	231	3.0	后剪着地	
10	武昌电厂烟囱b[5]	100	220	3.8	明显后剪着地	
11	黄石电厂烟囱b[5]	150	216	2.4	明显后剪着地	

烟囱后剪观测实况见表 3.11，由于 f_2，t_f，t_τ 很难准确计算[1]，因此 K_s 也难准确算出。从部分烟囱以式（3.40）估算可知，120 m，70 m 乃至 50 m 高烟囱正梯形高位切口支撑部，随着中性轴的后移，都有可能满足式（3.40），从而有可能发生后剪破坏。

从式（3.38）可见，混凝土在后剪破坏中，受压 2 区和受拉 3 区的混凝土强度丧失，减弱了抗剪能力，而钢筋的随动硬化属性，却使其在塑性剪切变形中，抵抗了主要的后剪力。因此，不应该在后剪面附近切割支撑部中轴附近纵筋，详见 3.6.4.1.7 节。另外，尽可能增大支撑部对应的圆心角，增加并维持支撑部的纵钢筋，也能增加其抗后剪能力。

从式（3.40）可知，支撑部后剪失稳与剪切角 α_s 紧密相关，降低切口高度和切口角（可采用复式切口），以减小可能发生的最大 α_s，是防止多折烟囱正梯形切口后剪失稳的主要措施。

表 3.11 也证实，高位切口 50 m 高以上烟囱有可能后剪破坏，因此在混凝土烟囱多折爆破时，正梯形上切口，其下切口应在相应上切口爆破后 3.5 s 以前起爆，以便在后剪未发生时，下段烟囱向后运动而卸除后剪力，以免除塑性铰后剪破坏，详见 3.6.4.1.7 节。近地面切口烟囱，后坐、下坐在地面，仍可支撑烟囱倾倒，其倒向已由

3.6.2.4 节决定。

在烟囱高位切口支撑部的塑性铰区，维持塑性铰不后剪和不下坐破坏，是应用多体动力学实现烟囱多折拆除的主要条件。倒梯形下向切口，易于下坐而破坏塑性铰，不适合多折叠上、中切口烟囱。

3.6.3 高烟囱姿态受力分析

烟囱等高丛建（构）筑物在倾倒时，会发生前冲、落地飞溅和残体倒塌、滚动，因此有必要研究倾倒姿态，如图 3.28 所示。在烟囱切口形成后，在重力作用下绕支撑部中性轴塑性铰 B 转动。

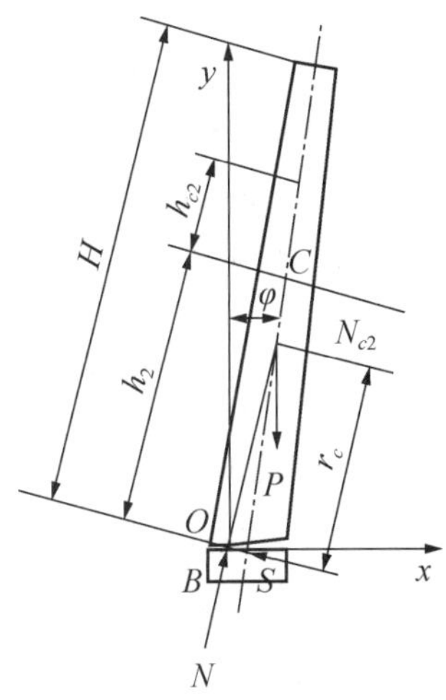

图 3.28 烟囱倾倒过程示意

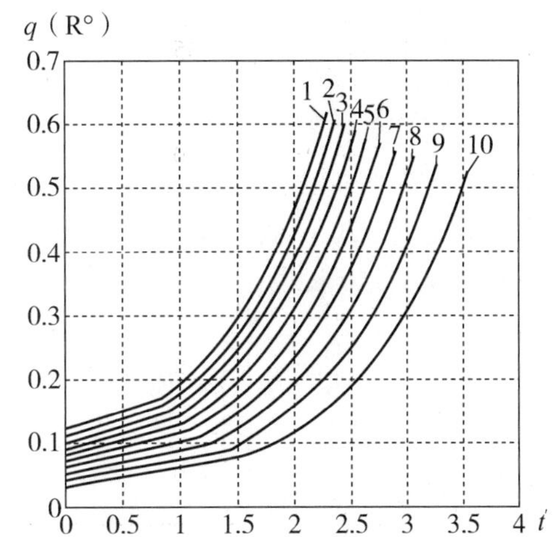

图 3.29 相似时间 t' 与倾倒角 q 关系

（图中 10，9，...，2，1，q_0 分别为 0.03，0.04，…，0.11，0.12）

初始倾倒角 q_0，瞬时倾角 q，若忽略空气阻力和 B 铰的塑性抵抗弯矩，动力方程如下：

$$\left.\begin{aligned} m(\mathrm{d}v_c/\mathrm{d}t) + S - P\sin q &= 0 \\ mv_c^2/r_c + N - P\cos q &= 0 \\ J_b\mathrm{d}^2q/\mathrm{d}t^2 - r_cP\sin q &= 0 \end{aligned}\right\} \tag{3.41}$$

式中：P 为单体的重力，kN；$P = mg$，m 为烟囱的质量，10^3 kg；r_c 为质心到底支铰轴的距离（高），m；J_b 为烟囱对底支铰轴的惯性矩，$10^3\ \mathrm{kg \cdot m^2}$；$v_c$ 为烟囱质心速度，m/s；t 为时间，s。

令 $\omega_0^2 = r_cP/J_b$，并考虑初始条件：

$$t = 0, q(0) = q_0, \dot{q}(0) = 0 \tag{3.42}$$

化简得，

$$\dot{q} = \sqrt{2}\omega_0\sqrt{\cos q_0 - \cos q} \tag{3.43}$$

$$v_c = \sqrt{2}r_c\omega_0\sqrt{\cos q_0 - \cos q} \tag{3.44}$$

令相似时间为 t'，由文献［1］式（6.38）化简，得 $t' = \omega_0 t$，

$$t' = \ln[q + \sqrt{2(\cos q_0 - 1) + q^2}] - \ln[q_0 + \sqrt{2(\cos q_0 - 1) + q_0^2}] \tag{3.45}$$

计算得图3.29，可由 q_0，t' 查得相应的 q；q_0 为倾倒初始角；计算时间 t、q 可为表3.12中的 t_c，计算相应倾倒角 q_s。

3.6.3.1 烟囱顶触地速度

单向倾倒的地面烟囱，一般经历2个拓扑过程b[5]：首先是切口闭合前，支撑部支承烟囱单向倾倒，为第1拓扑；而后，是切口闭合后，支撑点前移到切口前缘，原支撑部钢筋拉断，切口前缘继续支撑烟囱倾倒直至筒顶触地，为第2拓扑b[5]，见论文［2］。

烟囱等高耸建筑物，单向倾倒的角速度b[5]、b[10]

$$\dot{q} = \sqrt{2mgr_c(\cos q_0 - \cos q)/J_b + 4M_b[\sin(q_0/2) - \sin(q/2)]/J_b + \dot{q}_0^2} \tag{3.46}$$

本式简化为以第1拓扑计算，并令 $M_b = 0$，$q_0 = 0$，$\dot{q}_0 = 0$，烟囱顶触地时，$q = \pi/2$。式（3.46）简化为触地角速度

$$\dot{q}_g = k_q\sqrt{2mgr_c/J_b} \tag{3.47}$$

式中参数 k_q 以新汶电厂120 m高烟囱计算为例，测定为 $k_q = 0.9996 \approx 1$。

因此，钢筋混凝土120 m高烟囱筒顶触地线速度

$$v_h = \dot{q}_g H \tag{3.48}$$

即，论文［15］烟囱顶撞地溅飞时触地速度

$$v_h = \sqrt{2}H\omega_0 \tag{3.49}$$

式中，H 为烟囱切口以上高，m。

3.6.3.2 烟囱顶铁环飞散

设烟囱断裂点 C（高 H）的断裂力 N_{c2}（顶铁环为压力），从式（3.41）得

$$m_{c2}v_{c2}^2/(h_2 + r_{c2}) - N_{c2} - P_{c2}\cos q = 0 \tag{3.50}$$

式中：m_{c2} 为 C 上段质量，10^3 kg；r_{c2} 为 C 上段质心高，m；v_{c2} 为 C 上段质心速度，m/s；P_{c2} 为 C 上段质心，$P_{c2} = m_{c2}g$；N_{c2} 为 C 上段所受径向压力，kN。

当筒顶铁环抛出时，$N_{c2} = 0$，$h_2 = H$，$r_{c2} = 0$，令 $q_u = q$，$q_0 = 0$，则

$$\cos q_u = 1/[1 + g/(2H\omega_0^2)] \tag{3.51}$$

由斜下抛自由落体原理，可得顶铁环着地距烟囱顶距离

$$l_u = H[\sin q_u + \cos^2 q_u(\sqrt{2 + \sin^2 q_u} - \sin q_u)] - H \tag{3.52}$$

顶铁环着地后，在地面前冲滑动分散，高120 m烟囱再前冲10 m。

3.6.3.3 烟囱上段在高位切口平台的姿态

烟囱切口平台距地高20 m以上，该切口本文定义为高位切口。

3.6.3.3.1 实测倾倒角

烟囱上段在高位切口上可认为多体或非完全离散体，后坐和下坐而脱离基础筒，按完全离散体运动b[5]。因此，在高位切口上脱离的倾倒角和时间，就是烟囱上段自由落

体运动的起始点和以后姿态的关键。随烟囱下坐，上段在基础筒上随倾倒又相互切割，当两侧不平衡切割时，还沿纵轴旋转，状态变化随材质不均等偶然影响的因素多，姿态的范围目前只能在实测统计中寻找。设上、下段的切割长度分别为 l_u 、l_d ，烟囱上段长度为 H ，烟囱脱离切口平台的时间 t_s ，及其倾倒角 q_d 等，实测的上、下段切割的结果和倾倒角，可见表 3. 12。

从表中可见，烟囱上段正梯形切口在 1. 0 ～ 1. 2 s（表中例 1 实测 1. 12 s）开始前倾变形，其切口支撑部完全破坏时间为 $t_c \approx 4.4$ s，在 4. 0 ～ 5. 5 s 后坐并随下坐。而烟囱上段 H 为 90 ～ 125 m，如例 1、2、3、5、7，其脱离平台时间 t_s 为 8. 0 ～ 10. 0 s，相应的 q_d 为 25°～ 95°，l_d 为 2 ～ 22 m，l_u 为 17 ～ 30 m。倒梯形切口经 t_c 为 2. 5 ～ 3. 0 s 后下坐，其高位切口中的较低平台，烟囱上段 H 多数较高为 125 m，如例 8，t_c 、q_d 分别为 4 s 和 4. 5°，l_d = 20 m，l_u = 2 m。而高位切口中的较高平台高 70 ～ 132 m，其烟囱上段 H 多数较短，为 78 ～ 110 m，如例 9、10、11，t_s 、q_d 分别为 5 ～ 6 s 和 30°～ 50°，l_u 为 2 ～ 29 m。l_d 为 18 ～ 19 m。有减阻槽的切口 t_s 、q_d 、l_u 、l_d 分别为 11 s、95°、50 m、95 m（减阻槽可利用应力集中减少筒壁间切割阻力）。

表 3. 12　脱离切口的烟囱上段倾倒角和平台时间及切割长实测

序号	项目	切口形式	上段 H/m	切割口长（上/下）/m	t_c(s) / q_s(°)	t_s(s) / q_d(°)	触地 t_m(s) / q_m(°)	备　注
1	镇海电厂 150 m 高烟囱b[15]	正梯形，较低平台	120	18/2. 5	4. 39/4	8. 34/25	9. 04/32. 3（折叠）	
2	华电淄博 210 m 高烟囱b[16]	正梯形，较高平台	110	27/2		10/90		切口壁厚 0. 47 m，下 0. 64 m
3	国电小龙潭 3 座高 180 m 烟囱b[17]	正梯形，较低平台	155	17 ～ 25/6	2/	4 ～ 5/ 2 ～ 3		
4	兰州西电 100 m 高烟囱b[18]	正梯形，较低平台	74	32/13				
5	华能海电 150 m 高烟囱b[19]	正梯形，较低平台	125	25/20	3/			
6	广州南玻	正梯形，较低平台	91	0/0				切口壁厚 0. 3 m，下 1. 1 m
7	韶电下段 132 m	正梯形，较低平台 较低平台	90	30/22	4/6	8/95	8/95	
8	恒运电厂 150 m 高烟囱	倒梯形，较低平台	125	2/20	3/2	4/4. 5	5. 7/8. 3	

续表 3.12

序号	项目	切口形式	上段 H/m	切割口长（上/下）/m	t_c (s) / q_s (°)	t_s (s) / q_d (°)	触地 t_m (s) / q_m (°)	备注
9	辽宁 150 m 高烟囱	倒梯形，较高平台	80	2/19	4/	5/		
10	韶电 210 m	倒梯形，较高平台	78	29/19	3～3.7/ 5～6	5～6/ 27	10/95	
11	鹤电 210 m[b[20]]	倒梯形，较高平台	110	50/95（减阻槽宽 1.2×高 2.5 m）				

* 表中参数来自烟囱倾倒摄像和电视。

3.6.3.3.2　计算倾倒角

切口倾倒下抛法，是计算烟囱从切口平台倾倒触地的姿态算法，即首先从表 3.12 中选取实测上段脱离切口平台倾角 q_s为 q_d 和脱离平台时间 t_s（以作参考）。由于表 3.12 中最小 l_d 和 l_u 各为 2 m，故可以认为烟囱定长上段支撑在定点上倾倒，从式（3.46）设 $M_b=0$ 的相应最大角速度 $\dot{q}_s$ 为 $\dot{q}_d$，式中 q_0 为初始倾倒角，可从切口中性轴对应圆心角 q_{s0}[b[5]]，确定 q_{s0}为式（3.32）中的 q_s，$q_0=\arctan(r_e\cos q_{s0}/r_c)$，式中 r_e 为烟囱上段底平均半径。由此，可通过以下的式（3.53）至式（3.60）计算烟囱上段的触地姿态。

3.6.3.3.3　脱台自由落体烟囱触地姿态

切割终止并脱离切口后，根据物体斜下抛自由落体原理，触地时烟囱质心下落高 h_c 的参数式 $k_s=h_c/r_c$，式中 r_c 为切割后烟囱质心高，$r_c=r_{c0}-0.4l_u$，r_{c0} 为烟囱上段切割前质心高，见前节；l_u 见表 3.12。可求得切割底距地高 $h_{pg}=(k_s+\cos q_m-\cos q_d)r_c$，见图 3.30；基础筒切割 l_d 见表 3.12。烟囱上段触地倾角 q_m

$$q_m=q_d+r_c\sin q_d\dot{q}_d^2[\sqrt{1+2gk_s/(r_c\dot{q}_d^2\sin^2 q_d)}-1]/g \tag{3.53}$$

触地时的竖直质心速度

$$v_m=\sqrt{2gk_sr_c+(r_c\dot{q}_d\sin q_d)^2} \tag{3.54}$$

当 $q_m\leqslant\pi/2$ 时，上段根部首先触地，触地时烟囱上段底心距基础轴距离 l_0（图 3.30 中为近似表示）为

$$l_0=r_c(\sin q_d-\sin q_m)+\dot{q}_d^2r_c^2\cos q_d\sin q_d[\sqrt{1+2gk_s/(\sin^2 q_d\dot{q}_d^2r_c)}-1]/g \tag{3.55}$$

根据冲量矩定理，撞地后转速[b[5]]

$$\dot{q}_f=\dot{q}_sJ_c/J_b+mr_cv_m\sin q_m/J_b \tag{3.56}$$

式中，m、J_c、J_b 分别为脱离切口后烟囱的质量、主惯量和对根部的惯性矩，10^3 kg、10^3 kg·m^2。触地后再倾倒，由式（3.46）、式（3.48）得烟囱顶触地速度

$$v_{tf}=(H-dh)\sqrt{2m_fr_cg\cos q_m/J_f+\dot{q}_f^2} \tag{3.57}$$

顶部触地点距烟囱基础轴距离

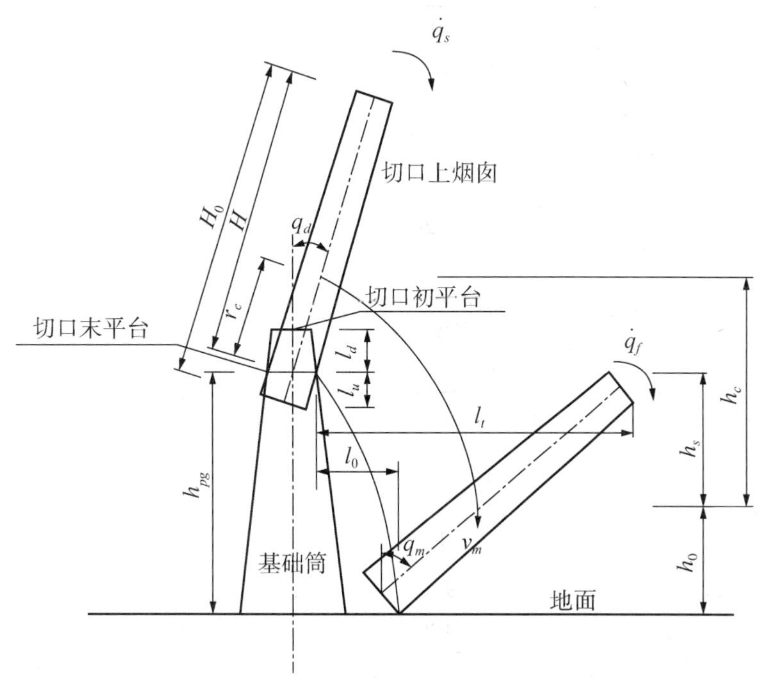

图 3.30　高位烟囱倾倒姿态

$$l_l = l_0 + r_{u2} + H \tag{3.58}$$

式中，r_{u2} 为切口平台外半径；dh 为上段烟囱根部撞地坍塌长度，2 ～5 m；m_f 、J_f 分别为根部撞塌后的上段质量和对根部的惯性矩，10^3 kg、10^3 kg · m^2。H 在本节为烟囱上段切割后长度，m，

$$H = H_0 - l_u - h_b \tag{3.59}$$

式中，H_0 为烟囱上段高；l_u 见表 3.12，同类切口取小值。h_b 为切口高，下向切口烟囱，先下坐可能后坐，后坐切割烟囱段，落在基础筒后壁外。上向切口烟囱，h_b 取 0。当 $q_m \geqslant q_u$ ，但 $q_m \leqslant \pi/2$ 时，顶铁环着地距烟囱顶距离见式（3.52）。

当 $q_m > \pi/2$ 时，上段烟囱顶部首先触地，触地点距烟囱基础轴距离 l_t 为

$$l_t = l_0 + H\sin q_m \tag{3.60}$$

顶部触地速度

$$v_t = v_m + (H - r_c)\dot{q}_d \tag{3.61}$$

烟囱上段的触地姿态，只是为采取防振、防溅、防弹、防气浪等措施提供依据，计算误差取决于 $q_d\ t_s$ ，工程容许 $\pm\ r_{u2}$ 。

3.6.3.3.4　实例计算

采用切口倾倒下抛法，首先从表 3.12 取 $q = q_d$ ，用式（3.43）计算 $\dot{q}_d$ ；计算爆堆时，从安全出发，按表 3.12 取同类切口 l_u 、l_d 小值，计算出最远爆堆。表 3.13 是以项目取值，其计算的是烟囱姿态和实测对比。

表 3.13 切口倾倒下抛法计算高位切口烟囱姿态/实测对比

序号	工程项目	t_s /s	q_o /R°	q_d /R°	h_{pg} /m	q_m /R°	l_t /m	v_m /(m/s)	v_{tf} /(m/s)
1	镇海电厂	8.34	0.0607	0.4363/0.4363	28.1/27.5	0.891/0.5637	97.3/94.5		48.9
2	恒运电厂	4	0.0877	0.0785/0.0785	6.7/6	0.14/0.145	116.7/117.7	11.72	61.3
3	韶关电厂上段	5	0.1344	0.4712/0.4712	113/112	1.78/1.66	59.7/56.1		58.2

从表中可见，切口倾倒下抛算法可以从表 3.12 中选取适合工程的脱台倾角区间和时间期间，算得相应的爆堆距离 l_t 和触地速度 v_m 、v_t ，虽然 q_m 误差有时较大，达 50%，但触地位置 h_{pg}、l_t 仍满足了工程安全判断的要求，可以应用。

3.6.3.4 烟囱爆堆宽

烟囱单向倾倒触地坍塌，由于半周大于底直径，故其坍塌宽与底径比为 1.2 ～ 1.5，见表 3.14。

表 3.14 烟囱单向倾倒爆堆宽

序号	项 目	切口上烟囱高/m	底直径/m	塌落宽/m	塌宽比底径	备注
1	兰州西电	74	9.48		1.2 ～ 1.5	
2	海口华能	125	11.16	16	1.43	
3	国电小龙潭	160	15.57	26	1.3	
4	锦州华润	240	24	31	1.29	

3.6.4 高烟囱的拆除特点

钢筋混凝土烟囱高度多在 60 m 以上。随着烟囱从 80 m 增高到 180 m，其底外半径也从 3.5 m 加大到 8.3 m，壁厚与半径之比都相对从大于 0.1 减小到 0.06。从结构上看，烟囱增高，自重加大，但烟囱壁却没按比例相应增厚，而是成为薄壁结构。近年来，国内高烟囱倒塌的环境越发苛刻，要求烟囱的倒向准、爆堆短、无后坐、触地速度小、振动轻、沾飞近。由此，迫使人们缩小切口圆心角、定向窗口角，恰当选择切口高度，高切口分次起爆，以减少后坐、下坐、爆堆长度和触地速度等的措施，从而实现环保拆除。近年来，在苛刻环境下所采用的多折烟囱拆除，必须维持支撑部的塑性铰，切口参数也应防止支撑部的后剪。因此在环保要求的条件下，要适应结构从厚壁接近薄壁的特点。当高210 m高大薄壁钢筋混凝土烟囱支撑部的壁厚与半径比小于 0.075 时，薄壁的特点突显，切口壁可能会受压屈曲，因此更容易压塌而下坐。以下将高烟囱的拆除特点分述如下。

3.6.4.1 切口参数

高烟囱可以看作多体系统中带底铰的单体。控制烟囱的运动，只能通过改变底部的切口参数，而该切口实际是烟囱体内的切口。在烟囱倾倒过程中，引起切口周围的支撑部应力应变变化和破损，已在 3.6.2 节烟囱支撑部破损中分析。由此，可以得到控制爆破拆除钢筋混凝土高烟囱的切口参数，结论如下。

3.6.4.1.1 防止自重突加载荷的切口圆心角

根据烟囱自重突加载荷的纵向平衡，切口爆破后，突加载荷在支撑部的受压范围，可以由突加载荷在截面受压区的高度系数 k_λ 表示，详见 3.6.2.2 节，表 3.7，并见文献［1］的表 2.6。当 $k_\lambda \geqslant 0.85$ 时，支撑部有可能破坏，这种情况较多发生在切口圆心角 $\alpha \geqslant 260°$ 时。

3.6.4.1.2 多段起爆分化减小自重突加载荷

为了减小整体爆破切口形成的突加载荷，切口环向从前向后可分多段起爆，从而分化突加载荷以及由此引发的囱壁内应力。各段起爆时差，应大于（90 · H/120）ms（观测值，见 3.6.1.1 节。H 为切口以上烟囱高度，m），详见 3.6.2.2 节。

3.6.3.1.3 确保倾倒的切口圆心角

烟囱倾倒时，支撑部在大偏心受压下脆性破坏，而形成塑性铰，倾倒力矩大于支撑部破坏截面的抵抗弯矩，其大于程度在留有足够余地后。可用倾倒失稳名义保证率 k_c 来表示，详见 3.6.2.1 节，并按式（3.24）计算 k_c。当 $k_c \geqslant 1.5$ 时，确保烟囱倾倒，此时切口的圆心角 $\alpha \geqslant 205°$。

3.6.4.1.4 防止切口支撑部压塌下坐

烟囱自重和拉区弯矩的载荷与压区抗力的纵向平衡，决定了后移中性轴的极限位置，若其稳定在筒腔内，则烟囱微阶段（倾倒角在 1.5°内）可保持支撑部的塑性铰；若其后移至壁墙体中，则支撑部很可能压塌，详见 3.6.2.3 节表 3.8，切口圆心角 $\alpha < 240°$ 可防止下坐压塌破坏。

3.6.4.1.5 确保烟囱倒向

在烟囱的微倾阶段，支撑部前剪区的破坏状况决定烟囱倒向的误差。当定向窗口角在 30°以下，切口高度在 2.4 m 以下时，正梯形切口可推迟、延缓、限制前剪破坏，由此引起的倒向偏离在 ±2°以内，详见 3.6.2.4 节表 3.9。为了确保高烟囱的倒塌方向，应按结构对称原则，选择烟囱倒向；烟囱重心应在倒向轴上倾倒，施工定向窗口应以倾倒轴对称，炮孔布置、装药量、网路延时也应关于倾倒轴对称。采用正梯形、上向三角形切口和上向复式切口是减少倒向偏离的措施。为留足安全余地，设计地面正梯形切口倒向偏离可控制在 ±4°以内，高位切口和地基土软弱的，在 ±6°以内。设计地面倒梯形切口倒向偏离可控制在 ±7°以内，高位切口在 ±10°以内。详见表 3.10。

3.6.4.1.6 高位和折叠烟囱防止后剪失稳

在烟囱的微倾和初倾阶段，即当倾倒角超 1.5°至切口闭合时，沿支撑部的后剪面有可能滑动向后剪切，对此可以用后剪滑动失稳系数 k_s 来表示，k_s 的估算和后剪失稳的实例说明，高位切口 50 m 高以上钢筋混凝土烟囱，切口高度 2.0 m 以上支撑部有后剪可

能，详见表3.11。采用下向切口和唇形切口，也可以防止后剪可能，但烟囱易于下坐和倒向偏大。折叠烟囱下段反向切口爆破时差，不宜大于3.5 s，以防后坐。采用钢梁、钢柱、钢板、焊接环向钢筋等加固措施，也有可能阻止下坐后剪。

3.6.4.1.7　适当的切口高度

实现高烟囱顺利倾倒的切口高度，显然，首先应满足切口混凝土爆破抛离后，切口处纵向钢筋，受压而必须压杆失稳；从3.6.2.1节的分析中可知，钢筋的压杆失稳，当确保烟囱初始失稳时，在抵抗力矩 M_{ct} 计算中也已经考虑；此外，压杆失稳后，随着烟囱倾倒，在切口闭合冲击时，经验显示，易于引发高烟囱中段断裂，为防止此类事故，其一，烟囱重心应移出筒壁之外，即满足切口高 h_b，对中性轴的水平倾角

$$q_{ob} > q_c \tag{3.62}$$

式中，q_c 为烟囱重心移出筒壁的倾倒角，R°；

$$q_c = \arctan(r_u/r_c) \tag{3.63}$$

$$q_{ob} = \arctan(h_b/\ (r_u\ (1-\cos q_s)\ \ +r_u)) \tag{3.64}$$

由此得

$$h_b > [2-\cos\ (q_s)]r_u^2/r_c \tag{3.65}$$

式中：r_c 为切口以上烟囱质心高，m；r_u 为切口处外半径，q_s 为初始中性轴对应的1/2圆心角 q_s，以 q_s 代入1/2支撑部圆心角 q_{s1}，因 $q_{s1} > q_s$，故

$$h_b > [2-\cos(q_{s1})]r_u^2/r_c \tag{3.66}$$

当切口圆心角 $\alpha = 240°$ 时，$q_{s1} = 60°$。

式（3.66）简化为

$$h_b > \frac{3}{2}r_u^2/r_c \tag{3.67}$$

其二，当烟囱倾倒，切口上下边缘闭合时，高烟囱应按静力学条件，忽略烟囱倾倒的动能，烟囱在自重作用下，对前新支点形成的倾覆力矩，应大于原支撑部截面钢筋拉力形成的极限抗弯力矩。设 dr_u 为切口闭合时烟囱质心向外偏出切口处外半径的距离，则

$$dr_u = \sigma_{tp} n_s q_{s1}(r_e \sin q_{s1}/q_{s1} + r_u)\cos[(q_{ob}+q_o)/2]/(P/2) \tag{3.68}$$

式中，σ_{tp}、n_s、q_{s1}、r_e 分别见（3.21）式；q_o 为烟囱的初始倾倒角；$\cos[(q_{ob}+q_o)/2]$ 为0.98～1，可近似取1。

将 dr_u 植入（3.63）式为 $q_c = \arctan[(r_u + dr_u)/r_c]$，并代入式（3.62）中，得

$$h_b > C_{hb}(2-\cos q_s)r_u^2/r_c \tag{3.69}$$

式中，C_{hb} 为与筒体结构及材料相关的系数，$C_{hb} = 1 + \sigma_{tp} n_s q_{s1}(1 + \sin q_{s1}/q_{s1})/(P/2)$。

代入文献［1］的6.4.3节新汶电厂钢筋混凝土120 m高烟囱的实例，$q_s = 0.6479$ R°，$q_{s1} = 1.2654$ R°，$r_c = 42.6782$ m，$n_s = 18.5298$ mm²/R°，$\sigma_{tp} = 450$ MPa，$P = 19791.7$ kN，$C_{hb} = 2.84$；由式（3.69）计算得 $h_b = 2.47$ m；而由式（3.66）计算 $h_b = 0.9$ m。由此可见式（3.66）、式（3.67）没有考虑支撑部钢筋的牵拉阻力，计算切口高度偏小；而式（3.69）是以烟囱自重克服了支撑部钢筋的拉阻力，但多留了烟囱倾倒的惯性动能，切口高度偏大。实际施工时切口高 $h_b = 2.4$ m。烟囱倾倒，因此取式（3.66）和式（3.69）计算切口高度之间，是符合实际的。

从式（3.69）可见，切割支撑部的纵钢筋，相应也可降低切口闭合时，高烟囱中部断裂的事故。应在切口支撑部上部切割，以避开后剪面，预防降低抗后剪力。

另外，切口高度应确保支撑部的支撑稳定。在大偏心受压条件下，应保证筒壁不发生“非材料破坏”压缩屈曲的失稳现象，即按文献［1］的表2.4，切口高度与壁厚δ之比$h_b/\delta \leqslant 8$，由此可见切口不宜过高。从3.6.2.6节支撑部的后剪分析可见，钢筋混凝土高烟囱的切口也不宜过高，当切口高度在2.0 m以上时，多数烟囱支撑部后剪，见表3.11。另一方面，烟囱底切口支撑部压塌，后剪着地后，只要切口前壁未撞地，支撑部仍可能着地支撑烟囱，继续向前倾倒。因此，应尽可能降低切口底的高度，以增高后剪着地后的最终切口高度。210 m以上的高大薄壁烟囱，支撑部屈曲压塌将成为烟囱单向倾倒的主要破坏方式，由此观点考虑，切口高度还须增高，见3.6.5.2节。采用复式切口或加高中间窗，可提高支撑部切口两侧抗后剪强度，又增加了切口中部高度。

3.6.4.1.8　切口上下部多段起爆

为防止切口支撑部后剪下坐，可在切口下上部分段起爆，烟囱同一切口上部分起爆比下部分爆破延迟的时差t，可取接近并小于按式（3.45）计算值。成都市热电厂210 m钢筋混凝土烟囱单向倾倒拆除，爆破底切口在高度上，是分多段起爆完成的，从而减小了后剪下坐，取得了成功。但是多段起爆，可能先爆药包掀开后爆部位覆盖，引发过远飞石。

3.6.4.2　高烟囱单体单向倾倒综述

为了保证高烟囱在纵向稳定下倾倒，切口圆心角宜取205°～230°。为准确倒向，定向窗口角在30°以下。为留足安全余地，设计地面正梯形切口倒向偏离可控制在±4°以内。设计地面倒梯形切口倒向偏离可控制在±7°以内。为防止烟囱切口支撑部后剪下坐，120 m高烟囱的切口高度宜在1.5～2.0 m，120～180 m高烟囱的切口高度可按烟囱直径比例增高；为防止后剪下坐危害后方结构物，可留足20 m空地。150 m以上高烟囱切口前后部和上下部可多段起爆，但应阻止飞石并控制飞石距离。

3.6.4.3　烟囱高位切口爆破拆除综述

当烟囱周围环境复杂，烟囱前方倒塌范围有限，又有20 m后坐空地时，可抬高切口，以减少烟囱前倾的爆堆长度。若后方没有后坐10 m空地，但允许倒向偏离在±10°内，则可以采用下向切口，以阻止烟囱后坐，从而减少后方掉渣。高位切口烟囱上段应小于前方倒塌允许长度，并留有安全余地。切口下段可略大于基础筒可能被上段切割后的长度，以便无需再次爆破，仅机械拆除即可。烟囱上段在切口平台、触地姿态和倒塌长度，可采用切口倾倒下抛法计算，即从表3.12选取脱离切口平台时间t_s和q_d，以有初速度的斜下抛自由转动落体原理计算（见3.6.3.3节）。

3.6.4.4　高烟囱多切口多折爆破拆除

当烟囱周围环境复杂，允许倒塌范围狭小，没有烟囱单向单体倾倒的场地时，可以采用钢筋混凝土高烟囱的双折或多折定倒向爆破拆除技术。广州纸厂100 m高钢筋混凝土烟囱顺利实现定倒向定落点多折爆破拆除，见图2.16，开创了高耸建（构）筑物爆破拆除的新技术，为在苛刻环境下，允许倒塌场地狭小，爆破拆除高烟囱创立了成功典

范。科研观测证明，多体－离散体动力学可以作为多折爆破拆除高耸建（构）筑物的技术理论基础，详见文献［1］的4.6节。定向多折烟囱各切口之间，其切口中轴应在同一竖直平面，为保证倒向稳定，该竖直平面，为各折叠段（体）烟囱的倾倒方向平面，而各切口内各段烟囱切口定向窗及其定向措施，也应关于此平面相互对称，详见3.6.4.1.5节。烟囱倾倒方向多由倒塌场地的长轴方向决定，而场地的短轴的长度，也应大于多段筒体横向堆积的最大宽度。当倒塌后方无场地，而前方场地又有限时，首先可采用高位切口分次爆破拆除，前方场地限制较少也可同向折叠倾倒爆破拆除，见图2.11；当前、后方可供倒塌的场地均有限时，可采用双向折叠倾倒爆破拆除烟囱，见图2.7。上、（中）段烟囱质心的落点，在烟囱该段多体离散为完全离散体时（近似可按大于多体过约束时，而相邻体夹角又大于30°，起爆约在3.5～4 s塑性铰破坏时），总是要以最短距离着地，其上段落点在质心竖直线脚的该段烟囱倾倒前方附近，下段落点像单向向前倾倒烟囱，多体－离散体数值模拟，见文献［1］的4.6.1节，本文图3.31，图3.32和表3.15。

表3.15　图3.31广州纸厂3折烟囱中段触地（时间 t =4.88 s）各段质心位置

时间 t/s	x_{c1}/m	x_{c2}/m	x_{c3}/m	备注
4.88	13.33	4.96	-0.077	

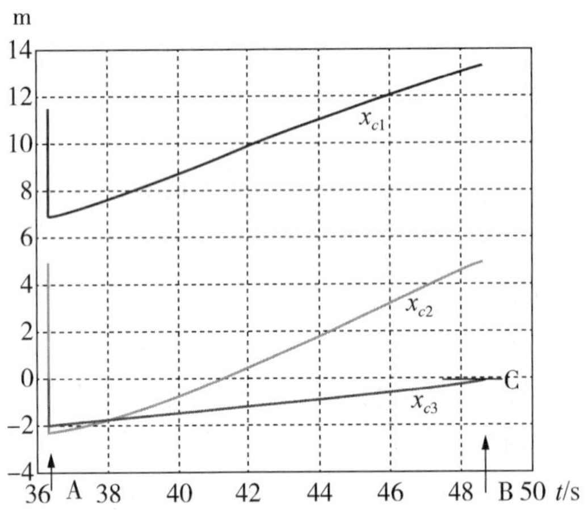

图3.31　倾倒时间 t 与各段质心位置；时刻A为非完全离散 t =3.64 s；时刻B为中段触地 t =4.88 s；C－C为烟囱爆前中轴位置；x_{c3}，x_{c2}，x_{c1} 分别为上、中、下段位置。

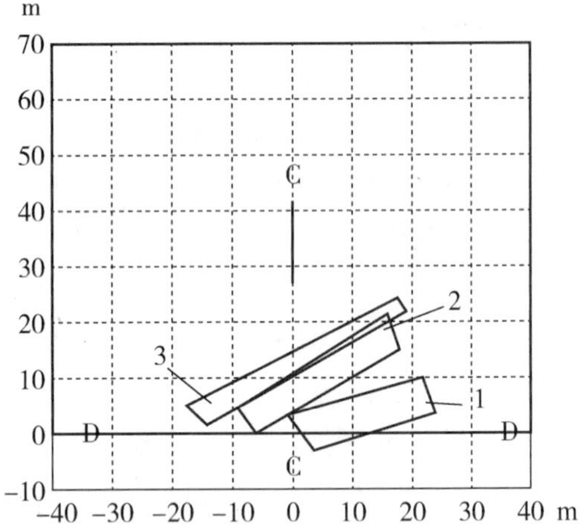

图3.32　时间B各段姿态摸拟C－C为烟囱爆前中轴位置；D－D为地面；1为下段；2为中段；3为上段。

确保烟囱多折实现的关键，是各段（体）烟囱切口支撑部，在该段烟囱微倾（倾倒角 β < 2°0）阶段和初倾（切口闭合前）阶段，维持多体折叠运动所需的塑性铰。因此，塑性铰所在切口支撑部，不应后剪滑移失稳，应采取3.6.4.1.6节、3.6.4.1.7节和3.6.4.1.8节里的措施。由此，严防切口上下段滑移圆心错开，上下烟囱壁点压接

触，相互嵌入而剖开。为确保支撑部稳定，本文3.6.4.1节中有关切口及其支撑部的措施及其参数，都可适用于多折烟囱。为了减轻高烟囱底部切口支撑部的压力，减少下坐可能，可多采用切口下行起爆次序。相邻上下反向切口的起爆时差，应在1.0～3.5 s，不用超大时差可及时卸除上切口支撑部的后剪力，这是保持支撑部稳定，维持折叠所需塑性铰的主要措施。双向折叠烟囱各段（体）的长度划分，应尽可能使其各段质心垂线跌落在原烟囱中心附近。底段烟囱长度应尽可能短，以减小施工临时脚手架高度。加固脚手架与烟囱本体的连接，确保临时脚手架的安全。折叠烟囱着地，减小了撞地的冲击振动，减少了防冲击、防溅材料和安全防护工程。

3.6.5 高大薄壁烟囱

3.6.5.1 切口圆心角

从薄壁高大烟囱支撑部破坏的机理可知，为减缓支撑部的压溃，切口圆心角应小于厚壁烟囱，即可取200°～225°。烟道和出灰口位置也限制切口圆心角不能再小。

3.6.5.2 切口高度

高210 m以上高大薄壁烟囱顺利翻倒，主要还是依靠支撑部的折皱堆积体的压缩反力及其稳定支撑。由此可见，为有足够的切口高 h_b，形成折皱堆积体高 H_h，以支撑烟囱翻倒，应使烟囱转角 $q_e > q_{fo}$（烟囱重心前移越过前壁切口闭合的转角），详见论文[12]。当烟囱重心前移越过切口闭合前壁地面时，切口才闭合，即中间窗高尽可能满足 $h_b \geqslant 10.8$ m（距地）。

3.6.5.3 切口形状

烟囱前倾必须要堆积体克服其后坐，但是薄壁筒纵向抗弯力很小，仅有定向窗基础筒壁的横筋拉力能抵抗后坐。倒梯形、人字形的部分下向切口，将定向窗下的横筋切断，而无力限制烟囱后移，致使定向窗后的基础筒壁被外翻弯塌，烟囱也易于从皱褶堆积体上后滑落地。与此相反，定向窗下的横筋拉力测量见图3.25。正梯形切口有利于基础筒壁的横筋拉力克服基础筒壁外弯压塌，并阻止提前下坐，从而皱褶堆积体可稳定地维持微倾倒向，并在初倾时支撑烟囱顺利倾倒。

3.6.5.4 定向窗

薄壁高大烟囱的30°锐角（初期）定向窗，能有序、逐层，并自下而上地，以闭合倒角引领形成压溃折皱倒向轴对称堆积体，从而支撑烟囱倾倒，确保倒向。因此，定向窗应确保两侧压溃折皱的同时、平衡发展，两侧对称同形的锐倒角定向口，是确保烟囱倒向的必要前提。

3.6.5.5 预切割纵筋

薄壁高大烟囱切口下坐闭合，水平截面已无全厚受拉区，因此从支撑部下坐压溃的机理，决定了后中轴不需要切割纵筋。预切割高位纵筋，只会削弱支撑部压溃皱褶堆积体的抗后剪能力，致使烟囱易于从堆积体上下滑，从而难以支撑烟囱倾倒。

4 预拆除技术

4.1 预拆除必要性

剪力墙楼、筒式结构楼、框剪楼和框架楼房，用爆破法拆除墙体，每个炮孔的最小抵抗线 $w = \frac{\delta}{2}$，式中 δ 为墙厚，m。

每个炮孔所负担崩落的钢筋混凝土体积

$$V = \delta ab \tag{4.1}$$

而单孔装药量

$$Q = q\delta ab \tag{4.2}$$

式中：b 为爆破体的高度或高度上炮孔间距，m；a 为炮孔水平间距，m；钢筋混凝土结构 $a = (1.2 - 2.0)w$，w 为最小抵抗线，对墙体的 w 多取大值；q 为爆破单位体积的炸药消耗量，一般取 1～1.15。根据钢筋混凝土的布筋密集和箍筋多少以及要求粉碎混凝土、抛离钢筋笼和拉断箍筋等爆破效果而定，可取 1.15～1.8。当 $a \leqslant 2w, b = a$ 时，可得

$$V \leqslant \delta^3 \tag{4.3}$$

从式（4.3）可见，剪力墙、筒壁的 δ 越薄，每个炮孔爆破所负担的体积越小，相应每个炮孔所需装药量也愈小，甚至于装药不足 $\frac{1}{5}$ 药卷，而为了方便操作，将 Q 取为 $\frac{1}{5}$ 药卷，因此加大了总的爆破拆除的炸药量。由此可见，墙壁、筒壁越薄，在爆破同等体积钢筋混凝土支撑构件时的炮眼数，将按 δ 减小倍数而成立方倍增加，炸药单耗和总炸药量也随之增大。炮孔数猛增，相应的雷管数也增加，致使起爆网路复杂，极大地增大了爆破的工程量，这已成为剪力墙和筒体结构爆破拆除必须解决的难题。同理框架结构、框剪结构的切口区填充墙，当用爆破法拆除时，同样也是炮孔数多、雷管数多、爆破工程量大。然而填充墙并不承载，没有必要保存到爆破时。

为此，拆除爆破前，采用机械预先切割、破碎切口层区部分钢筋混凝土墙和填充墙的预拆除方法，可以极大地简化高大建（构）筑物的爆破拆除工作，有效减少爆破拆除工作量和爆破器材消耗量，降低施工费用，从而提高爆破拆除效率。因此，这种预拆除方法已成为高大建（构）筑物拆除的新工艺。

正如以上所述，建筑结构的支撑立柱、筒壁和剪力墙的炸药单耗 q，目前还没有理论上的计算方法，加上混凝土的强度、钢筋的分布，箍筋的型式和多少等决定炸药单耗的主要因素在爆破拆除时并不完全清楚，因此只能依据经验确定或在爆破前试验爆破决

定。即对楼房选择非主力支撑的1～2根支柱先行试爆，对筒壁可先在切口中部试验爆破中间窗的部分筒壁，以及对剪刀墙可选将其间隔成柱的个别中间部分爆破，观察爆后效果确定炸药单耗，这样也形成了预拆除。

此外，为易使筒式结构倒向精确，在倒向轴对称的两侧切口端开定向窗。楼房爆破前，为易于进出楼房，方便拆除施工，也将切口层区底1～2层填充墙预先人工或机械拆除。

4.2 预拆除结构的稳定

建筑结构在预拆除时期要保持稳定，必须依据我国的建筑规范设计使建筑载荷始终保持小于结构抗力的原则，楼房预拆除后实际支承情况见表4.1。整理为经验式如下，剩余支撑设计应力

$$\sigma_{ps} = C_d C_s P / S_{pa} \tag{4.4}$$

式中：支承总载荷 $P = mg + p_{md} s_{md}$ ，mg 为建筑物代表质量的自重恒载，kN；p_{md} 为切口内和以下的活荷载，即 1kN/m^2，s_{md} 为切口内和以下的活载面积；S_{pa} 为预拆除后剩余支承面积，m^2；C_d 为载荷不均系数，取1.15；C_s 为安全保证系数，取1.3。

预拆除后剩余支撑设计应力

$$\sigma_{ps} \leqslant f_c \tag{4.5}$$

则是安全的。式中，f_c 支撑柱的混凝土标准强度，kN/m^2（kPa）。

表4.1 楼房预拆除后支承状况

序号	工程名称	结构形式	长×宽×高/m	层数	预拆除比原支撑面积	整楼房（单榀架）自重/T	剩余支承面自重应力/MPa	混凝土标号×标准强度/MPa	备注
1	青岛远洋宾馆	剪力墙	61.3×15×44.1	13	≈50%	≈8 610（956.7）	3.2	$C_{25}\times17$	
2	武汉框剪楼	框剪	36.3×30.05×63	19	拆除全部剪力墙	三层以上15712	柱11.06	$C_{25}\times17$	$f_c/\sigma_{ps}=1.03$
3	中山石岐山顶花园	剪力墙	34.8×39.3×106	33	58.1%	33260b[21]	底柱5.78	$C_{35}\times23.5$	
4	中山古镇商业楼	框剪	9×32×43	13	拆除占剪力墙40.3%	2730	3.02	$C_{30}\times20$	
5	泰安长城9#楼b[22]	剪力墙	32.1×26.4×62.1	18	50%～55%	——	——	$C_{25}\times17$	
6	沈阳天涯宾馆	框剪	16.4×38.6×76	22	拆除全部剪力墙占总支承34.3%	轴Ⓓ榀架3 525.5	柱4.02	$C_{30}\times20$	

通过遵从综合减免冗余载荷，适当降低抗力富余的方法，实施结构计算和裂缝、变形监测监控相结合技术b[23]，可以保证预拆除结构的稳定安全。其综合减载包括：

（1）拆除施工期，可拆除部分建筑非结构，取消楼面及结构上的活载或大幅降低活载系数；移动非固定荷载，到结构预拆除后的有利受力位置。

（2）拆除部分填充墙，减轻结构承受的恒载，预拆除的填充墙在低层的可拆除以后移至楼外，在高层预拆除的填充墙可移至有利支撑结构的受力位置。

（3）选择楼房拆除的季节，避开地震高发期，台风季节，暴雪天等，从而取消地震载荷、台风风载、降低风载等级和风载增大系数、屋面雪载，以及建筑施工期载荷等及其荷载不利组合。

（4）烂尾楼多无填充墙、外墙，应去除该部分恒载，去除引起风载的层数，降低风振系数，取消活载荷等。

降低抗力富余，增加预拆除范围。建筑物是按在使用期的破坏后果严重程度、建筑的重要性确定安全等级和设计可靠指标β来决定其结构材料的设计强度。但是在拆除的施工期，有的建筑物破坏不会产生与在使用期相同重大的社会影响和生命财产的严重损失，建筑物可能发生的破坏还可以通过建筑物结构的裂缝和变形的检测监控来预控并采取应急措施防范其后果。因此，结构材料强度可取标准强度，见文献［1］。以标准强度验算支撑强度，剪力墙结构可预拆除墙体40%，框剪结构能预拆除全部剪力墙。从表4.1可见楼房预拆除剩余支承面积和剩余支承面自重应力，采用减免冗余载荷，降低抗力富余的方法，可以使剪力墙结构预拆除支撑面积达50%～55%，框剪结构预拆除全部剪力墙。但是要均匀分布预拆除底层支撑，墙体要均匀开门洞，预防梁跨长局部数倍增长，引发楼梁断裂。

烟囱的预拆除窗口安全，见烟囱设计规范（GB 50051—2013）。

5　环保和安全

5.1　振动预测

见论文集，论文［13］和论文［14］，文 199 ～ 217 页。

5.2　建筑物倒塌触地的溅飞

见论文集，论文［15］，文 218 ～ 230 页。

5.3　粉尘防治

见参考文献 b［24］和 b［25］。

6 结 语

建筑物倒塌动力学及其所包含的多体－离散体动力学，描述建筑物的爆破拆除，机理清晰、正确，符合实际。建立的变拓扑动力方程组，可获得解析解、近似解和数值解，组合后能全局仿真拆除倒塌过程。动力方程的相似性规整化后，可简便地将它的拆除模型导出各类建筑结构各种倒塌方式的切口尺寸、爆堆形态、后坐下坐、起爆次序和分段时差等无量纲表达，为高大建（构）筑物选择合理的倒塌方式、拆除措施和切口参数等各类课题提供了新理论和简单的分类适合的实用算法。以动力模型的倒塌姿态为依据，补充、发展了塌落振动、触地沾飞和预拆除的规律和措施，为实现对爆破拆除的环保精确控制奠定了基础。虽然有些计算参数还需继续实测，但是，在专业学科范围，基本上完成了城市高大建（构）筑物爆破拆除的关键共性技术，即多体动力学切口控拆技术（MBDC）[b][5]。现场观测和工程实例证明包含多体－离散体动力学的建筑物倒塌动力学是正确的，MBDC 技术是可用的和准确的。由此可见，多体－离散体动力学是爆破拆除其中的新科技，展现了爆破拆除科技的发展的新方面。

参考文献

b [1] 卢文波．拆除爆破中裸露钢筋骨架的失稳模型 [J]．爆破，1992，19 (2)：31 −35.

b [1] LU Wenbo. Model lost steady of steel bars framework demolished by blasting [J]. Blasting，1992，19 (2)：31 −35. (in Chinese)

b [2] 张奇，吴枫，王小林．框架结构爆破拆除失稳过程有限元计算模型 [J]．中国工程科学，2005，10 (3)：22 −28.

b [2] ZHANG Qi，WU Feng，WANG Xiaolin. Model of finite element in frame demolished by blasting to lose stability [J]. China Engineering Science，2005，10 (3)：22 −28. (in Chinese)

b [3] 金骥良．高层建 (构) 筑物整体定向爆破倒塌的切口参数 [J]．工程爆破，2003，9 (3)：1 −6.

b [3] JIN Jiliang. The paramenters of blasting cutfor directional collapsing of highrise buildings and towering structure [J]. Engineering Blasting，2003，9 (3)：1 −6. (in Chinese)

b [4] 魏晓林，傅建秋，李战军．多体 − 离散体动力学分析及其在建筑爆破拆除中的应用 [C] //庆祝中国力学学会成立 50 周年大会暨中国力学学术大会'2007：论文摘要集 (下)．北京：中国力学学会办公室，2007：690.

b [4] WEI Xiaolin，FU Jianqiu，LI Zhanjun. Analysis of multibody − discretebody dynamics and its applying to building demolition by blasting [C] // Collectanea of discourse abstract of CCTAM2007 (Down). Beijing：China Mechanics Academy Office，2007：690. (in Chinese)

b [5] 魏晓林．建筑物倒塌动力学 (多体 − 离散体动力学) 及其爆破拆除控制技术 [M]．广州：中山大学出版社，2011.

b [6] 汪旭光．前言 [C] //中国工程科技论坛第 125 场论文集‘爆炸合成新材料与高效、安全爆破关键科学和工程技术’．北京：冶金工业出版社，2011.

b [6] WANG Xuguang. Foreword [C] //Corpus of China 125 field science and engineering technology forum ‘New materiel composed by explosion and key science and engineering technology of high effective and safe blasting’. Beijing：China Metallurgical Industry Press，2011. (in Chinese)

b [7] 洪嘉振．计算多体系统动力学 [M]．北京：高等教育出版社，1999.

b [8] 杨廷力．机械系统基本理论：结构学、运动学、动力学 [M]．北京：机械工业出版社，1996.

b [9] 杨人光，史家育．建筑物爆破拆除 [M]．北京：中国建筑工业出版社，1985.

b [10] 郑炳旭，魏晓林，傅建秋，王永庆，林再坚．高烟囱爆破拆除综合观测技术 [A]．//中国爆破新技术 [C]．北京：冶金出版社，2004：857 -867.

b [11] 刘翼，魏晓林，李战军．210 m 烟囱爆破拆除振动监测及分析 [Z]．广州：广东宏大爆破股份有限公司企业文献，2012，7.

b [12] 魏晓林，刘翼．国电太原第一发电厂 210 m 烟囱爆破拆除观测报告 [R]．广州：广东宏大爆破股份有限公司企业文献，2012，1.

b [13] 郑炳旭，魏晓林，陈庆寿．钢筋混凝土高烟囱切口支撑部失稳力学分析 [J]．岩石力学与工程学报，2007，25（增 1）：3348 -3354.

b [14] 余同希，卢国兴．材料与能量的吸收 [M]．北京：化学工业出版社，2006.

b [15] 郑炳旭，高金石，卢史林．120 m 钢筋混凝土烟囱定向倒塌爆破拆除 [A] //工程爆破文集：第六集 [C]．深圳：海天出版社，1997：149 -153.

b [16] 刘洪增，段梅生，张可玉．210 m 高烟囱分次爆破 [J]．爆破，2008，25（4）：59～61.

b [17] 王希之，吴建源，柴金泉，等．3 座 180 m 高钢筋混凝土烟囱爆破拆除 [J]．爆破，2012，29（4）．76～79.

b [18] 齐世福，龙源，徐全军，等．100 m 高烟囱高位切口定向爆破效果分析 [A] //工程爆破文集：第七辑 [C]．乌鲁木齐：新疆青少年出版社，2001：437 -443.

b [19] 夏卫国，曾政．海口华能 150 m 高钢筋混凝土烟囱控制爆破拆除 [J]．爆破，2011，28（1）：71 -73，81.

b [20] 袁绍国，杨坡，贾海鹏，等．分段控制爆破技术在 210 m 烟囱拆除中的应用 [J]．爆破，2016，33（2）.

b [21] 朱朝祥，崔允武，曲广建，等．剪力墙结构高层楼房爆破拆除技术 [J]．工程爆破，2010，16（4）.

b [22] 高主珊，孙跃光，张春玉，等．20 层剪力墙结构大楼定向与双向折叠爆破拆除 [J]．工程爆破，2010．16（40）.

b [23] 郑炳旭，魏晓林．广州体育馆预拆除时结构安全性监控 [J]．工程爆破，2002，8（3）.

b [24] 郑炳旭，魏晓林．城市爆破拆除的粉尘预测和降尘措施 [J]．中国工程科学，2004，1（4）.

b [25] 魏晓林，郑炳旭，李战军，等．爆破拆除的泡沫复合降尘机理 [J]．爆破，2012，29（3）.

论文集（按引用次序）

论文［1］爆破拆除科技发展及多体－离散体动力学

爆破，2015，32（1）

魏晓林
（广东宏大爆破股份有限公司，广州 510623）

摘要：描述了建筑物爆破拆除科技的发展历程，定义了建筑物倒塌动力学及包含的多体－离散体动力学，突出了它与传统多体的不同特点，建立了动力学方程，列举出数个典型拆除动力学方程，求取了它们的解析解和近似解，提出了动力学方程的相似性及无量纲规整应用，实现了变拓扑多体－离散体动力学的全局仿真，阐明了与方程运算参数有关的破损材料力学和混凝土构件冲击动力学。应用本多体动力学，可简便地将拆除模型导出多类建筑结构多种倒塌方式的切口尺寸、爆堆形态（前沿宽和高）、后坐、下坐（例：单排后柱）、起爆次序和分段（借助单切口闭合）时差等无量纲表达，为高大建（构）筑物选择合理的倒塌方式、拆除措施和切口参数提供了全新完整理论和普遍适合的简单实用算法，以 MBDC 实现了对爆破拆除的精确控制。由此可见，动力学是爆破拆除科技发展的新阶段。

关键词：爆破拆除；建筑物；多体－离散体动力学；精确控制

doi：10. 3963/j. issn. 1001－487X. 2014. 01. 001

中图分类号：TD235. 3　文献标识码：A　文章编号：1001－487X（2014）01－0001－01

Scientific Development of Building Demolished by Blasting and Multibody－discretebody Dynamics

WEI Xiaolin
（Guangdong Hongda Blasting Co Ltd，Guangzhou 510623，China）

Abstract：The course developed of building demolished by blasting is described. The dynamics of building toppling down，which includes to multibody－discretebody dynamics，is defined. It stands out that the dynamic characteristic is difference from traditional multi－body system. The dynamic equations are erected. The examples of its representative equations of demolition are enumerated. Those resolve and approximate solutions are adopted. It is advanced that dynamic equations comparability and applications of advise complete dimensionless. The complete chessboard emulating of variable topological multibody－discretebody dynamics realized. The parameters about disrepair material mechanics and impact dynamics of concrete component concerned for equation compute are clarified. Applied the multibody dynamics, it is simply educed by demolition molder that dimensionless expression of cutting size, cheap of exploded heap, back and down sitting, burst order and blasting difference of apiece collapse manners of many kinds buildings. In order to select reasonable toppling manners, demolition measurements and cutting parameters, comprehensive theory and simple practical are provided and exact control of demolition by blasting can be achieved. However, the dynamics is new scientific developing stage of demolition by blasting.

Key words: Demolition by blasting; Building; Multibody - discretebody dynamics; Exact control

1 引言

拆除爆破一直是我国工程爆破的重要技术。在大量的工程实践中，积累了丰富的经验。工业化和城镇化使建筑从砖砌结构向大量采用钢筋混凝土发展，由此促使建筑向高层、超高层和大型发展，结构形式日趋多样复杂，坚固且失稳后又难于倒塌，因此，急需创建具有中国特色的建筑物爆破拆除力学和技术。

20 世纪 90 年代，以现代信息技术为中心的新技术革命浪潮席卷全球，在第 5 次科技革命的推动下，爆破拆除领域相继引入了近景摄影测量的数字化判读技术、计算机监控的多头摄像和多点应变测量的综合观测技术，拓展并加深了人们对建筑机构运动姿态、破损材料力学和弹脆性体冲击性质的认识，在计算机数值计算技术的帮助下，出现了钢筋混凝土结构破坏倒塌的多体 - 离散体动力学。

2 建筑物爆破拆除科技的发展阶段

2.1 压杆失稳

传统的压杆失稳原理是将立柱爆破后裸露钢筋部分看作单根主筋的压杆，利用失稳临界应力的方法计算立柱的最小爆破高度。1992 年卢文波提出小型钢架失稳模型[1]，以此确定立柱的最小爆破高度。2000 年张奇提出框架楼房和切口钢筋的变刚度有限元法[2]，计算结构的塑性铰分布，并判断结构初始失稳。

2.2 重心前移静力失稳

显然，结构失稳后切口闭合，建筑物不一定倒塌。由此，2003 年金骥良提出建（构）筑物重心前移，超越切口闭合前趾后，建（构）筑物静力翻倒，并推导出切口参数[3]。但是，事实上，大量的建筑物在此较小的切口下，也可以翻到和倒塌，显然，模型忽略了翻塌的动能。

2.3 动能翻塌和动力数值模拟

根据大量拆除建筑物翻塌的工程实例，2007 年，作者提出了爆破拆除建筑物的多体 - 离散体动力学[4]，并从动能翻倒和塌落破坏建筑物的原理出发，建立了建筑物倒塌动力学[5]模型，如图 2。动力模型的倒塌姿态是地振动、溅飞和粉尘评估的依据。现场

观测和工程实践证明，该动力学是正确的和实用的。由此，得到了钱七虎、汪旭光院士的肯定[5],[6]。

综上所述，建筑结构向坚固、高层发展，促使爆破拆除从工艺技术走向科学，从粗放走向精确控制，在新科技革命高潮的前夜，建筑物倒塌动力学的端倪已经显现。

3　中国需要的建筑物拆除技术

当前以结构力学和单体力学为基础的静力学设计理论，已经不能满足拆除爆破设计要求，中国是世界水泥和线材生产最大国，绝大多数多层及高层建筑是钢筋混凝土结构，因此，中国需要拆除钢筋混凝土结构的建筑物倒塌动力学和相应的拆除技术。

4　钢筋混凝土结构的建筑物倒塌动力学

钢筋混凝土结构的破坏，必然经历混凝土已经断裂但钢筋还牵拔脱粘的过程。当极限塑性转角 $\theta_u>2\%\sim6\%$ 时，钢筋混凝土结构力学认为破坏处形成了塑性铰。对倒塌运动的建筑机构[5]，是铰运动副连接的多体系统。因此，结构初始失稳后，必然经历多体系统[4]运动，而后可能多体离散为仅存钢筋牵拉的非完全离散体[5]，直至或直接破坏为完全离散体[5]，并塌落撞地堆积为爆堆。因此，为反映整个倒塌过程，统观各建筑结构所有拆除破坏类型，作者将初始失稳的极限分析、变拓扑多体系统动力学、多体离散动力分析和离散体动力分析结合起来，以描述建筑机构的整个（或所有）倒塌过程。将其全过程的有关动力学，统称为多体－离散体动力学[4]。结合构件冲击动力分析，组成建筑物倒塌动力学[5]。该动力学在作者书[5]中相继被七个工程实例证明是正确的。并且，由此可见其中的变拓扑多体系统动力学分析，是模拟各建筑物倒塌都必不可少的最重要过程。

4.1　多体系统与爆破拆除相结合

建筑物倒塌应用多体系统的思想是建筑机构与自然断裂生成的铰相结合，构件成为刚塑性体，由此可以建立多体动力学方程，从而为控制拆除建筑倒塌初期的关键运动奠定了理论基础。

然而，建筑物倒塌动力学又必须将多体动力学的基本原理，与爆破拆除的现实相结合，形成多体－离散体动力学。建筑机构多体系统有以下特点。其一，建筑结构的支撑构件和立柱，在倒塌过程中会压溃，使构件的支撑长度变短、质量减少，这部分构件已经不能抽象处理为刚体，而只能分别作为可形变体、变质量体，统称变体，而其他大部分构体仍可维持抽象为刚体。其二，传统的多体系统，其铰是预先加工完成，且体数和动力拓扑又为人所规定，而建筑倒塌机构的铰，是依动力条件由塑性铰自然生成的，相应于铰而自然生成新的体，动力拓扑切换点又是按受力载荷和强度条件而自然决定，其过程为自然拓扑。其三，塑性铰是由体间接触形状、材料和动力性质所决定，实体弯断或接触易形成以中性轴为铰心的转动（裂开或啮合）铰，薄壁筒可形成以筒壁折皱面形心轴的压力铰，弹塑性体冲击形成镦粗面的铰，弹脆性体冲击形成窄曲面铰；钢筋混凝土的塑性转动铰由混凝土的损伤卸载性质形成机构残余弯矩，而混凝土柱冲击压溃由

柱端破坏全压加载 - 散落卸载循环的破碎功等效强度决定。其四，建（构）筑物是众多梁、柱、墙组成的结构，当转化为机构时，梁、柱形成塑性铰可抽象为若干多体构成的非树系统。由于这些相互平行的同跨梁、同层柱做平行运动，存在很多冗余约束，因此平行梁、柱的非树多体，可简化为一个自由度的虚拟等效动力体来代替，由此建筑机构就可大大简化为树状数个体来处理，最终可简化处理为 1 ～ 3 个等效动力体[5]和分结构多体，由此大大简化了建模的微分方程和数值积分。随着体数减少和体间关系简化，部分建筑倒塌的动力方程可获得近似解乃至解析解，从而便于实现倒塌过程的公式表示。楼房建筑机构多体由相互平行的梁、柱所组成，是又一特点。最后，过约束的建筑多体离散为非完全离散体，直至或直接完全离散为塌落堆积也是建筑多体的另一特点。由此看来，建筑机构多体，从传统多体系统的一般概念和普遍原理出发，结合建筑机构的特点，增添了变质量体，自然体，自然铰和自然动力变拓扑、不同特性的铰，以及由相互平行的梁、柱所组成非树系统到单开链多体的简化，从而丰富和发展了多体系统动力学。

4.2 建筑多体动力学方程

Roberson - WittenBurg 法是建立多刚体系统 3 维动力学方程的普遍方法之一。在建筑多体机构树系统中，大部分是平面单开链系统，高耸建筑如烟囱、剪力墙和框架及筒式结构也是单开链系统，其有根体的动力方程为[8],[5]

$$\begin{aligned}&\{[B]^{\mathrm{T}}\mathrm{diag}[m][B]+[C]^{\mathrm{T}}\mathrm{diag}[J][C]\}[\ddot{q}]+\\&\{[B]^{\mathrm{T}}\mathrm{diag}[m][\dot{B}]+[C]^{\mathrm{T}}\mathrm{diag}[J][\dot{C}][\dot{q}]\}-\{[B]^{\mathrm{T}}[F]+[C]^{\mathrm{T}}[M]\}=0\end{aligned}\tag{1}$$

式中，$[q]=[q_1,q_2,\cdots,q_f]^{\mathrm{T}}$为自由度为$f$的单开链$n$体系统的独立广义坐标，则系统中体（构件）$\mu$的质心（或任一点）的位置矢量$r_{\mu s}$和体（构件）$\mu$的角位置$\varphi_\mu$为$[q]$的函数：

$$\left.\begin{aligned}r_{\mathrm{su}}&=r_{\mathrm{su}}(q_1,q_2,\cdots,q_f)\\\varphi_{\mathrm{u}}&=\varphi_{\mathrm{u}}(q_1,q_2,\cdots,q_f)\end{aligned}\right\}\mu=1,2,\cdots,n\tag{2}$$

式（2）关于时间求导，可得到相应速度及角速度的矩阵形式

$$\left.\begin{aligned}[\dot{r}_s]&=[B][\dot{q}]\\[\dot{\varphi}]&=[\mathrm{C}][\dot{q}]\end{aligned}\right\}\tag{3}$$

式中，$[\dot{q}]=[\dot{q}_1,\dot{q}_2,\cdots,\dot{q}_f]^{\mathrm{T}}$；$[\dot{r}_s]=[\dot{r}_{s1},\dot{r}_{s2},\cdots,\dot{r}_{sn}]^{\mathrm{T}}$；$[\dot{\varphi}]=[\dot{\varphi}_1,\dot{\varphi}_2,\cdots,\dot{\varphi}_n]^{\mathrm{T}}$；$[B]=jacobian(r_{\mathrm{su}},q)$；$[C]=jacobian(\varphi,q)$；$n$为系统中体数；jacobian 为$q$的雅可比矩阵。

式（3）关于时间求导，可得到相应加速度及角加速度的矩阵形式

$$\left.\begin{aligned}[\ddot{r}_s]&=[B][\ddot{q}]+[\dot{B}][\dot{q}]=[\ddot{r}_s(\ddot{q})]+[\ddot{r}_s(\dot{q})]\\[\ddot{\varphi}]&=[C][\ddot{q}]+[\dot{C}][\dot{q}]=[\ddot{\varphi}(\ddot{q})]+[\ddot{\varphi}(\dot{q})]\end{aligned}\right\}\tag{4}$$

式中，$[\ddot{r}_s]=[\ddot{r}_{s1},\ddot{r}_{s2},\cdots,\ddot{r}_{sn}]^{\mathrm{T}}$；$[\ddot{\varphi}]=[\ddot{\varphi}_1,\ddot{\varphi}_2,\cdots,\ddot{\varphi}_n]^{\mathrm{T}}$；$[\ddot{q}]=[\ddot{q}_1,\ddot{q}_2,\cdots,\ddot{q}_f]^{\mathrm{T}}$；$[\dot{B}]=\dfrac{\mathrm{d}}{\mathrm{d}t}[jacobian(r_{su},q)]$；$[C]=\dfrac{\mathrm{d}}{\mathrm{d}t}[jacobian(\varphi,q)]$。

式（1）中，diag［m］为各体的质量对角矩阵；diag［J］为各体的惯性主矩对角

矩阵；［F］为各体所受外力主矢矩阵，建筑倒塌机构体外力在重力场中仅为重力。［M］为各体所受抵抗主矩和外力主矩矩阵，即为建筑倒塌机构体各端塑性铰的抵抗弯矩矩阵，当体上下外内接铰都是塑性铰时，铰弯矩应相加。

正算式（1）动力学方程，作 n 体各拓扑运动的姿态的数值模拟。逆算该动力方程，则计算 n 体间相互作用力，以判断体间解体。由此奠定了任意多折烟囱、剪力墙和框架控制爆破拆除的理论基础。将式（1）代入不同的 n、f 值和具体不同的［B］、［C］，计算机将以符号运算，自动建模，得到不同拓扑的具体动力学方程。一般式（1）只能数值求解，由于式（1）为隐式二阶常微分方程组，故首先将其转化为 $[\ddot{q}]$ 的显式二阶方程组，再用4阶5级龙格－库塔法数值求解。

4.3　动力方程的解

一般来说，建筑物倒塌动力学（多体动力学）的方程均为二阶常微分方程组，迄今为止，在爆破拆除领域只有个别不完全解析解，更没有近似解，但能数值求解。爆破拆除建筑机构的倒塌，实质是在重力场的有限域内（小于 π/2），以多个拓扑的多体运动，其倒塌运动的主要拓扑的角有限域有时仅达0.3，并遵从重力场的力学规律。因此本节将可积分的幂级数主项代替角函数，形成近似动力方程，可得到解析解，或者从数值解中归纳出近似解，并以典型拆除工程参数为基础，实施案例推理，构建近似解的应用域和确定其相应误差，以便求解和模拟各构体的运动姿态。以下结合案例，列举主要动力方程，其他见文献[5]。

4.3.1　单跨、多跨悬臂框架梁和连续梁倾倒

这是中国爆破拆除界的经典问题，称为弯矩逐跨解体法[9]，国外也称“内爆法”，即利用建筑物自身的重力产生弯矩和剪力，延时逐次起爆，在水平方向实现逐跨断裂。首次起爆第一跨，而后逐次起爆的后跨，并因前跨的断裂运动，获得了后跨的初始速度和初始位移。其动力方程的近似解简单，见文献[5]。

4.3.2　高耸建筑的单向倾倒

4.3.2.1　初始单向倾倒

烟囱、剪力墙、框架和框剪结构等高耸建筑物单向倾倒初期，如图1所示，可从式（1）多体系统简化得到 $n=1$，$f=1$，底端塑性铰轴的有根竖直体的动力方程为

$$J_b\frac{\mathrm{d}^2q}{\mathrm{d}t^2} = Pr_c\sin q - M_b\cos\frac{q}{2} \tag{5}$$

式中，P 为单体的重量力，kN；$P = mg$，m 为单体的质量，10^3 kg；r_c 为质心到底支铰轴的距离，m；J_b 为单体对底支铰轴的惯性矩，10^3 kg · m^2；M_b 为底部塑性铰的抵抗弯矩（机构残余弯矩），kN · m；q 为质心到底铰连线与竖直线的夹角，R°。爆破拆除时的初始条件是当 $t = 0$ 时，

$$q = q_0\ ,\ \dot{q} = \dot{q}_0\ , \tag{6}$$

则可得数值解和式（5）的 $\dot{q}$、t 的解析解[4]：

$$\dot{q} = \sqrt{\frac{2Pr_c(\cos q_0 - \cos q)}{J_b} + \frac{4M_b\left[\sin(\frac{q_0}{2}) - \sin(\frac{q}{2})\right]}{J_b} + \dot{q}_0^2} \tag{7}$$

$$t = \sqrt{\frac{J_b}{mgr_c}} \cdot [\ln(q - M_b/mgr_c + \sqrt{2(m_0 - 1) - 2M_b q/mgr_c + q^2}) - \ln(q_0 - M_b/mgr_c + \sqrt{2(m_0 - 1) - 2M_b q_0/mgr_c + q_0^2})] \tag{8}$$

式中，$m_0 = \dot{q}_0^2(J_b/2mgr_c) + \cos q_0 + 2M_b \sin(q_0/2)/mgr_c$。

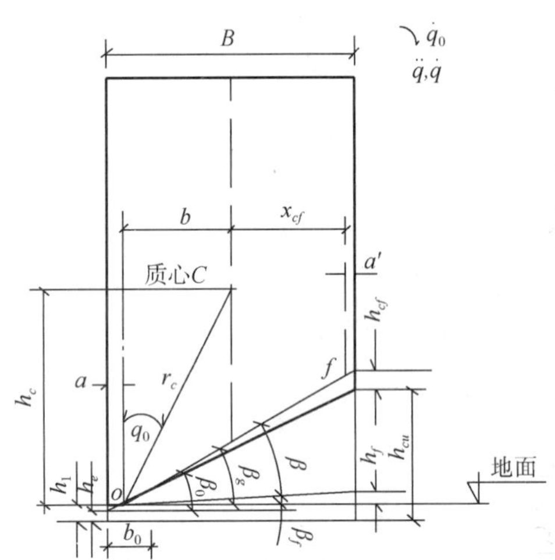

图1 剪力墙楼房倒塌姿态

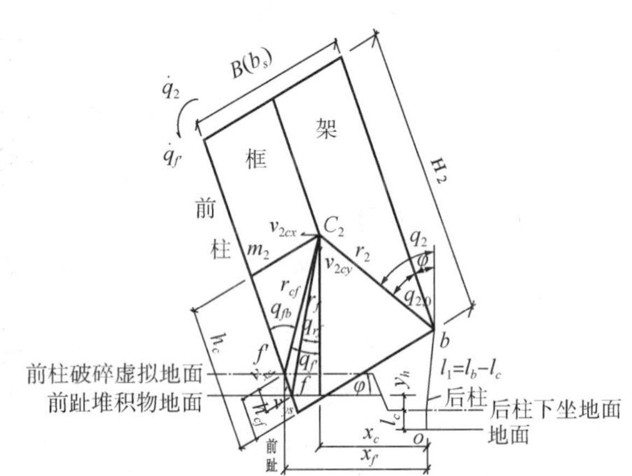

图2 框架前柱撞地姿态（v_{cy} 向上为正）

4.3.2.2 切口闭合撞地翻塌

框架、框剪和仓体等结构切口爆破，后支撑柱将作为下体向后倾倒，切口层上楼房框架将整结构上体沿其后柱端铰 b 向前倾倒，从而形成 $n=2$，$f=2$ 的折叠机构运动，见图2。当切口闭合时，该建筑物撞地转动（包括上节及图1），撞地后的转速，根据动量矩守恒原理，撞地后的转速[5]

$$\dot{q}_f = [\dot{q}_c J_c + m_2 r_f (v_{cx} \cos q_{rf} + v_{cy} \sin q_{rf})]/J_f \tag{9}$$

式中，r_f 和 q_{rf} 分别为该建筑物质心 C_2 至前趾 f 距离和质心到前趾直线与竖直线的夹角；v_{cx}（或 v_{2cx}）和 v_{cy}（或 v_{2cy}）分别为该建筑物质心的水平速度和竖直速度；J_f 为该建筑物对撞地 f 点的转动惯量。撞地前，建筑物还以 $\dot{q}_c$ 运转，其对质心 C_2 的惯性主矩为 J_c。

该建筑物切口闭合，绕前趾 f 倾倒的楼房和仓体的单体整体倾倒，可简化为 $n=1$，$f=1$ 的具有单自由度 q 的单开链有根体运动，其动力方程为

$$J_f(\mathrm{d}\dot{q}/\mathrm{d}t) = m_2 g r_f \sin q \tag{10}$$

初始条件为

$$t = 0, q = q_f, \dot{q} = \dot{q}_f \tag{11}$$

式中，q 为 r_f 与竖直线的夹角，R°。

该建筑物转动，提高质心及其势能；若不考虑前柱撞地破坏，当质心距 x_c 不超过前趾撞地点 f 的距离 x_f，即 $x_c \leq x_f$ 时，撞地动能 $T_f = J_f \dot{q}_f^2/2$，w_f 为向前转动提高的质心势能；$T_f > w_f = r_f m_2 g(1 - \cos q_f)$。

能比翻倒保证率

$$K_{to} = T_f / w_f \tag{12}$$

考虑楼房克服滚动阻力、后支撑钢筋拉断、翻倒应留保证富余和计算误差等，当取 $K_{to} \geqslant 1.4$（或 1.5）时，建筑机构保证翻倒。

当框架和框剪结构在切口闭合后满足层间侧移或跨间下塌的静力和动力条件时，将分别按各自的动力方程倒塌[5],[10]。

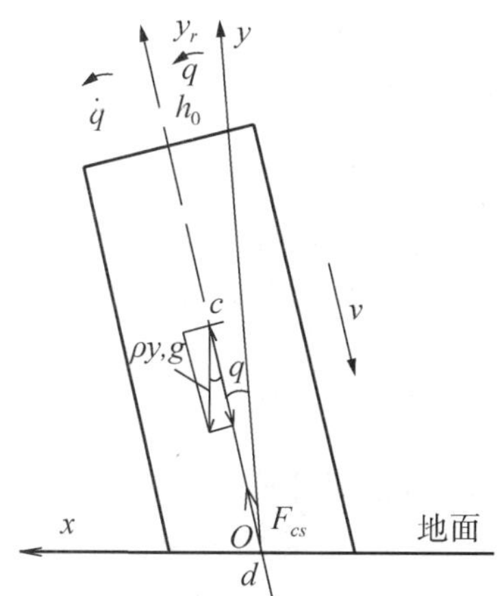

图 3　楼房塌落质量散失倾倒

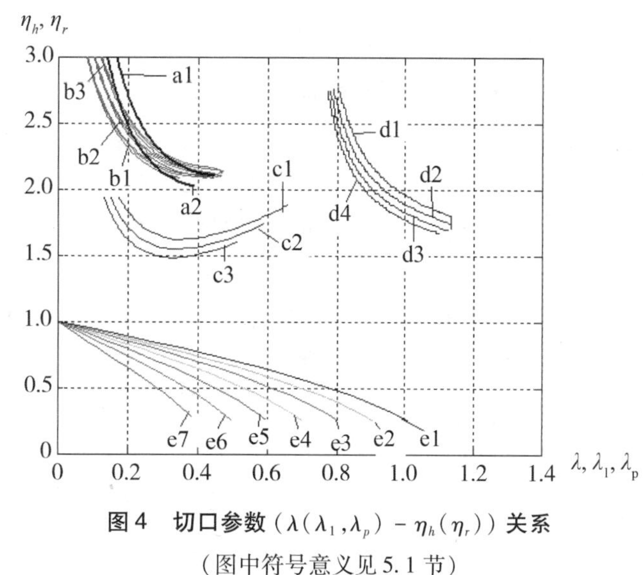

图 4　切口参数（$\lambda(\lambda_1, \lambda_p) - \eta_h(\eta_r)$）关系

（图中符号意义见 5.1 节）

4.3.3　建筑物层间塌落质量散失及倾倒

高层楼房切口内支柱被压碎，如果楼房底层后滑被地下室所阻止，高楼从中轴将以地面为定轴 d，随楼下坐质量散失并倾倒，可看作变质量有根单体模型[5]，如图 3 所示。其动力方程[5]为

$$\sum y_r = 0 \qquad \frac{d(\rho y_r v)}{dt} = -\rho y_r g \cos q + F_{cs} + y_r^2 \rho \dot{q}^2 / 2 \tag{13}$$

$$\sum M_d = 0 \qquad \frac{d(J_b \dot{q})}{dt} = (\rho y_r^2 g \sin q)/2 + M \tag{14}$$

式中，ρ 为楼房沿高度的线质量，10^3 kg/m；F_{cs} 为变质量下坐楼的楼底径向平均抵抗力，kN；y_r 为以 d 为原点的径向坐标的楼房径向高度，m；J_b 为楼房对点 d 的惯性矩，是 y_r 的函数，10^3 kg · m^2；v 为楼房下坐径向速度，m/s；底弯矩 $M = 0$。式（12）、（13）的初始条件：

$$t = 0, v = v_0 = v_{y0} \cos q_0, q = q_0, \dot{q} = \dot{q}_0, y_r = h_0, J_b = J_{d0} \tag{15}$$

式中，h_0 为切口上面楼房高，m；J_{d0} 为楼房对中轴切口上缘的惯性矩，10^3 kg · m^2；v_{y0} 为切口高 h_p 闭合楼房撞地时的速度。

整理得有积分因子的全微分方程，其解析解[5]为

$$v = -\sqrt{F_{cs}(1 - h_0^2/y_r^2)/\rho + (2/3)g(h_0^3 \cos q_0 / y_r^2 - y_r \cos q) + (y_r^2 \dot{q}^2 - h_0^4 \dot{q}_0^2 / y_r^2)/4 + v_{0s}^2 h_0^2 / y_r^2} \tag{16}$$

当楼房原地坍塌时，$q_0=0$，$q=0$，$\dot{q}_0=0$，$\dot{q}=0$，$v_{0s}=v_{y0}$，式（16）为解析解；当塌落倾倒时，$q=q_0\ (q_0\neq0)$，$\dot{q}=\dot{q}_0$，由此引起的误差由 v_{0s} 调正，式（16）为近似解，式中 v_{0s} 按论文［4］的表2调整[5]。

4.3.4　建筑物双体倾倒

相当数量的建筑物的倒塌，可归入双体双向倾倒和双体同向倾倒。如整截面剪力墙的双体双向折叠倾倒，其动力学方程可由单开链多体动力学方程（1）式当 $n=2$，$f=2$ 时，当相应双体的倾倒方向 φ_1 和 φ_2 方向相反或方向相同而得到[5]。

4.4　变拓扑多体－离散体全局仿真

多体系统各个物体的联系方式称为系统的拓扑构型，简称拓扑[8]。建筑结构在爆破拆除倒塌时，所形成的机构是拓扑变化的系统，统称变拓扑多体－离散体系统。将各拓扑按时间顺序编程，前拓扑的运动结果为相邻后拓扑的初始条件，即可解算和模拟建筑物倒塌的全过程[5],[11],[12],[13],[14]。

4.5　动力方程的相似性质

为了避免拆除爆破重复观测，模型重复实验，工程案例重复数值计算，我们可以将通过案例、实验证明正确的数值计算结果，按动力方程的相似性质，将解及其导出量，无量纲规整化后，建立相似准则公式或算图，以便在实用中推广。以无量纲矩阵$[B_n]=[B]/B$；$[\dot{B}_n]=[\dot{B}]/[\dot{q}]^{\mathrm{T}}$、$[F_n]=[F]/m_2$，$m_2$ 为主构体的质量，见4.3.2.2节；$\mathrm{diag}[m_n]=\mathrm{diag}[m]/m_2$，$\mathrm{diag}[J_n]=\mathrm{diag}[J]/(m_2B^2)$；$[\dot{C}_n]=[\dot{C}]/[\dot{q}]^{\mathrm{T}}$，代入式（1），式中 B（非［B］中的 B）、H 分别为主构体的宽和下坐后高；设体端［M］≈0，$[\ddot{q}]=[\dot{q}\mathrm{d}\dot{q}/\mathrm{d}q]$ 代入方程（1），积分得 $[\dot{q}]$ 的隐式表示，当 $[m]/m_2$ 保持不变时，$[\dot{q}]$ 与 m_2 无关，$[\dot{q}B^{0.5}]$ 与 B 无关，而物体比例仍要不变，由此，式（12）的能比翻倒保证率 K_{to} 也与 m_2 和 B 无关，而仅主要与 $\eta_h=H/B$，$\eta_c=h_c/B$，$\lambda=h_{cud}/B$ 有关，h_c,h_{cud} 分别为主构体的下坐后重心高和切口高；K_{to} 在多数拆除倒塌类型，与主惯量比 $k_j=J_c/J_{cs}$ 关系较少，式中 J_c 为主构体的主惯量，J_{cs} 为主构体质量均布的实心图形计算的主惯量，$J_{cs}=(H^2+B^2)m_2/12$。由此去除无关变量、以误差容许忽略少关变量，突出主要变量，减少方程自变量数，可以建立 $\lambda-\eta_c$,$\lambda-\eta_h$ 具有普遍意义的准则算图，以方便推广，见5.1节及论文［5］、论文［7］。楼房的 k_j 多在0.75～1.28，个别倒塌方式应用准则算图误差较大，可用像物变换法建模简便计算 k_j 后，再使用 k_j 插值的准则算图，见论文［6］，文138～139页。当［M］$\neq0$ 时，可引入无量纲参量 $M/(mgl_o)$，l_o 为跨长，建立准则算图，见5.1节和论文［3］，文113页。此外，$[\dot{q}B^{0.5}]$ 与 B 无关，可推理切口闭合时间的相似比为 $B^{0.5}$，见5.4节。楼房爆堆、后坐等的无量纲参数，均可按相应准则算图确定。

4.6　构件破损的材料力学分析

在钢筋混凝土构件正截面力平衡方程组中，采用概率理论的材料强度，即包括以材料标准强度计算出结构安全极限抗力（弯矩）；以混凝土随机强度均值 σ_{cs} [5]计算出结构失稳抗力（弯矩）；以破损强度计算的机构残余抗力（弯矩）。残余抗力应考虑钢筋采用抗拔拉脱粘强度和钢筋弯曲系数[5] $\alpha_t=\cos(\theta_p/2)$，式中 θ_p 为塑性铰转动角；受压

区混凝土的保护层脱落，在混偋土的受压区采用破损后的等效矩形应力图系数 α_c [5]，其中以延性破坏设计的钢筋混凝土立柱多为“延性（受拉）破坏”，α_c 为 0.8～0.9[5]；钢筋混凝土烟囱切口支撑部多为“脆性（受压）破坏”，α_c 为 0.25～0.4[5]。上述计算方法已被现场观测和工程实例证明正确。

4.7 混凝土构件冲击动力分析

由于撞地的冲击应力波在地面和楼梁面的不断反射，应力叠加接近加倍，故首先在层内立柱两端形成压溃破坏区及塑性铰[5]。框架后立柱以单排孔爆破下落撞地，在层内立柱中部一般不生成塑性区。

钢筋混凝土墙、柱等支撑构件，在遭受冲击时，将经历渐近稳态压缩、非稳态压缩及其组合的混合压缩等历程。非稳态压缩柱破坏的每立方米破坏功，为钢筋混凝土应力－应变曲线所包围的图形面积。渐近稳态冲击压缩破碎功，从柱两端应力波叠加，全重叠加波加载破碎－碎块散落卸载的循环破碎机理出发[5]，推导提出了定质量冲击含稳态压溃的关系式，即全部压缩过程的等效强度[5]

$$\sigma_e = k_d k_{sc} k_l \sigma_{cs} \tag{17}$$

式中，k_d 为混凝土动载强度系数，取 1.1；k_{sc} 为楼梁压溃立柱等效接触断面系数，取测 0.74[5]；压溃柱高比 k_l =（柱高－残柱长）/柱高，取测 0.58[5]；当后柱撞地时，下坐小于层高，仅为层内渐近稳态压缩，k_l 为 0.58～1，下坐小取大值。

切口以上楼房的质量比切口内立柱自身质量大 25～50 倍，因此楼房撞地，立柱破坏高必须考虑压缩过程中楼房下落所增加的势能消耗[15]，得底层柱的压碎高度 h_f

$$h_f = m_2 v_{2,0}^2 / [2(s_1 \eta - m_2 g)] \tag{18}$$

式中，η 为压碎每立方米钢筋混凝土所需的比功，10^{33} kJ，$\eta = \sigma_e$。高层建筑层间叠落支撑强度 σ_{cg} 由观测值和式（16）直算[5]。

5 多体动力学切口控制拆除技术（MBDC）

5.1 楼房切口参数

各类楼房有不同的拆除方式。当切口爆破后，按方程（1）或式（13）倾倒，切口闭合，构架模型，由动力学方程相似性质，得无量纲准则判断楼房倒塌，见图 4。图中线族 a 为单切口剪力墙和框剪结构整体翻倒楼房的 $\lambda - \eta_h$ 准则曲线，$\lambda = h_{cud}/B$，式中 h_{cud} 为下坐后切口高，B 为楼宽，见图 1，$\eta_h = H/B$，H 为下坐后楼高，其中 K_{to} =1.5，即 a1 为保证线，而 a2 为高风险线，其 K_{to} =1.1，后支撑中性轴底铰 o 距后墙距离 $a = 0$；线 b 族为楼房双切口同向倾倒，上切口先闭合形成组合单体翻倒的下切口 $\lambda_1 - \eta_h$ 准则曲线[16]，其中 $\lambda_1 = h_{cud1}/B$ 为下切口高宽比，h_{cud1} 为下坐后下切口高，K_{to} =1.5，线族 b 的 b1、b2 和 b3 分别为无量纲下体高 $l_j = l_1/B$ =0.92、1.14 和 1.36（上切口高宽比 $\lambda_2 = h_{cud2}/B$ =0.22，h_{cud2} 为上切口高，l_1 下坐后下体高），族内曲线上、中和下分别为 a/B =0.066、0.0825 和 0.11。该计算方法已为工程实例所证明准确[17]。c 线族为框架和壁式框架楼房跨间下塌破坏倒塌的 $\lambda - \eta_h$ 准则曲线[10]，框架跨数 n_c = 4，其中 K_{to} =

1.9，线 c1、线 c2 和线 c3 分别是跨长 l_o（或平均跨长）为 3.2 m、3.5 m 和 3.8 m，其对应无量纲弯矩 $K_t = K_{to}M_{dh}/(mgl_o)$ 分别为 1.5352、1.4036 和 1.2928，式中 M_{dh} 分别为各跨梁前端和后端机构残余弯矩初值[5]和墙抗剪弯矩 M_f，M_r，M_q 之和；m 为框架楼房质量，10^3 kg。该计算方法已为 4 个工程实例所证明准确[10]。线 d 族为框架楼房单切口爆破后，后单柱上端形成塑性铰 b，即形成 2 体 2 自由度体运动，见图 2，线 d1、线 d2、线 d3 和线 d4 分别为框架切口闭合后翻倒的 $\lambda - \eta_h$ 准则曲线，对应主惯量比 $k_j = J_{c2}/J_{co}$ 为 0.75、1.0、1.25、1.5，其中 K_{to} 为 1.4 ~ 1.5。线 e 族为高层建筑层间塌落质量散失（见图 3）的原地塌落 $\lambda_p - \eta_r$ 准则曲线，无量纲参数 $\lambda_p = h_p/h_0$，$\eta_r = y_r/h_0$，式中 h_p 为切口高，y_r 为楼房原地塌落后爆堆上的高，h_0 为切口上方楼高，当式（16）$q = 0$，$\dot{q} = 0$，$v = 0$ 时，可推导出无量纲准则方程

$$\lambda_p = F_P(1 - \eta_r^2)/2 - (1 - \eta_r^3)/3 \tag{19}$$

式中，$F_P = K_{to}F_{sp}$，$F_{sp} = S_l\sigma_{cg}/(gh_0\rho)$，$S_l$ 为楼房高于切口上层的下层支撑体结构截面积，σ_{cg} 支撑体的等效动强度[5]，C_{30}混凝土柱的 $\sigma_{cg} = 13.645$ MPa，其中坍塌保证率 $K_{to} = 1.1$，图 4 中线 e1、线 e2、线 e3、线 e4、线 e5、线 e6 和线 e7 分别 F_{sp} 为 2.6、2.4、2.2、2.0、1.8、1.6、1.4 的准则方程曲线。读者可按实况和图 4 得插值准则曲线，若拆除工程的（$\lambda(\lambda_1,\lambda_p) - \eta_h(\eta_r)$）坐标点在相应准则曲线右上方，则楼房倒塌。楼房反向双切口倾倒的准则曲线见文献[18]并被 3 个工程实例所证明准确[18]，抬高切口、下向切口和浅切口复合的切口单向倾倒的 η_h，小于准则曲线 a 族为 0.25 ~ 0.35，计算方法并被文献[19]证明准确。容许高风险的拆除可降低 K_{to}；随着拆除实例增多，当能确保成功时，可依据实况降低保证率 K_{to}，相应也降低 η_h 和 η_r。

5.2　爆堆前沿宽和高

爆堆内多体相互之间及其与地面的连系关系，定义为堆积。结构撞地瞬间形成原生堆积，结构倒地溅起飞石，个别构件前冲并翻转形成次生堆积。原生堆积可以分为 Ⅰ ~ Ⅴ类，既Ⅰ类——整体翻倒堆积，Ⅱ类——跨间下塌堆积，Ⅲ类——层间侧移堆积，Ⅳ类——散体堆积，Ⅴ类——整体倾倒而不翻塌。

根据楼房结构、爆破拆除方式和切口准则算图，基本可以判断爆堆类型，并由动力学方程及其相似性推出爆堆形态公式。如剪力墙结构、不生成层间侧移和跨间下塌的框剪、框架楼房，单切口爆破倾倒而形成Ⅰ类堆积爆堆，其爆堆前沿宽为

$$L_{gf1} = dx_s + H_1 - h_{cu} - h_{cf} \tag{20}$$

而爆堆高

$$h_{gf1} = B \tag{21}$$

式中，dx_s 为前柱撞地点与爆前的前柱距离，当 dx_s 为正时，撞地点在原前柱前，当 dx_s 为负时，撞地点在原前柱后；H_1 为楼高；h_{cu} 为楼段切口前沿高；h_{cf} 为楼房撞地时前柱破碎高，可设为切口顶到本层梁底高；B 为楼宽。

$$dx_s = (B - a)\left(\frac{1}{\cos\beta} - 1\right) \tag{22}$$

式中，β 为切口角。

层间侧移和跨间下塌的框剪、框架楼房倒塌而形成的Ⅲ类、Ⅱ类爆堆，见文献[5]，dx_s 见文 44～46 页。多切口楼房以及下坐楼房爆堆计算原理与以上相似[20]，详见文献[5]。以上计算方法在文献[5]中已被 18 个工程实例证明是可用的。

5.3 楼房的后坐

在定向倾倒中，后柱支撑着上部结构前倾同时，也相伴部分结构向后运动，其最大值为后坐值。显然，该后坐是以后柱的支撑为前提。当支撑后柱失去支撑能力时，其上的结构下落，称为下坐。从后坐形成的机理又可将后坐分为机构后坐、柱根后滑和支撑后倒[5]。爆堆后沿宽是后坐的最终结果。

剪力墙和框剪结构的后滑，是由于向前倾倒时，底铰 O 在径向压力和切向推力的迫使下，遵寻动力学程（5）式，克服摩擦力而沿地面向后滑动，见图 1。若后墙或后柱爆破后还有钢筋牵连，则后墙或后柱根后滑距离将不大于后墙（后柱）炸高 h_e 与冲击压溃高度 h_p 之和。

框架和框剪结构切口爆破，形成 2 自由度 2 体的折叠机构运动，铰 b 同时机构后坐[5]，见图 2。机构后坐值 $x_b = dx'_bB$，式中 dx'_b 为无量纲机构后坐值，框架从 dx'_b 准则算图 5，多在 λ_l 小于 R 侧。按后柱铰 b 以上楼房重心高宽比 η_c 插值选取（相应 $\eta_h = 2\eta_c + \lambda_l$），$\lambda_l$ 为后柱下坐后铰 b 高与楼宽比 l_1/B。准则算图由动力学方程、导出量及相似性决定。横向倾倒的工厂排架的后倒计算原理与以上相似，详见文献[5]。

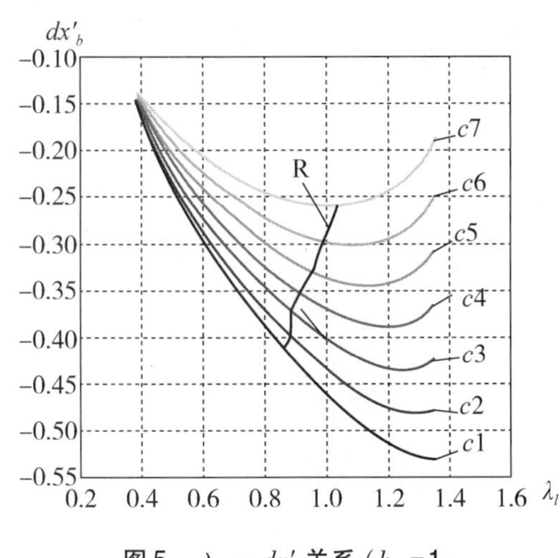

图 5　$\lambda_l - dx'_b$ 关系（k_j =1；R 边界线为保证翻倒，k_{to}为 1.4～1.6）

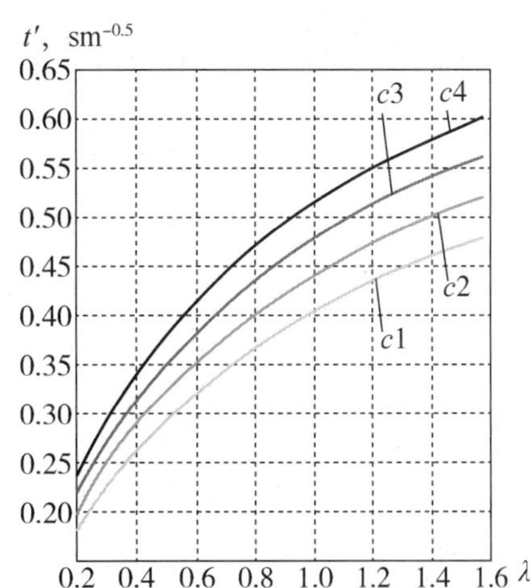

图 6　$\lambda - t'$ 关系（曲线 c1、c2、c3 和 c4 分别是 η_c 为 1.0，1.1，1.2 和 1.3）

表 1　图 5 中曲线对应的 η_c 值

曲线名称	c1	c2	c3	c4	c5	c6	c7
η_c	0.85	0.8	0.75	0.7	0.65	0.6	0.55

5.4 起爆次序和时差

正算再逆算动力学方程（1），可得多切口上行起爆次序比下行起爆更易于下坐[5]。切口起爆时差可参考小于式（8）的单切口闭合时间

$$t = t' \sqrt{B(1 + k_j/3)} \tag{23}$$

式中，t' 为相似时间函数，$t' = t''/\sqrt{g}$，s/m$^{0.5}$，$t''(\lambda,\eta_c)$ 为无量纲时间，从式（8）、式（23）得图6，并从中按前跨断塌后的 λ 和楼房重心平均高宽比 η_c 插值可选取 t'。

5.5 楼房的下坐

当切口爆破仅剩后柱时，柱的拟静重载随框架倾倒而减少，但4跨以上框架，经动力学方程分析重载已达多层间单后柱失稳强度，单细长柱更易于失稳折断而楼房下坐[5]。爆破底层内后柱冲击压溃总长，随炸高增高，而加速增长。3跨以内的框架，由式（17）和动量定理计算冲击压溃高度，但单后柱无量纲冲击下坐 λ_{hp} 与 $h_{pf}/(h_e - 0.2)$ 无相关性，式中 h_{pf} 为较大下坐高（$k_j = 1.25$），m，h_e 为炸高，m；但当 $h_e \leqslant 0.7$ m时，$h_{pf} \approx \lambda_{hp}(h_e - 0.2)$，经动力学方程分析为拟线性，其中

$$\lambda_{hp} = C_p F_p + C_h \tag{24}$$

式中，无量纲 $F_P = S_l \sigma_e / P$；σ_e 为层内后柱的等效强度，见式（17），C_{20} 混凝土为15.6 MPa，其中 $k_l = 1$；P 为楼房重量力，10^6 N；S_l 为单后柱截面积，m^2；C_p, C_h 以图7中 B 和切口层后柱原高 l_1 插值选取；条件为最大 h_{pf} 的主惯量比为 $k_j = 1.25$，后柱起爆延时0.5 s，柱根和铰 b 有钢筋混凝土柱端弯矩。当 $h_e > 0.7$ m时，h_{pf} 为非线性。3跨以上的框架、框剪结构，采用浅切口爆破，留双排后柱，其炸高与压溃总长基本成线性关系，下坐减少，后坐很少。

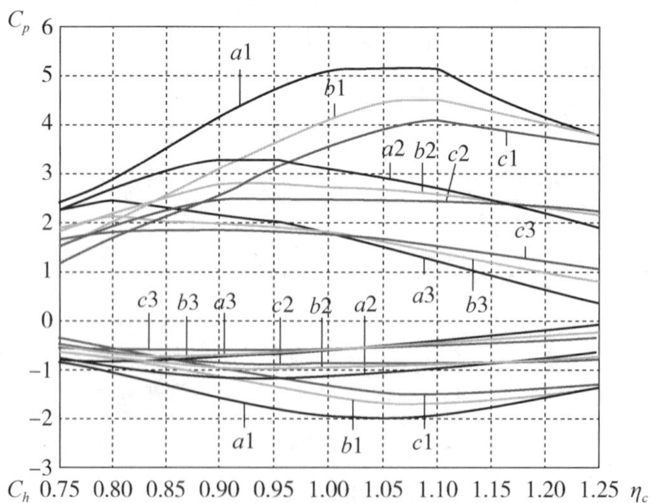

图7　η_c 与 C_p，C_h 关系

表2　图7曲线对应 B、l_1 值

曲线名称	$a1$	$a2$	$a3$	$b1$	$b2$	$b3$	$c1$	$c2$	$c3$
l_1 /m	6.1	6.1	6.1	7.6	7.6	7.6	9.1	9.1	9.1
B/m	10.7	12.0	13.3	10.7	12.0	13.3	10.7	12.0	13.3

5.6　烟囱

高 180 m 以下烟囱切口参数按切口啮合倾倒静力学机理决定[5]，而其运动相关参数按以上动力学确定；高 210 m 以上的高大薄壁钢筋混凝土烟囱的压溃皱褶倒塌机理和切口参数见文献[21]。

6　结语

建筑物倒塌动力学及其所包含的多体－离散体动力学，描述建筑物的爆破拆除，机理清晰、正确，符合实际，建立的变拓扑动力方程组，可获得解析解、近似解和数值解，组合后能全局仿真拆除倒塌过程，动力方程的相似性规整化后，可简便地将它的拆除模型导出各类建筑结构各种倒塌方式的切口尺寸、爆堆形态、后坐下坐、起爆次序和分段时差等无量纲表达，为高大建（构）筑物选择合理的倒塌方式、拆除措施和切口参数提供了新理论和分类适合的简单实用算法，为实现对爆破拆除的精确控制奠定了基础，虽然有些计算参数还需继续实测，但是，在专业学科范围，基本上完成了城市高大建（构）筑物爆破拆除的关键共性技术，即多体动力学切口控拆技术（MBDC）[5]。现场观测和工程实例证明包含多体－离散体动力学的建筑物倒塌动力学是正确的，MBDC 技术是可用的和准确的。由此可见，动力学是爆破拆除的新科技、拆除技术革命即将来临的战略新机遇，展现了爆破拆除科技的发展新阶段。

参考文献

［1］卢文波．拆除爆破中裸露钢筋骨架的失稳模型［J］．爆破，1992，19（2）：31－35.

［1］LU Wenbo. Model lost steady of steel bars framework demolished by blasting［J］. Blasting，1992，19（2）：31－35.（in Chinese）

［2］张奇，吴枫，王小林．框架结构爆破拆除失稳过程有限元计算模型［J］．中国工程科学，2005，10（3）：22－28.

［2］ZHANG Qi，WU Feng，WANG Xiaolin. Model of finite element in frame demolished by blasting to lose stability［J］. China Engineering Science，2005，10（3）：22－28.（in Chinese）

［3］金骥良．高层建（构）筑物整体定向爆破倒塌的切口参数［J］．工程爆破，2003，9（3）：1－6.

[3] JIN Jiliang. The paramenters of blasting cutfor directional collapsing of highrise buildings and towering structure [J]. Engineering Blasting, 2003, 9 (3): 1 –6. (in Chinese)

[4] 魏晓林，傅建秋，李战军．多体 – 离散体动力学分析及其在建筑爆破拆除中的应用 [C] //庆祝中国力学学会成立 50 周年大会暨中国力学学术大会'2007：论文摘要集（下）．北京：中国力学学会办公室，2007：690.

[4] WEI Xiaolin, FU Jianqu, LI Zhanjun. Analysis of multibody – discretebody dynamics and its applying to building demolition by blasting [C] // Collectanea of discourse abstract of CCTAM2007 (Down). Beijing: China Mechanics Academy Office, 2007: 690. (in Chinese)

[5] 魏晓林．建筑物倒塌动力学（多体 – 离散体动力学）及其爆破拆除控制技术 [M]．广州：中山大学出版社，2011.

[6] 汪旭光．前言 [C] //中国工程科技论坛第 125 场论文集‘爆炸合成新材料与高效、安全爆破关键科学和工程技术’．北京：冶金工业出版社，2011.

[6] WANG Xuguang. Foreword [C] //Corpus of China 125 field science and engineering technology forum ‘New materiel composed by explosion and key science and engineering technology of high effective and safe blasting’. Beijing: China Metallurgical Industry Press, 2011. (in Chinese)

[7] 洪嘉振．计算多体系统动力学 [M]．北京：高等教育出版社，1999.

[8] 杨廷力．机械系统基本理论：结构学、运动学、动力学 [M]．北京：机械工业出版社，1996.

[9] 杨人光，史家育．建筑物爆破拆除 [M]．北京：中国建筑工业出版社，1985.

[10] 魏晓林．爆破拆除框架跨间下塌倒塌的切口参数 [J]．工程爆破，2013，19 (5)：1 –7.

[10] WEI Xiaolin. Cutting parameters of toppling frame building demolished with collapse in beam span by blasting [J]. Engineering Blasting, 2013, 19 (5): 1 – 7. (in Chinese)

[11] 洪嘉振，倪纯比．变拓扑多体系统动力学的全局仿真 [J]．力学学报，1996，28 (5)：633 –636.

[11] HONG Jiazhen, NI Chunbi. Whole simulation of varying topological multi – body dynamics [J]. Mechanics Transaction, 1996, 28 (5): 633 –636. (in Chinese)

[12] WEI Xiaolin, ZHENG Bingxu, FU Jianqiu. Mechanical analysis and numerical simulation of folding dumping of reinforced concrete chimney [A] //China blasting technology [C]. Beijing: Metallurgical Industry Press, 564 –471. (in Chinese)

[13] WEI Xiaolin, FU Jianqiu, WANG Xuguang. Numerical modeling of demolition blasting of frame structure by varying – topological multibody dynamics [A] //New Development on Engineering Blasting [C]. Beijing: Metallurgical Industry Press, 333 –339. (in Chinese)

[14] ZHENG Bingxu, WEI Xiaolin. Modeling studies of high-rise structure demolition blasting

with multi-folding sequences ［A］//New Development on Engineering Blasting ［C］. Beijing: Metallurgical Industry Press, 236－332. (in Chinese)

［15］杜星文，宋宏伟．园柱壳冲击动力学及耐撞性设计［M］．北京：科学出版社，2005.

［16］魏晓林．双切口爆破拆除楼房切口参数［C］//中国爆破新技术Ⅲ．北京：冶金工业出版社，2012：576－580.

［16］WEI Xiao－lin. Cutting parameter of building demolished by blasting with two cutting ［C］//New Techniques in China Ⅲ. Beijing: China Metallurgical Industry Press, 2012: 576－580. (in Chinese)

［17］李超，吴剑锋，祝砚桧，等．10层框架结构定向折叠爆破拆除［J］．爆破，2013，30（1）：79－81，89.

［18］魏晓林．双切口反向爆破拆除楼房切口参数［J］．爆破，2013，30（4）：99－103.

［18］WEI Xiaolin. Cutting coefficient of building demolished by blasting with two cutting in reverse direction ［J］. Blasting, 2013, 30 (4): 99－103. (in Chinese)

［19］赵红宇，王守详，刘云剑，等．高层框架剪力墙结构楼房的控制爆破拆除［J］．爆破，2008，25（2）：53－56.

［20］魏晓林．多切口爆破拆除楼房的爆堆［J］．爆破，2012，29（3）：15－19.

［20］WEI Xiaolin. Muckpile of building explosive demolition with many cutting ［J］. Blasting, 2012, 29 (3): 15－19. (in Chinese)

［21］魏晓林，刘翼．高大薄壁烟囱支撑部压溃皱褶机理及切口参数设计［J］．爆破，2012，29（3）：75－78.

［21］WEI Xiaolin. Mechanism of press burst with cockle of supportingand cut parameters of high and thin wall chimney ［J］. Blasting, 2012, 29 (3): 75－78. (in Chinese)

论文［2］爆破拆除高耸建筑定轴倾倒动力方程解析解

合肥工业大学学报（自然科学版），2009，岩石力学学会

魏晓林，郑炳旭，魏挺峰

（广东宏大爆破股份有限公司，广州，510623）

摘要：研究了高耸建筑沿底端塑性铰有根竖直体单向倾倒的动力方程，提出了其角速度解析解和角位移近似解析解。与数值解比较，剪力墙和框剪结构的近似解析解误差比近似解大，但在工程应用范围内，将小于3%，高烟囱的近似解析解误差较小，将小于2%。由于解析式对初始角限制少，但又受底塑性铰的限制，因此可依据情况灵活应用。

关键词：爆破拆除；高耸建筑；动力方程；解析解

Analysis solution of dynamic equation of toppling building demolished by lasting

WEI Xiaolin, ZHENG Bingxu, WEI Tingfeng
(Guangdong Hongda Blasting Co. Ltd. , Guangzhou 510623, China)

Abstract: The analytical velocity solution and approximative analytical shift solution of dynamics equation, which describes that vertical rooted body with basis plastic joint is sloped down, are studied in this paper. The different between numerical and approximative analytical solution is larger than approximative in shear wall and framed shear wall construction, but is smaller than 3% in scope used to engineer. The different error of approximative analytical solution is smaller than 2% in toppling of high chimney. The solution is limited a little in initial angle, but in moment of basis plastic joint, therefore, is applied according to situation.

Key words: Demolition by blasting; High-rising construction; Dynamic equation; Analytical solutions

1 概述

近年来，我国城市建设的加快，爆破拆除了大量的高耸建筑。由于拆除建筑环境多较复杂，可采用原地坍塌或下坐倾倒爆破拆除方法；当倾倒场地开阔时，多采用单切口定轴倾倒拆除。楼房的下坐倾倒，当下坐停止后，仍将形成定底轴倾倒运动。文献[1],[2]虽然已提出高耸建筑的单轴倾倒动力方程，但转动角 q 只能数值求解，本文将推导出动力方程的完全解析解。

2 单轴倾倒解析解

烟囱、剪力墙和框剪结构（重心后方立柱被剪力墙纵横加固而抗弯抗压稳定），以及下坐后定底轴倾倒的楼房等高耸建筑，所形成的单向倾倒如图 1 所示，其多体系统[1],[3]可简化为具有单自由度 q，底端塑性铰 M_b 的有根竖直体[1]，即动力方程为

$$J_b \times \frac{d^2 q}{dt^2} = P r_c \sin q - M_b \cos \frac{q}{2} \tag{1}$$

式中，P 为单体的重量，kN；$P = mg$，m 为单体的质量，10^3 kg；r_c 为质心到底支铰点的距离，m；J_b 为单体对底支点的惯性矩，10^3 kg · m^2；M_b 为底塑性铰的抵抗弯矩，kN · m，当爆破切口闭合后，支撑部钢筋拉断，$M_b = 0$；q 为重心到底铰连线与竖直线的夹角，R°。

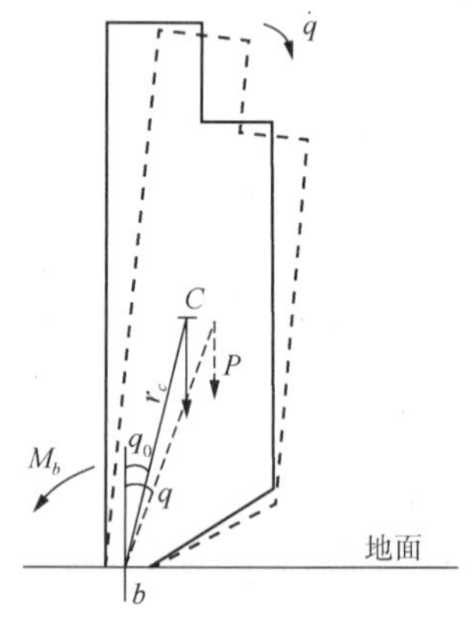

图 1 剪力墙楼房单向倾倒
（实线为初始位置，虚线为运动状态）

爆破拆除时的初始条件是当 $t = 0$ 时，$q = q_0$，$\dot{q} = \dot{q}_0$。

解析解为

$$\dot{q} = \sqrt{\frac{2Pr_c(\cos q_0 - \cos q)}{J_b} + \frac{4M_b\left(\sin\frac{q_0}{2} - \sin\frac{q}{2}\right)}{J_b} + \dot{q}_0^2} \tag{2}$$

令 $m_0 = \dot{q}_0^2 J_b/(2mgr_c) + \cos q_0 + 2M_b\sin(q_0/2)/(mgr_c)$，$\sin(q/2) \approx q/2$，$\cos q \approx 1 - \frac{q^2}{2}$，得近似解析解

$$t = \sqrt{\frac{J_b}{mgr_c}} \cdot \{[\ln(q - M_b/(mgr_c) + \sqrt{2(m_0 - 1) - 2M_b q/(mgr_c) + q^2}] - \ln[q_0 - M_b/(mgr_c) + \sqrt{2(m_0 - 1) - 2M_b q_0/(mgr_c) + q_0^2}]\} \tag{3}$$

式（3）的应用范围为

$$2(m_0 - 1) - 2M_b q_0/(mgr_c) + q_0^2 \geqslant 0 \tag{4}$$

$$q_0 - M_b/(mgr_c) + \sqrt{2(m_0 - 1) - 2M_b q_0/(mgr_c) + q_0^2} > 0 \tag{5}$$

不满足式（4）、式（5），可参照文献[2]近似解式（6）和倾倒近似方程式（8）的解析解式（9）计算。

$$t \approx \frac{q_{ds}}{P_{dq} \times (\dot{q} - \dot{q}_0) + \dot{q}_0} \tag{6}$$

式中，P_{dq} 为平均角速度增量与角速度增量比；$q_{ds} = q - q_0$。

当 $q_0 \geqslant 0.2$，$\dot{q}_0 \leqslant 0.3$ 时，

$$P_{dq} = \lambda_V \times \exp(a_1 q_{ds}^2 + a_2 q_{ds} + a_3) \tag{7}$$

式中：$a_1 = 0.909q_0^2 - 1.07q_0 + 0.424$；$a_2 = -1.99q_0^2 + 2.51q_0 - 1.02$；$a_3 = -0.6971$；$\lambda_V$ 为初速度修正系数，当 $\dot{q}_0 < 0.1$，$\lambda_V = 1$，而 $\dot{q}_0 \geqslant 0.1$ 时，$\lambda_V = b_1 q_\delta^2 + b_2 q_\delta + b_3$，$b_1 = -\dot{0}.094q_0 - 0.0772$；$b_2 = 0.259\dot{q}_0 + 0.101$；$b_3 = 0.9933$；$q_\delta = q_{ds} - 0.3$。

当 $\dot{q}_0 = 0$ 时，若 q 较小，则 $\sin q \approx q$，$\cos(q/2) \approx 1$，式（1）可简化为近似动力方程：

$$J_b \times \frac{d^2 q}{dt^2} = Pr_c q - M_b \tag{8}$$

近似方程的解析解为

$$t = \frac{\ln(q_{mr} + \sqrt{q_{mr}^2 - 1})}{p_j} \tag{9}$$

式中，$q_{mr} = [q - M_b/(Pr_c)]/[q_0 - M_b/(Pr_c)]$；$p_j = \sqrt{Pr_c/J_b}$。

计算式（6）所依据的典型建筑为青岛远洋宾馆[2]，剪力墙结构，第（17）轴楼高13层，高49 m，宽16.6 m，炸高7.2 m，其1榀架计算参数见表1。

表1　有根竖直单体典型建筑参数及近似式（6）与数值解误差

项目	m	J_b	r_c	M_b	q_0
单位	10^3 kg	10^3 kg · m^2	m	kN · m	R°
参数	956.7	641070	23.1678	192	0.2333

项目	$k_j = \frac{(mr_c/J_b)_c}{mr_c/J_b}$	$\frac{(M_b/J_b)_c}{M_b/J_b}$	$k_q = \frac{(q_0)_c}{q_0}$	$k\dot{q} = \frac{(\dot{q}_0)_c}{\dot{q}_0}$	q 的范围
范围	0.7～1.5	0～10	0～3	1～3	$\leqslant \frac{\pi}{2}$
最大误差%	<2.6	<2.8	<10	<2.6	

* 改变计算参数以（ $)_c$ 表示。

本文提出的近似解析解式（6）与文献[2]所提出的近似解比较，其 t 的数值解的误差将增大 1.5～5 倍，但从表中可见，误差仍在工程容许的范围。由于文献[2]提出 q 近似解的应用范围 $q_0 > 0.2$，一般烟囱切口闭合时的 q 转角 $q_0 < 0.2$，因此不便切口闭合后的拓扑计算，而本文的近似解析式（6）对 q_0 没有限制，使用更加方便。

3　应用实例

以新汶电厂 120 m 高钢筋混凝土烟囱为例，数值计算爆破拆除时单向倾倒的姿态。计算条件为烟囱底部切口平均半径 $r_e = 5.3$ m，壁厚 0.5 m，自重 $P = 19\ 791.7$ kN，烟囱重心高 $r_{c1} = 42.68$ m，重心对切口前支点距 $r_{c2} = 40.63$ m，切口高 $h_b = 2.4$ m，烟囱对切口平面惯性矩 $J_{b1} = 77566 \times 10^5$ kg · m^2，对切口前支点惯性矩 $J_{b2} = 7354892 \cdot 10^3$ kg · m^2，烟囱材料强度采用强度平均值，受压压力不均系数 0.4[4]，其他计算条件见文献[5]。根据文献[3]565－566［原文式（3）的第 2 圆括号有误，应移至“＝”后］，可算出中性轴的圆心角之半 $q_s = 0.7166$ rad，初始倾倒角 $q_0 = 0.0934$ rad，切口拉区钢筋对切口中性轴平均弯矩 $M_b = 13707$ kN · m。中性轴对切口的闭合角 $q_{0h} = 0.2526$ rad。以上初始数据文献[1]稍有更正。

当烟囱倾倒切口闭合前为拓扑 1[1],[2]，转角 $q_1 = q_0 + q_{0h} = 0.3460$，以式（2）计算倾倒转动角速 $\dot{q} = 0.1052\ \mathrm{s}^{-1}$；而切口闭合所需时间 t_1，以式（3）计算，$t_1 = 6.5913$ s；切口闭合支点前移为拓扑 2[1],[2]，初始角 $q_{s0} = 0.1218$，支撑部钢筋拉断，底抵抗弯矩 $M_b = 0$；当烟囱纵轴倒至水平时，倾倒角 $q_2 = \pi/2 - q_{0b} = 1.4402$，式中 q_{0b} 为烟囱前支点至烟囱质心线与纵轴夹角 $q_{0b} = \arctan[r_e/(r_{c1} - h_b)] = 0.1368$（文献[2]的 q_{0b} 计算有误）同理以式（2）计算转动角速度 $\dot{q}_2 = \sqrt{2Pr_{c2}(\cos q_{s0} - \cos q)/J_{b2} + \dot{q}_1^2} = 0.4468/\mathrm{s}$，而烟囱纵轴倒至水平时所需时间 t_2，同理以式（3）计算 $t_2 = 5.7131$ s；总倾倒时间 $t = t_1 + t_2 = 12.3044$ s。

烟囱着地数值解时间 t 为 12.309 s，实测烟囱着地时间 12.3 s。烟囱倾倒近似解析解，数值解，实测值见图 2。观测在倾倒角 0.92 R°时，烟囱在 70 m 平台已断裂为两段，故下段实测转动时间快于图中计算值。

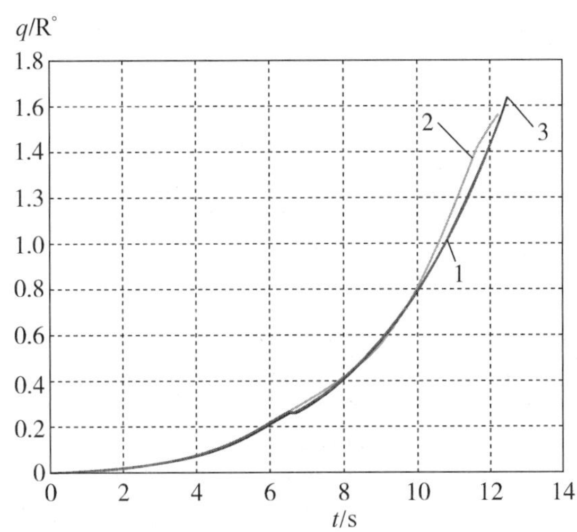

图2　烟囱倾倒角

1 为近似解析解；2 为实测值；3 为数值解

4　结论

本文修正了爆破拆除高耸建筑物单轴倾倒动力方程[2]，推导出方程的完全解析解，以高烟囱倾倒为例，进行了倾倒姿态计算，其结果与原数值解和实测比较，可以得到以下结论：

烟囱、剪力墙和框剪结构等高耸建筑的单向爆破拆除，其单轴倾倒角速度可由解析式（2）计算，其角位移所需时间可由近似解析式（3）计算。（3）式与数值解的相对误差，在表 1 的有限范围内，比文献[2]所提出的近似解大，约在 10% 以内，但由于剪力墙和框剪结构角位移范围小，故应用时实际误差并不大，约在 3% 以内；对高烟囱实例计算，本文近似解析解的误差比文献[2]所提出的近似解小，约在 2% 以内。由于式（3）对初始倾倒角 q_0 没有限制，但是 M_b 必须满足（4）、（5）式的要求，因此，可与文献[2]所提出的近似解根据情况灵活应用。

高耸建筑下坐倾倒，最终将可能演变成单轴倾倒姿态，可以应用本文的动力方程及其解析解计算，而高耸建筑下坐倾倒的运动规律，可参阅文献[6]、[7]、[8]。

参考文献

［1］魏晓林，傅建秋，李战军．多体－离散体动力学及其在爆破拆除中的应用［A］//庆祝中国力学学会成立 50 周年大会暨中国力学学术大会'2007 论文摘要集（下）［C］．北京：中国力学学会办公室，2007：690.

［2］傅建秋，魏晓林，汪旭光．建筑爆破拆除动力方程近似解研究（1）［J］．爆破，2007，24（3）：1－6.

［3］魏晓林，郑炳旭，傅建秋．钢筋混凝土烟囱折叠倾倒的力学分析及数值模拟

[A] //中国爆破新技术 [C]. 北京：冶金工业出版社，2004：564 -571.
[4] 郑炳旭，魏晓林，陈庆寿. 钢筋混凝土高烟囱切口支撑部失稳力学分析 [J]. 岩石力学与工程学报，2007，25（增1）：3348 -3354.
[5] 罗伟涛，王铁，邢光武. 新汶电厂120m烟囱定向爆破拆除 [A]. 见：中国爆破新技术 [C]. 北京：冶金工业出版社，2004：590 -593.
[6] 魏晓林，魏挺峰. 爆破拆除高耸建筑下坐动力方程 [J]. 合肥工业大学学报，2009，5. 1157 -1469，1472.
[7] 魏晓林. 建筑物倒塌动力学（动力学）及其爆破拆除控制技术 [M]. 广州：中山大学出版社，2011.
[8] 魏挺峰，魏晓林，傅建秋. 框架和排架爆破拆除的后坐（1） [J]. 爆破，2008，25（2）：12 -18.

论文 [3] 爆破拆除框架跨间下塌倒塌的切口参数

工程爆破，2013，19（5）

魏晓林
（广东宏大爆破股份有限公司，广州，510623）

摘要：研究了爆破拆除楼房跨间下塌倒塌的动力学条件，即倾倒动能大于克服跨间下塌所需的功，其包括阻止翻倒的势能增量和梁柱夹角形变的功以及克服翻滚阻力的功，由此推导了跨间下塌倾倒时，楼房爆破下坐后质心高宽比 η 与切口高宽比 λ 的关系，即 $\eta \geqslant 0.7$, $\lambda \geqslant 0.35$，其翻倒保证率 $K_{to} \geqslant 1.7 \sim 2.2$ 的富余后，$\lambda - \eta$ 图中的点 (λ,η) 应位于插值 K_t 曲线上方，楼房可以翻倒。本文给出了不同跨数和 K_t 的楼房翻倒的 $\lambda - \eta$ 关系图及其公式，又给出跨间下塌最终倒塌角 $(\varphi_h + \alpha_f)$ 与 $\lambda - \eta$ 的关系图，K_t 反映了实现跨间下塌应采取的减小抵抗梁柱间夹角形变的措施，并列出了楼房跨间下塌倒塌的实例表，实例证明本文提出的 $\lambda - \eta$ 关系是合符实际的、正确的。

关键词：爆破拆除；建筑物；跨间下塌；动力学方程；切口参数

Cutting Parameters of Toppling Frame Building Demo-lished with Collapse in Beam Span by Blasting

WEI Xiaolin
（Guangdong Hongda Blasting Co. Ltd. , Guangzhou 510623, China）

Abstract: Dynamic condition of toppling building demolished with collapse in beam span by blasting has been researched, that toppling kinetic energy is larger than work formed in collapse of beam span, potential energy increment toppling and work resisting change of angle between beam and column with roiling resistance. The relation between high-wide ratio η of building mass centre and high-wide ratio λ of cutting since blasting and sitting down is deduced, when $\eta \geqslant 0.7$, λ is equal and larger than 0.35, ensure ratio toppling $K_{to} \geqslant 1.7 \sim 2.2$, in

$\lambda - \eta$ figure point of (λ, η) must be on up side of insert value curve, building can be toppled by collapse in beam span, the measurements of which realized can be imaged by K_t. The figure of relation $\lambda - \eta$, its formula and figure of relation between $\lambda - \eta$ and terminal dumpage angle $(\varphi_h + \alpha_f)$ have been presented, the table of examples of building toppling down with collapse in beam span has been apposed. It is demonstrated correct by the examples to relation $\lambda - \eta$.

Key words: Demolition by blasting; Construction; Collapse in beam span; Dynamic equation; Cutting parameter

1 引言

爆破单切口后，框架楼房可在倾倒力矩作用下剧烈形变和转动，并绕撞地的切口前趾跨间下塌[1]翻倒。这类翻倒技术是纵向拆除框架楼房中，爆破及其相关工作量最小，工程成本最低，且简单可靠的拆除首选。因此近年来，多位学者[2],[3],[4]对其进行研究，他们根据质心前移超越切口闭合的前趾，建立了框架翻倒的静力学的判断式。但是，他们却忽略了楼房的转动动能，和梁柱间的夹角形变，致使判别翻倒的楼房高宽比偏高，切口角偏大，对大多数纵向拆除的框架楼房是不可能实现的，并且与高宽比较小楼房翻倒的事实又不相符合。因此，本文从建筑物倒塌的动力学[1],[5]出发，以楼房动能判断梁柱间夹角剧烈形变框架的倒塌，并且建立了跨间下塌的一般判别图表和公式。

2 跨间下塌倒塌爆破切口参数

框架切口爆破后，后两排柱切割钢筋仅炸到底层并少许松动爆破，框架下坐后绕后中柱底 o 倾倒，如图1所示。其质心 C 与 o 的距离为 r_c，初始倾倒角 q_0，下坐 $(h_p + h_e)$ 后楼高 H，质心高 h_c；切口高 h_{cu}，下坐后切口高 h_{cud}，三角形切口闭合撞地点 f，C 与 f 的距离为 r_f，r_f 与纵轴夹角 q_{fb}。楼宽 B，质心高宽比 $\eta = h_c/B$，切口高宽比 $\lambda = h_{cud}/B$；l_o 为跨宽。

框架前柱撞地后，前跨[1]（若跨序 $j=1$ 则当第1跨是楼梯间或剪力墙时，该跨不下塌，其跨序 $j=2$ 的跨本文认定为模型第1跨）的各层跨梁前后两端的抵抗弯矩之和 M_1 无法阻止下塌跨的自重 $(m - m_1)g$ 所生成的下塌弯矩 $(m - m_1)gl_o\cos\varphi_h$ 或前倾抵抗弯矩 $mgh_{lc}\sin\varphi_h$，即

$$M_1 < (m - m_1)gl_o\cos\varphi_h \tag{1}$$

或

$$M_1 < mgh_{lc}\sin\varphi_h \tag{2}$$

式中，l_o 为各跨长度；φ_h 为撞地柱与竖直线的夹角；m 为楼房的质量；m_1 为模型第1跨的前柱和前结构的质量；h_{lc} 为楼房质心中轴高，$h_{lc} = (h_c + h_{fc})/2$，$h_{fc}$ 为前柱撞地压溃 h_{cf} 之后，质心对应前柱高，即 $h_{fc} = h_c - h_{cud} - h_{cf}$，$h_c - h_{cud}$ 为原楼房下坐后切口以上质心柱高，$h_{cf} \approx 0$。

由此，当式（1）或式（2）满足时，前跨梁的前后两端将破坏，生成梁端塑性铰，

使各跨平行前柱而向下塌落，形成框架梁柱夹角剧烈形变的跨间下塌，如图1所示。结构跨间下塌的运动规律和动力学方程，详见参考文献[1]中4.1.2.2节。

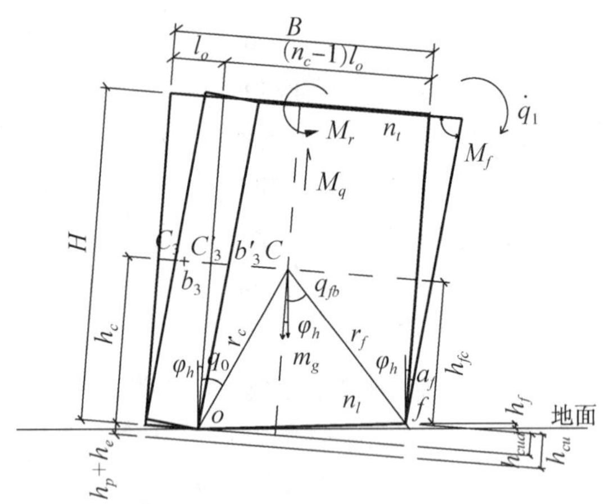

图1　框架跨间下塌倾倒

若要保证框架倒塌，应使倾倒动能 $T > W$，T 中扣除了阻止跨间下塌而倒塌的势能增量，W 为框架楼房克服梁柱夹角形变和翻滚阻力而消耗的功，即

$$W = 2M_{dh}\sin(\alpha_f/2) + M_{dc}\sin\alpha_f + E_b \tag{3}$$

$$T = mgh_{fc}[\cos\varphi_h - \cos(\alpha_f + \varphi_h)] - m_{nc}k_{nc}gr_3[\sin(\alpha_f + \varphi_h) - \sin\varphi_h] + J_{cf}\dot{q}_{cf}^2/2 \tag{4}$$

式中 T 的推导，见文献[1]和图1；文献[1] T 中忽略了框架下坐获得的少量动能[1]；m 为框架楼房质量，$m_{nc}k_{nc}$ 为后跨和相连前柱、墙的质量；m_{nc} 后跨的质量；r_3 为后跨框架 $m_{nc}k_{nc}$ 质心 C_3 距该跨前柱距离 C_3b_3；φ_h 为前柱撞地角，$\varphi_h = \arctan\lambda - \arctan(h_f/B)$；$h_f$ 为撞地前趾 f 堆积物高；α_f 为跨间下塌前柱前倾引起框架机构转动的前下塌角；J_{cf} 为前柱破坏后的框架对 f 的转动惯量；$\dot{q}_{cf}$ 为框架撞地即后转速，由撞地前转速（后两排柱仅爆破到底层，并近似按框剪结构整体转动计算）按动量矩定理计算[6]，并见文献[1]；当下塌跨各梁转动时，M_{dh} 分别为各跨梁前端和后端机构残余弯矩初值[1]和墙抗剪弯矩 M_f，M_r，M_q 之和，即 $M_{dh} = \sum_{1}^{n_c-1}\sum_{n_l}^{n_t+1}(M_f + M_r + M_q)$，$n_c$ 为从前跨向后计算的跨数，$n_c - 1$ 为楼层内下塌跨数，n_l 为切口中轴层号，n_t 为楼房顶层号；M_{dc} 为底层柱下端抵抗弯矩之和，本文计算时并入 M_{dh} 中，即 $M_{dc} = 0$。

当 $W < T$ 时，为框架跨间下塌倾倒的动力学条件。

E_b 为后跨翻滚和拉断支撑部钢筋所需作的功，参见文献[1]，本文简化设 $E_b = 0$，并将由此产生的误差包含到倾倒保证率 K_{to} 中。

设

$$K_{to} = T/w \tag{5}$$

当 $K_{to} \geqslant 1.7 \sim 2.2$（对应 $n_c = 3 \sim 6$）时，可以认为该框架楼将确保倾倒，过大的 K_{to} 也可能使框架整体翻倒，见文献[1]，但都达到了拆除的目的和较好的构件破碎效果。本文

的跨间下塌模型，为简化的近似模型。

将式（3）、式（4）代入式（5），得

$$K_t \leqslant \{(\eta - \lambda) n_c[\cos\varphi_h - \cos(\varphi_h + \alpha_f)] + [\sin\varphi_h - \sin(\varphi_h + \alpha_f)] k_{nc}/(2n_c) + [J_c + m r_c r_f \cos(q_o + q_{fb})]^2 (\cos q_o - \cos q) r_c/(l_o J_b J_f)\}/[2\sin(\alpha_f/2)] \tag{6}$$

$$K_t = K_{to} M_{dh}/(mgl_o) \tag{7}$$

式中，m 简化为框架质量，由此引起的误差包含到 K_{to} 中；J_c，J_b，J_f 分别为主惯量、对 o 和 f 的转动惯量；k_{nc} 为后跨、次后柱、墙质量之和与后跨质量的比；现浇楼板钢筋混凝土梁的弯矩 M_f[1]、M_r[1]，按 T 型梁计算；M_q 为砌体剪力产生弯矩，按剪－摩强度理论计算，$M_q = (f_v s_q + 0.17 f_y A_s)/\gamma_{RE}$，$f_v$ 为砌体光面抗剪强度（见规范 GBJ3－88），s_q 为砌体的竖向截面面积，有门窗的墙应按削弱侧移刚度计算[7]（阶梯抗剪截面），A_s 为混凝土梁的钢筋面积，f_f 钢筋的抗拔强度[1]，γ_{RE} 承载力抗震调整系数，取 $\gamma_{RE} = 0.75$。当 M_q 占 $M_{fr}/2$ 以上时，可以用 $\sin\alpha_f$ 代替式（3）和式（6）的 $2\sin(\alpha_f/2)$，其中的 $M_{fr} = M_f + M_r$。

方程（6）和方程（7）的联立解，即楼房质心高宽比 $\eta = h_c/B$ 和切口高宽比 λ，仅与 K_{to}、M_{dh}、m、α_f、n_c、l_o、转动主惯量比 k_j 和 h_f 有关。为了减少式（6）的变量，首先求式（7）减式（6）的差 $\mathrm{d}T$，当 λ 的上凹曲线 $\mathrm{d}T(\alpha_f)$ 最小值等于 0 时，λ 即为所求的解。由此求解出在各个 n_c、l_o 和式（7）K_t，最难倾倒的 α_f 及其对应框架翻倒的 $\lambda - \eta$ 和 $\lambda - (\alpha_f + \varphi_h)$ 的关系，即为方程（6）和方程（7）的联立解。图 2（包括图 2A、图 2B、图 2C 和图 2D，以下图 2 相同）为框架纵向（次梁方向）跨数为 3、4、5、6，跨长 l_o 为 3.2 m、3.5 m、3.8 m 的 $\lambda - \eta$ 关系。从图 2 中可见，当 K_{to} 为 1.7～2.2 时，$\eta = h_c/B \geqslant 0.7$；$\lambda = h_{cud}/B \geqslant 0.35$。图 3 是跨数为 5，跨长 $l_o = 3.2$ m、3.5 m、3.8 m的 $\lambda - \eta$ 关系对应的 $(\alpha_f + \varphi_h)$ 的关系。从图 3 中可见，当满足图 2C 的 $\lambda - \eta$ 关系时，$\mathrm{d}T(\alpha_f) = 0$ 时的最终倾倒角 $(\alpha_f + \varphi_h)$ 为 0.83～1.571。

方程（6）反映了框架倾到的姿态关系，其主惯量比 $k_j = J_c/J_{cs}$，J_{cs} 为楼房切口形成后质量均布的图形计算的主惯量，$J_{cs} = (H^2 + B^2)m/12$，式中 $H = 2h_c$。当 $k_j = 1$ 时，η 和 λ 解的关系如算图 2 所示。大多数楼房的 k_j 为 0.75～1.25，当 $k_j > 1$ 时，η 比图示值减少，而当 $k_j < 1$ 时，η 比图示值增大，分别以 $k_j = 0.75$ 和 1.25 计算，η 仅分别增大和减少 0.01。因此算图 2 设 $k_j = 1$，由此引起 η 的误差可以为工程应用所忽略。因此，仅从式（6）的姿态关系，多数楼房可以 $k_j \approx 1$，而无需建模求 J_c。此外，h_f 因 h_b / h_{fl} 变化而变化，当图中 $h_b / h_{fl} = 0.1818$ 时，h_b / h_{fl} 变化小，因此 h_b / h_{fl} 的变化也可以忽略。式（6）以计算机多次计算证明，$\lambda - \eta$ 关系与 $l_o(B)$ 无关。

方程（7）反映框架内的破坏关系，其中的 K_t 是 K_{to}、M_{dh}（M_{fr} 和 $n_t - n_l$）、m、l_o 的跨间下塌综合判断指标，K_t 的物理意义为保证率 K_{to} 和抵抗跨间下塌弯矩与重力弯矩比 $M_{dh}/(mgl_o)$ 的乘积。K_t 表示抵抗下塌的弯矩 M_{dh} 越大，就越难于跨间下塌实现低 η 倾倒，而易于形成高 η 的整体翻倒。因此尽可能减小 M_{dh}，可促使实现跨间下塌，如选择框架沿次梁纵向倾倒，因次梁断面小，钢筋少，抗弯能力弱，因此 M_f、M_r 也小；而且框架纵向墙，因开窗多开门多，墙抗剪能力弱，开口墙一旦开裂，将失去抗剪能力，即

$M_q=0$。原框架楼若有过道跨，楼房沿过道横向倾倒，因过道跨无墙抗弯能力小，也最易实现跨间下塌。此外，采用大于半秒的时差逐跨爆破立柱，利用各跨自重，空中断裂梁端，破坏墙体，以及对次梁实施爆破等，都是减少 M_{dh} 从而实现跨间下塌的重要措施。式（7）的 mg 是楼房的总重量，若从土建图能获得或估算出 mg，则当 $k_j=1$ 时，求切口参数就无需建模，仅从算图 2 判断并参考图 3 而简化。

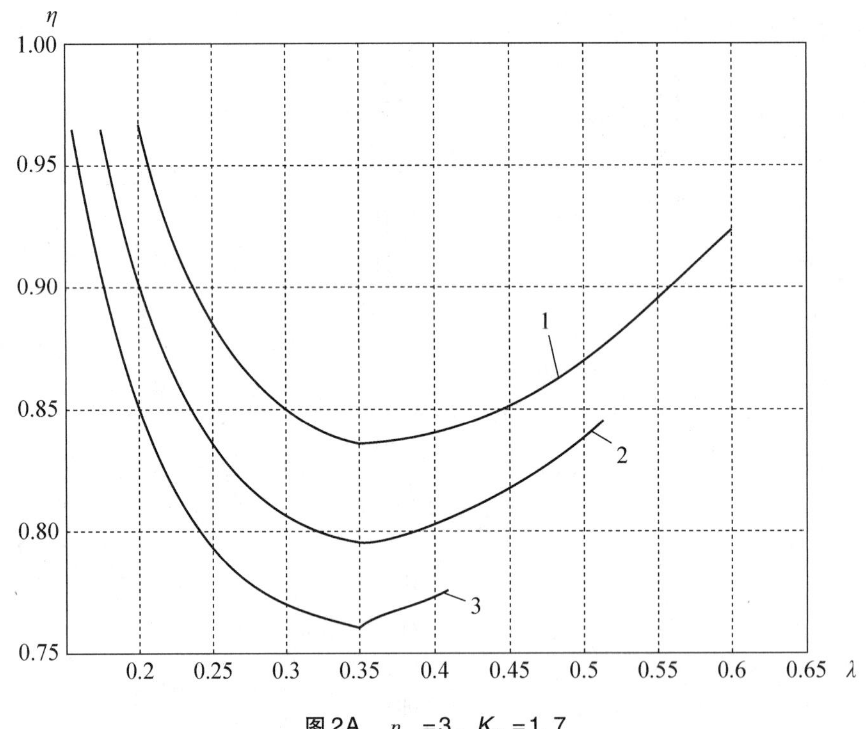

图 2A $n_c=3$，$K_{to}=1.7$

1— $K_t=1.221$，$l_o=3.2$ m；2— $K_t=1.1163$，$l_o=3.5$ m；3— $K_t=1.0282$，$l_o=3.8$ m。

从算图 2 中可见，已知 n_c 可由实际楼房 K_t，从图中插值得插值 K_t 曲线和相应插值 l_o，并从 η 在插值 K_t 曲线上得相应的 λ（与插值 l_o 无关）。当实际楼房（λ，η）的点处于图中插值 K_t 线的上方时，框架满足跨间下塌倾倒的动力学近似条件。而实际楼房（λ，η）的点处于图中插值 K_t 线 η 的 110% 值以下，必须准确决定翻倒时，应以文献[1]所述方法和公式计算为准。当应用算图 $n_c\geqslant 3$ 时，底层大多下坐，计算 h_c 应除去底层净高的下坐（h_p+h_e）。

当点（λ，η）位于 $\lambda-\eta$ 曲线右下方时，只要框架最终倾倒角（$\alpha_f+\varphi_h$）满足爆堆高度要求，或者框架重心已前移出切口闭合前趾 f，使保证框架可以在自重下翻倒，从而完成拆除。$\lambda-\eta$ 和 $\lambda-$（$\alpha_f+\varphi_h$）的关系见图 3，图中可见当 $\lambda\geqslant 0.3$，η 大于最小值时，在 $\lambda-\eta$ 曲线右方的点（λ，η），因不同 λ 但同 η 且 $\mathrm{d}T$（α_f）$=0$ 的（$\alpha_f+\varphi_h$）相近，可用同 η 查曲线上的不同 λ，再以该 λ 在 $\lambda-$（$\alpha_f+\varphi_h$）曲线查相近的（$\alpha_f+\varphi_h$），即得（λ，η）的框架近似最终倾倒角，图中可见（$\alpha_f+\varphi_h$）已大于 0.82。可以认为，

框架跨间下塌倾倒已基本完成拆除。

图2和图3的计算条件为下坐后楼高7层，层高3.3 m，每跨每层质量 m_o =23.25×10^3 kg；k_{nc} =1.3；T型楼板梁，板分布钢筋（ϕ10+ϕ8）@150 mm，次梁架立筋2ϕ12，次梁下部钢筋4ϕ16，Ⅰ级钢筋，梁高0.4 m，混凝土 C_{20}，随机强度均值和钢筋拔拉强度见文献[1]；砖砌墙厚0.12 m，M 2.5水泥沙浆，层内墙高3.0 m，f_v =200 kN/m^2，计算得 M_q =647.9×0.5 kN·m（0.5为门窗削弱抗剪系数），M_f =107.9 kN·m，M_r =296.6 kN·m。切口内梁柱的弯矩已删除。从以上计算条件可见，$\lambda-\eta$ 关系，仅与 K_t 和 n_c 有关。

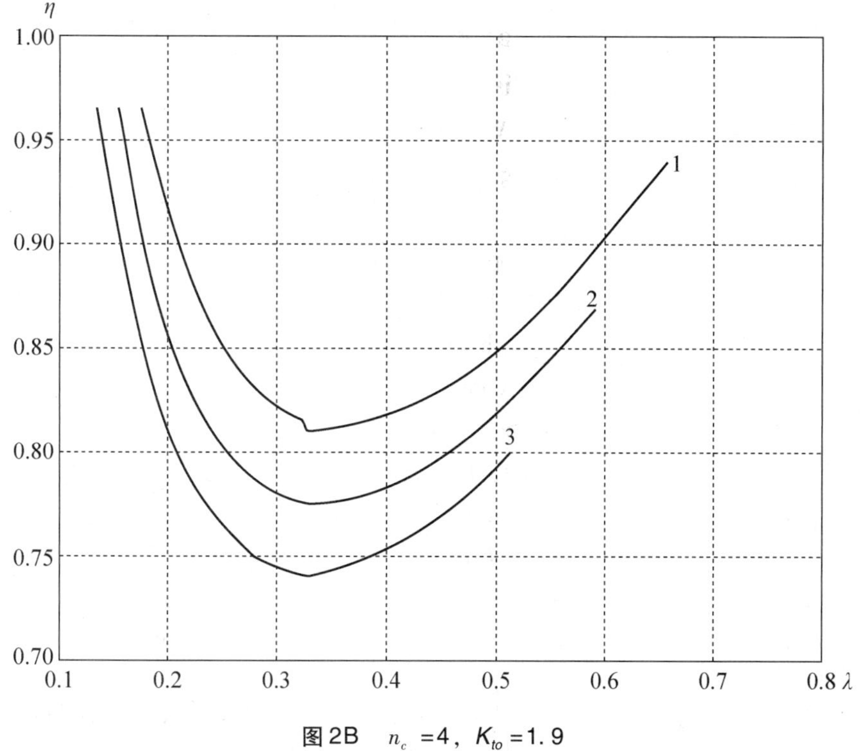

图2B　n_c =4，K_{to} =1.9

1—K_t =1.5352，l_o =3.2 m；2—K_t =1.4036，l_o =3.5 m；3—K_t =1.2928，l_o =3.8 m。

跨间下塌楼房的高宽比实例见表1。从表中可见，所列楼房高宽比 H/B 在1.42～2.0之间，即 η 为0.71～1.0；切口高比楼宽 λ 为0.71～1；表中所列 η、λ 包括了下坐高，若去除下坐高，则 η 为0.6～0.91，λ 为0.56～0.77。由此可见，式（6）和式（7）动力学条件的图2，与表1比较，部分 η 稍大于实例，留足了富余，既是恰当的，又是符合实际的。表1显示跨间下塌[4]框架楼房倾倒的高宽比小于整体翻倒的剪力墙（包括框剪结构）楼，而倒塌砖混结构高宽比和切口高宽比也小于整体翻倒的框架楼房，因此跨间下塌相对整体翻倒剪力墙楼所需的高宽比是较小的。

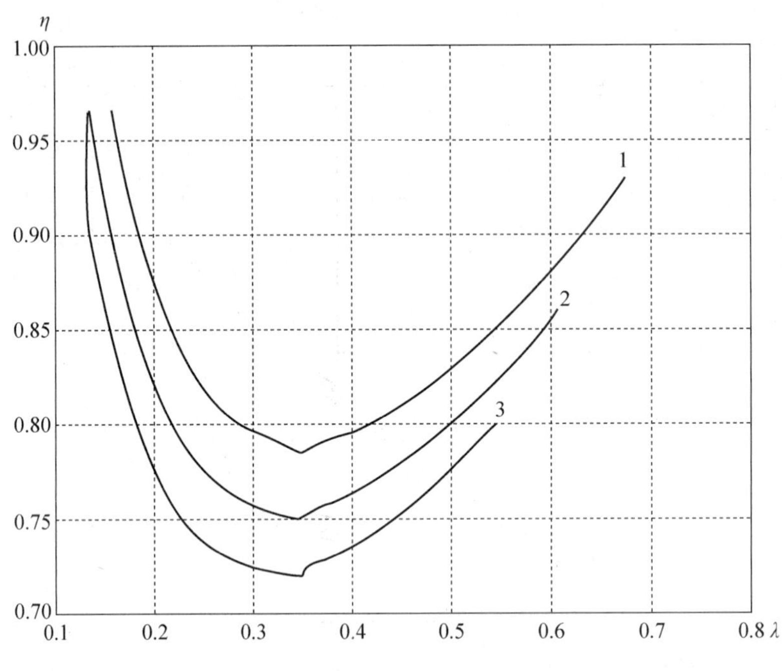

图 2C　n_c =5，K_{to} =2.1

1— K_t =1.8 099，l_o =3.2 m；2— K_t =1.6 548，l_o =3.5 m；3— K_t =1.5 241，l_o =3.8 m；

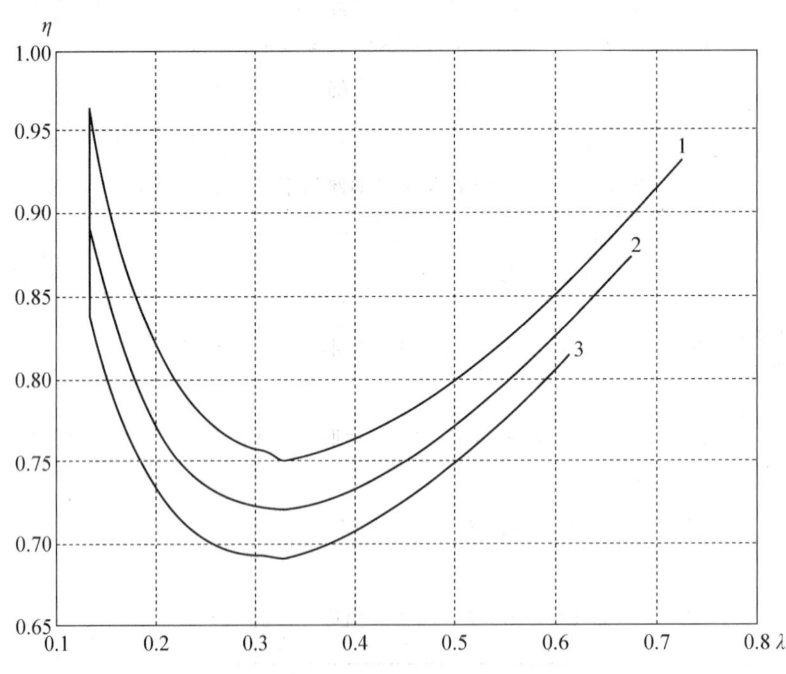

图 2D　n_c =6，；K_{to} =2.2

1— K_t =1.9 751，l_o =3.2 m；2— K_t =1.8 058，l_o =3.5 m；3— K_t =1.6 632，l_o =3.8 m

图 2　质心高宽比 η 与切口高宽比入的关系

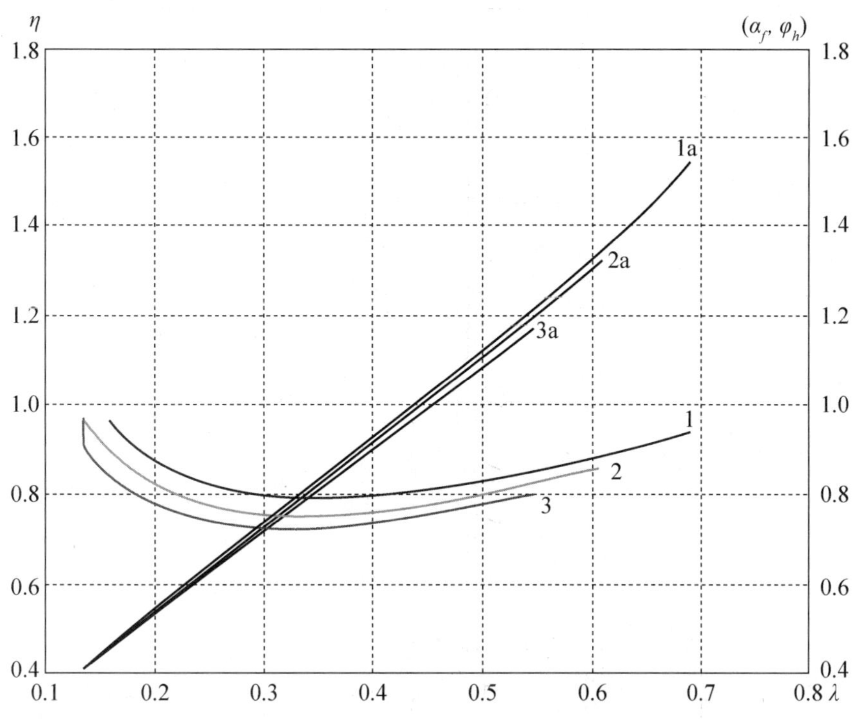

图3　n_c =5，$\lambda-\eta$ 和（$\alpha_f+\varphi_h$）关系（K_{to} =2.1）

1a—K_t =1.8 099，l_o =3.2 m；2a—K_t =1.6 548，l_o =3.5 m；3a—K_t =1.5 241，l_o =3.8 m

1、2、3 曲线为图 2C 的 $\lambda-\eta$ 关系

表 1　爆破拆除现浇楼房单向跨间下塌高宽比实例

序号	工程名称	结构形式	（宽×高）/m	层数	跨数	高宽比	切口形状	切口尺寸高×λ/m	倒塌方式	备注
1	深圳西丽电子厂 1#楼	框	16.5×23.3	7	4	1.41	三角形	13.4×0.78	跨间下塌	$j=2$
2	深圳南山危楼	框	15.35×26.9	8	4	1.75	大梯形	14×0.91	跨间下塌	$j=2$
3	鹤山兰鸟时装大楼	框	19.5×39.1	11	5	2	大梯形	15.6×1	前 4 跨与后跨断开后向前倾倒	$j=1$
4	广州水泥厂西区砖混楼	砖混	11 ×18	6	2	1.64	三角形	7.8 ×0.71	中跨走廊跨间下塌	$j=2$ 未下坐

*1：例 1 和例 2 为深圳合利爆破公司的爆破拆除。*2：楼宽 B 指前（第 1 跨）至后边平均距离；楼高 H 指楼平均高度；H/B 为高宽比。实际跨序 j 为模型第 1 跨。

3 结语

(1) 当楼房整体倾倒动能大于倒塌所需新增势能和克服跨间下塌梁柱夹角变形和翻滚阻力所需的功时，楼房可以倒塌，为楼房跨间下塌倒塌的动力学条件，如式（6）和式（7）。由于模型假设了简化条件，故式（6）和式（7）是近似式。

(2) 当倾倒保证率 $K_{to} \geqslant 1.7 \sim 2.2$ 时，楼房爆破下坐后质心高比楼宽 $\eta \geqslant 0.7$，切口高比楼宽 $\lambda \geqslant 0.35$，按跨数 n_c 和弯矩相似准数 K_t，在图 2 中插值 K_t 曲线，当 (λ, η) 的点位于插值 K_t 曲线上方时，为框架跨间下塌的动力学近似条件，并参考图 3 中 $\lambda - \eta$ 和最终倾倒角 $(\alpha_f + \varphi_h)$ 的关系，决定楼房倒塌。要求跨间下塌倒塌准确，应以文献［1］所述方法和公式计算为准。

(3) 与剪力墙比较，框架结构抵抗侧向力破坏的强度较弱，相当部分框架纵向倾倒拆除呈现跨间下塌倒塌，它所需的楼房高宽比较小，可按本文提出的高宽比和切口参数近似设计。

(4) 对框架结构实施减小抵抗梁柱间夹角形变的弯矩 M_{dh}，是实现跨间下塌的重要措施。

参考文献

[1] 魏晓林．建筑物倒塌动力学（多体－离散体动力学）及其爆破拆除控制技术［M］．广州：中山大学出版社，2011.

[2] 杨人光，史家育．建筑物爆破拆除［M］．北京：中国建筑工业出版社，1985.

[3] 金骥良．高耸建筑物定向爆破倾倒设计参数的计算公式［A］//工程爆破文集：第七辑［C］．成都：新疆青少年出版社，2001，417－421.

[4] 金骥良．高层建（构）筑物整体定向爆破倒塌的切口参数［J］．工程爆破，2003，9（3）：1－6.

[5] 魏晓林，傅建秋，李战军．多体－离散体动力学分析及其在建筑爆破拆除中的应用［A］//庆祝中国力学学会成立50周年大会暨中国力学学术大会'2007，论文摘要集（下）［C］．北京：中国力学学会办公室，2007：690.

[6] 魏晓林．多切口爆破拆除楼房爆堆的研究［J］．爆破，2012，29（3）：15－19，57.

[7] 郭继武．建筑抗震设计［M］．北京：高等教育出版社，1990.

论文［4］爆破拆除高耸建筑下坐动力方程

合肥工业大学学报（自然科学版），2009，岩石力学学会

魏晓林　郑炳旭

（广东宏大爆破有限公司，广州，510623）

摘要： 本文提出了拆除高楼的定质量无根单体力学模型，用以描述爆破拆除楼房的原地塌落和下坐倾倒运动，推导出该动力方程的解析解和转角近似解析解，经摄像观测

证明力学模型正确，动力方程的解与数值解比较准确，可以在拆除工程中应用。对楼房冲击着地后，以纵中轴地面为定点，随楼下坐，质量散失并倾倒的运动，本文提出用变质量有根竖直单体动力方程来描述，推导出初始转角和初始转速为零的解析解并归纳出任意初始条件的近似解，经与数值解比较，解析解正确，近似解在本文所限定的有限域内，误差在16%以内，为工程应用所容许。本文相应也提出了定质量冲击压溃等效强度和变质量冲击压溃等效动强度的测量方法和算式。

关键词：高耸建筑；爆破拆除；下坐倾倒；动力方程

Dynamic equations for sitting down of high building demolished by blasting

WEI Xiaolin, ZHENG Bingxu

(Guangdong Hongda Blasting Co. Ltd. , Guangzhou 510623, China)

Abstract: In the paper, mechanismic mode of single body with steady mass and unroot of high building demolished is proposed. The analytical solutions of the mode dynamic equations are deduced. The mechanismic mode is demonstrated by photogrammetric measurement to be correct. Its solutions are proved by numerical solutions to be accurate and can be used in engineer. Impacted on ground, building toppling down with mass scatter at point on ground can be described by dynamic equations of single root body with varying mass. The analytical solutions with initial zero angle of rotation and its zero velocity are deduced and approximate solutions with every initial condition are concluded. Compared with numerical solutions, analytical solutions are correct and approximate solutions can be used in limited scope with error 16% and are permitted in engineer.

Key words: High building; Demolition blasting; Sitting down and toppling; Dynamic equations

1 概述

近年来，我国城市建设加快，爆破拆除了大量的高耸建筑。由于拆除建筑环境多较复杂，只能采用原地坍塌或下坐倾倒爆破拆除方法；单轴倾倒高烟囱的动力方程，现今研究较多，并逐渐成熟[1],[2],[3]，但是迄今为止，却很少研究高耸建筑原地坍塌及下坐倾倒的动力方程。为此，本文将研究该类拆除建筑动力学方程，首先研究切口以上高耸建筑，定质量无根单体[3]原地塌落下坐倾倒的动力方程，再后研究楼房冲击着地，底层结构压碎、质量散失，形成变质量下坐倾倒的动力方程，及其解析解和近似解。

2 楼房定质量塌落及倾倒

高层多跨框架类楼房，如图1所示。当重心中轴前切口层内各柱爆破拆除后，重心以后柱被楼重在切口上层，引发各柱分别压坏，即首先

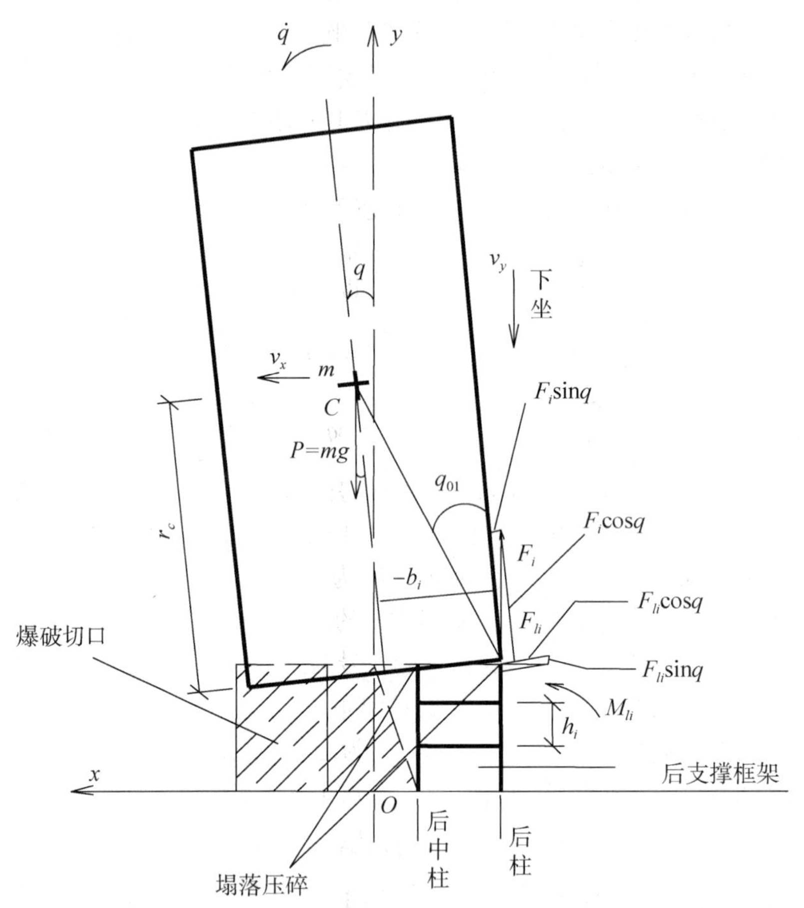

图1 高层楼塌落倾倒力图

$$P\cos^2 q_{02} > N_2 - T_{01} \tag{1}$$

而后

$$P[1 - mr^2\sin^2 q_{01}/(J_c + m_2 r^2\sin^2 q_{01})] > (N_1 + N_{a2})k_i \tag{2}$$

式中，N_1、N_2 分别为后和后中排柱的极限支撑力，kN；P 为切口上楼房各层重力，kN；q_{01}、q_{02} 分别为切口上层的后和后中排柱顶与楼房 P 重心连线的欧拉角，R°（弧度）；r、J_c 分别为楼房质心与后柱顶的距离（m）和惯性主矩（10^3 kg · m^2）$_3$，T_{01} 为后柱的纵钢筋屈服时的拉力，kN；后柱若割纵钢筋，$T_{01}=0$，N_1，N_2，N_{a2} 均不包含纵钢筋支撑力；N_{a2} 为后中柱的残余支撑力，kN；k_i 为初载富余系数，取 1.1。因此，形成后两排柱分别压溃，从而初始形成楼房稳态压坏下坐[5]。在切口爆破后，楼房因冲击下压，有

$$P > F_{c1} + F_{c2} \tag{3}$$

式中，F_{c1}、F_{c2} 分别为后和后中排柱，承受定质量冲击而向持续稳态压碎过渡历程的动抵抗力的常数项，kN。$F_{c1}=S_1\sigma$，$F_{c2}=S_2\sigma$，式中 S_1、S_2 分别为后和后中柱的支撑横断面积，m^2；σ 为支柱承受冲击，而含持续稳定压碎的混合压缩历程的动抵抗应力常数

项，由实测冲击而含持续压碎的混合压缩历程的每立方米钢筋混凝土所需的比功决定。因此最终形成切口以上楼房向整体稳态[5]压碎下坐。再者，如果后两排柱爆破拆除，即 N_1、N_2、F_{c1}、F_{c2} 均为零，切口以上楼房失去了支撑，式（1）、式（2）和式（3）也可满足成立，楼房也整体塌落。多体动力学中将以上两种整体下坐的楼房，用 F_{c1}、F_{c2} 代替支撑，楼房可看作无根单体模型[3]。

根据单体质心运动定律，切口以上楼房稳态下坐倾倒的动力方程为

$$\sum x = 0 \qquad m\frac{\mathrm{d}v_x}{\mathrm{d}t} = \sum F_{li} \tag{4}$$

$$\sum y = 0 \qquad m\frac{\mathrm{d}v_y}{\mathrm{d}t} = -mg + \sum F_i \tag{5}$$

$$\sum M_c = 0 \quad J_c\frac{\mathrm{d}\dot{q}}{\mathrm{d}t} = \left[\sum F_i(-b_i) - F_{li}r_c\right]\cos q + \left[\sum F_i r_c + \sum F_{li}(-b_i)\right]\sin q \tag{6}$$

式中，m、r_c、v_x、v_y、$\dot{q}$ 和 q 分别为切口以上楼房的质量（10^3 kg）、质心距切口上缘高（m）、水平向前速度（m/s）、下落速度（m/s，向上为正，向下为负）、转动速度（R°/s，反时针为正）和转动角（R°，反时针为正）；F_i 为切口内各排支柱在含稳态压坏下的竖直动载抵抗力（kN）；b_i 为各排柱距离楼房中轴的距离（m，向前为正，向后为负）；F_{li} 为未炸支柱向前的水平抵抗力；i 为各排柱的序号。当未炸柱为两排以上并构成切口层内的框架时，其水平抗力 $F_{li} = C_l M_{li}/h_i$，式中 M_{li} 为层内 i 支柱端的抵抗弯矩（kN·m），h_i 为 i 支柱的层高（m），$C_l = 2$；当未炸柱为悬臂柱时，$C_l = 1$；当 $F_{li} > F_i f$ 时，f 为混凝土间的摩擦系数，取 0.6，$F_{li} = F_i f$。当楼房下落速度 $v_y = 10$ m/s 时，每平方米横断面的空气阻力近似为 40～50 N/m²[6]，因此比较 $\sum F_i$ 可以将空气阻力忽略；$\sum F_i$ 的支柱动强度系数可达 1.1，因此 $\sum F_i = \sum F_{ci}(1 - kv_y) = \sum F_{ci}(1 + k|v_y|)$，式中 F_{ci} 为 i 柱含稳态压碎的混合压缩历程动抵抗力的常数项，$F_{ci} = S_i\sigma$，S_i 为 i 柱的横断面积，m²；k 为动载增量系数，可近似认为 0.01。式中的 v_y 与 F_{ci} 方向相反，kv_y 项取负或取绝对值正项。若切口层内爆破的 i 柱未全炸，而所剩余的梁下柱长 $huni$，则 $F_{ci} = (S_i\sigma)huni/(h_i - h_b)$，式中 h_b 为梁高，m。

以上动力方程的初始条件为

$$t = 0,\ v_x = 0,\ v_y = 0,\ x = 0,\ y = h_c,\ \dot{q} = 0,\ q = 0 \tag{7}$$

式中，h_c 为楼房质心距地面高，m。

由式（4）得解析解

$$v_x = \left(\sum F_{li}/m\right)t \tag{8}$$

$$x = \left(\sum F_{li}/m\right)t^2/2 \tag{9}$$

而由式（5）得

$$\frac{\mathrm{d}v_y}{\mathrm{d}t} + \sum\frac{F_{ci}K}{m}v_y = -g + \sum F_{ci}/m \tag{10}$$

式（10）为一阶线性常微分非齐次方程，令 $k_0 = k\sum F_{ci}$，其解析解

$$v_y = \frac{m}{k_0}\left(-g + \frac{\sum F_{ci}}{m}\right)\left[1 - e^{-(k_0/m)t}\right] \tag{11}$$

$$y = \frac{m}{k_0}\left(-g + \frac{\sum F_{ci}}{m}\right)\left[\frac{m}{k_0}e^{-(k_0/m)t} - \frac{m}{k_0} + t\right] + h_c \tag{12}$$

由式（5）可得解析解

$$y = h_c + \{(k_0/m)v_y + (-g + \sum F_{ci}/m)[\ln(-g + \sum F_{ci}/m) - \ln(-g + \sum F_{ci}/m + k_0 v_y/m)]\}/(k_0/m)^2 \tag{13}$$

若全部支柱爆破拆除，则仅有式（5）和衍生的式（11）、式（12）和式（13）成立。

将式（6）代入 $M_s = \sum F_{ci}[-b_i - k(-b_i)\cdot v_{ya}] - \sum F_{li}r_c$，$M_l = \sum F_{ci}(1 - kv_{ya})r_c + \sum F_{li}(-b_i)$，$v_{ya}$ 为 v_y 在0～t 区间的中值，得解析解

$$\dot{q} = \sqrt{(2M_s/J_c)\sin q + (2M_l/J_c)(1 - \cos q)} \tag{14}$$

由于 $q < 0.3$，故可用 $\cos q \approx 1 - \frac{q^2}{2}$，$\sin q \approx q - \frac{q^3}{6} \approx q - \frac{q^2}{6}$ 代替，得近似解析解

$$t = 2\sqrt{J_c/(M_l - M_s/3)}(\ln(\sqrt{q} + \sqrt{q + a^2}) - \ln a) \tag{15}$$

式中，$a^2 = 2M_s/(M_l - M_s/3)$。近似解析解与数值解的比较，如图2所示。从图中可见，$t > 0.05$ s后，式（15）在建筑拆除范围内的相对误差小于0.4%。本节图2及下节图表中计算参数（F_{cs} 除外），来自沈阳23层高天涯宾馆Ⓓ轴榀架，见表1。

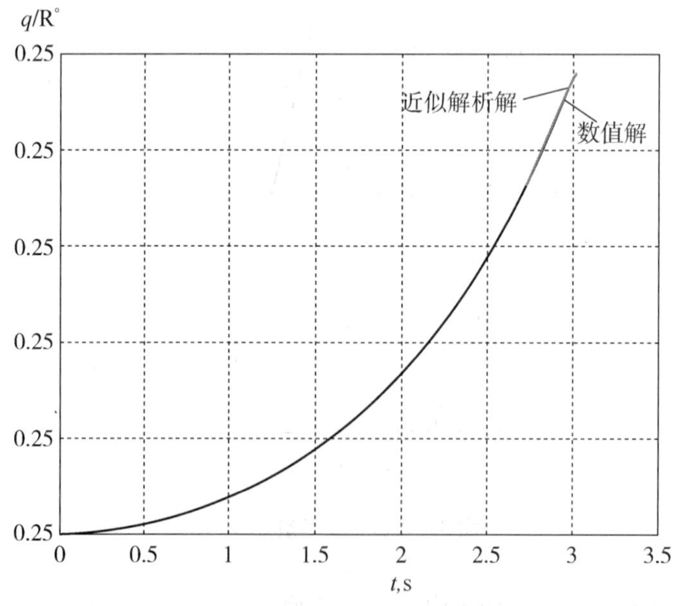

图2　式（15）近似解析解与数值解比较

表1　天涯宾馆Ⓓ轴榀架计算参数

项目	m	H	ρ	r_c	q_{01}	q_{02}	N_1	T_{a1}	N_2	N_{a2}	F_{c1}	F_{c2}	b_1	b_2
单位	10^3kg	m	10^3kg/m	m	R°	R°	kN	kN	kN	kN	kN	kN	m	m
参数	3525.5	64.1	55	32.05	0.27	0.045	21060	0	23478	5418	9934.2	11075	-7.35	-1.2

项目	M_{l2}	M_{l1}	h_1	σ	huni	h_b	J_c	J_{b0}	F_{cs}/ρ
单位	kN·m	kN·m	m	MPa	m	m	10^3kg·m^2	10^3kg·m^2	N·m/kg
参数	1648.3	1553.8	4.8	12.265	0.35	0.7	1270.6×10^3	4891.3×10^3	802.1652

3　楼房塌落质量散失及倾倒

高层楼房切口内支柱被压碎完，楼房下坐加速到 v_{y0} ，原地坍塌的楼房维持 $q_0=0$ ，$\dot{q}_0=0$ ，而下坐兼前倾的楼房，转速加速到 $\dot{q}_0$ ，转角增加到 q_0 。如果楼房底层后滑，被地下室所阻止，高楼从中轴将以地面为定点 d ，随楼下坐质量散失并倾倒，可看作变质量有根单体模型[2][3]，如图3所示。

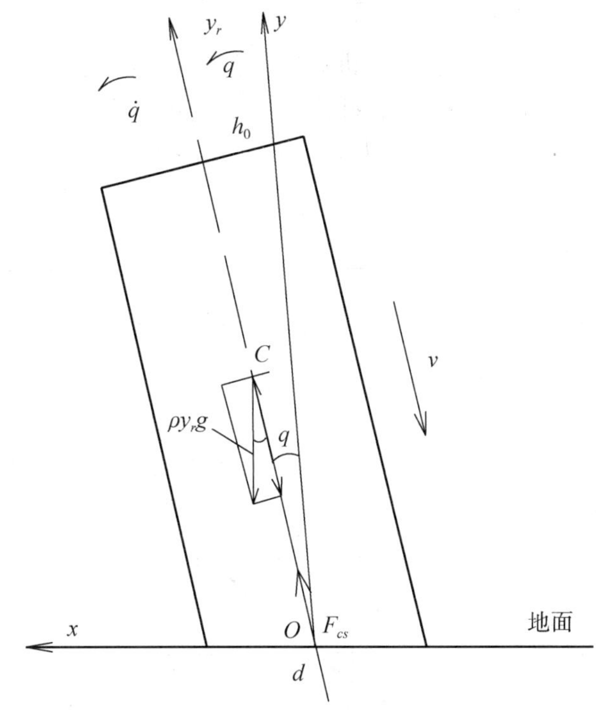

图3　楼房塌落质量散失倾倒

由于下坐压溃的支柱以楼纵中轴对称，故底弯矩 $M=0$ ，其动力方程为

$$\sum y_r=0 \qquad \frac{\mathrm{d}(\rho y_r v)}{\mathrm{d}t}=-\rho y_r g\cos q+F_{cs}+y_r^2\rho\dot{q}^2/2 \tag{16}$$

$$\sum M_d = 0 \qquad \frac{\mathrm{d}(J_b\dot{q})}{\mathrm{d}t} = (\rho y_r^2 g\sin q)/2 + M \tag{17}$$

式中，ρ 为楼房沿高度的线质量，10^3 kg/m；F_{cs} 为变质量下坐楼的楼底径向平均抵抗力，kN，同上节 $\sum F_i$ 计算相仿，v_y 为从 v_{y0}～0 的平均值；y_r 为以 d 为原点的径向坐标的楼房径向高度，m；J_b 为楼房对点 d 的惯性矩，是 y_r 的函数，10^3 kg·m^2；v 为楼房下坐径向速度，m/s。式（16）、式（17）的初始条件：

$$t = 0, v_0 = v_{y0}\cos q_0, q = q_0, \dot{q} = \dot{q}_0, y_r = h_0, J_b = J_{b0} \tag{18}$$

式中，h_0 为楼房切口以上高，m；J_{b0} 为楼房对中轴切口上缘的惯性矩，10^3 kg·m^2；v_{y0} 为式（11）的 v_y 。

整理得有积分因子的全微分方程

$$v y_r^2 \mathrm{d}v + (v^2 y_r + g\cos q y_r^2 - F_{cs} y_r/\rho - y_r^3\dot{q}^2/2)\mathrm{d}y_r = 0 \tag{19}$$

其解析解为

$$v = -\sqrt{F_{cs}(1 - h_0^2/y_r^2)/\rho + (2/3)g(h_0^3\cos q_0/y_r^2 - y_r\cos q) + (y_r^2\dot{q}^2 - h_0^4\dot{q}_0^2/y_r^2)/4 + v_{0s}^2 h_0^2/y_r^2} \tag{20}$$

当楼房原地坍塌时，$q_0 = 0$，$q = 0$，$\dot{q}_0 = 0$，$\dot{q}_0 = 0$，$v_{0s} = v_{y0}$，式（20）为解析解。当塌落倾倒时，$q_0 = 0(q_0 \neq 0)$，$\dot{q} = \dot{q}_0$，由此引起的误差由 v_{0s} 调正，（20）式为近似解，式中调正 v_{0s} 按表 2 选取，v 的近似值与数值解误差见表 2 和图 4。

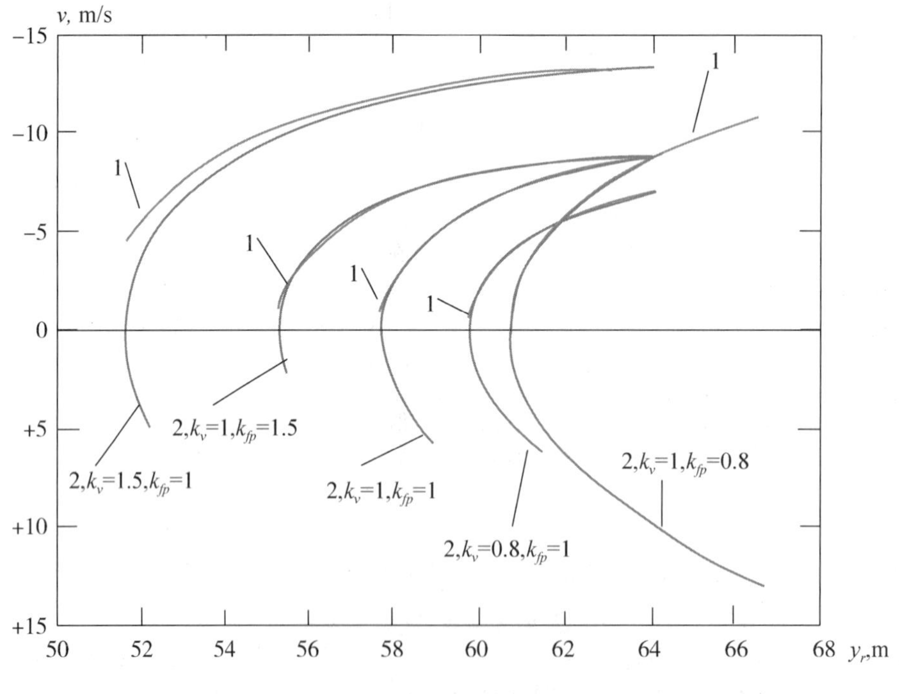

图 4　式（20）近似解

1——近似解；2——数值解

q_0 = 0.2411；$\dot{q}_0$ = 0.2284/s

表2　式（20）v_{0s} 和式（21）v_{0y} 的计算分项参数及 y_s、t 与数值解误差

q_0，$\dot{q}_0$(/s)	<0.1	0.1～<0.2	0.2～<0.29
$k_v = \frac{(v_0)_c}{(v_0)}$	0.8～1.5	0.8～1.5	0.8～1.5
$k_{fp} = \frac{(F_{cs}/\rho)_c}{(F_{cs}/\rho)}$	0.8～1.5	0.8～1.5	0.8～1.5
$v_{0s} = v_0 \cdot c_v \cdot c_{fp}$			
c_v	1	$c_v = c_1 y_s^2 + c_2 y_s + c_3$； $c_1 = 0.0097k_v^2 + 0.0255k_v - 0.0172$； $c_2 = 0.0033, c_3 = 0.9969$；	$c_v = c_4 y_s^2 + c_5 y_s + c_6$； $c_4 = -0.0119k_v^2 + 0.0352k_v - 0.0276$； $c_5 = 0.00525, c_6 = 0.9963$；
c_{fp}	1	1	$c_{fp} = c_7 y_s + c_8$； $c_7 = -0.0088k_{fp}^2 + 0.0121k_{fp} + 0.0002$； $c_8 = 0.9983$；
式（20）$v = 0$ 时 y_s 误差（%）	<9	<9	<14（$q_0 < 0.25$，$\dot{q}_0 < 0.25$/s 误差在5%以内）
$v_{0y} = v_0 \cdot c_v \cdot c_{fp} \cdot c_f$	c_v、c_{fp} 同上	c_v、c_{fp} 同上	c_v、c_{fp} 同上
c_f	1	1	$c_f = c_9 k_{fp}^2 + c_{10} k_{fp} + c_{11}$； $c_{11} = 0.42286$， $c_{10} = -1.12378$， $c_{11} = 1.76796$
式（21）$v = 0$ 时 t 误差（%）	<9	0～16（t 在 k_v = 1.1～1.5 误差最大） y_s 误差0～5（在 k_v = 1.1～1.5 最大）	<16（$q_0 < 0.25$，$\dot{q}_0 < 0.25$/s 误差在8%以内）

*₁表中（ ）为表1中数值，（ ）$_c$ 为结构变化参数值；$y_s = h_0 - y_r$。

*₂式（20）仅适合 v 随 y_s 减小而减小的情况。建表的其他条件及误差见原著（正文称文献[1]）。

令 $y_s = h_0 - y_r$ 并以 $a_0 = h_0^2 v_{0y}^2$，$b_0 = 2gh_0^2\cos q_0 - 2h_0 F_{cs}/\rho - h_0^3 \dot{q}_0^2$，$c_0 = -(F_{cs}/\rho - 2gh_0\cos q_0 + (2/3)g\cos q_0 + (6h_0^2 - 4h_0 - 1)\dot{q}_0^2/4)$，必须 $c_0 > 0$，并以 $(2/3)g\cos q_0 y_s^3 \approx (2/3)g\cos q_0 y_s^2$，和 $\dot{q}_0^2(-4h_0 y_s^3 - y_s^4)/4 \approx \dot{q}_0^2(-4h_0 + 1)y_s^2/4$，由此引起的误差用 v_{0y} 来调正，将式（20）积分，得楼房径向下落距离 y_s 所需的时间

$$t = [h_0/\sqrt{c_0} - b_0/(2c_0^{1.5})]\{\arcsin[(2c_0 y_s - b_0)/\sqrt{b_0^2 + 4a_0 c_0}] - \arcsin(-b_0/\sqrt{b_0^2 + 4a_0 c_0})\} + \sqrt{a_0 + b_0 y_s - c_0 y_s^2}/c_0 - \sqrt{a_0}/c_0 \tag{21}$$

当楼房原地坍塌时，$q_0=0$，$\dot{q}_0=0$，$q=0$，$\dot{q}=0$，$v_{0y}=v_0$，式（21）为解析解。当楼房塌落倾倒时为近似解，即 $q=q_0$，$\dot{q}=\dot{q}_0$，由此引起的误差用 v_{0y} 来调正，当式（21）为近似解时，式中调正 v_{0y} 按表2选取，t 的近似值与数值解误差见表2和图5。当 $q_0\geqslant 0.29$ 时，大多高层楼房的重心已前移出前柱支点（前趾），楼房将自重倾倒而无需计算式（20）、式（21）。

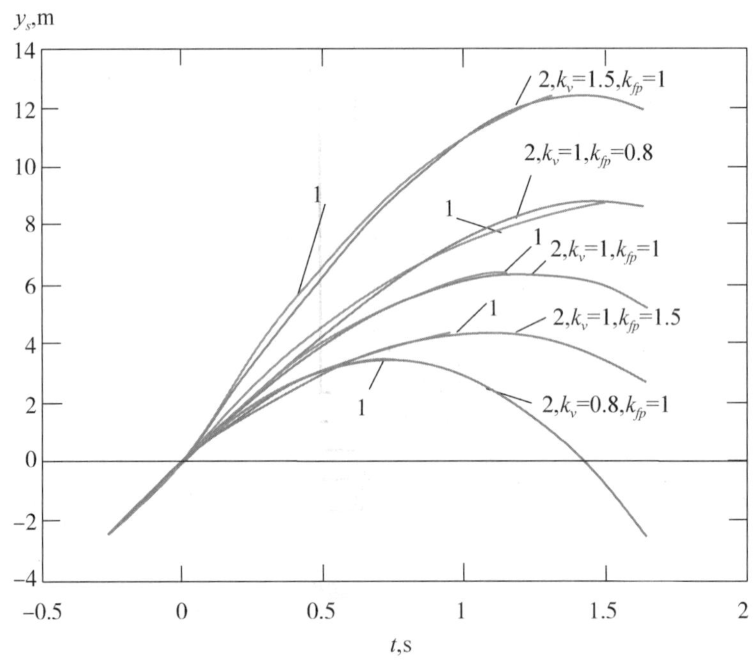

图5　式（21）近似解

1——近似解；2——数值解；

$q_0=0.2411$；$\dot{q}=0.2284/\mathrm{s}$

方程（17）未获得解析解，只能数值求解，但在 q 有限域内可以得到近似解，另文叙述。

4　模型验证

验证楼房为爆破拆除某22层78.5 m高的框剪结构楼，其底3层为4柱3跨，纵剖面如图6所示。爆破拆除前面2排柱，3层炸高至15.5 m和地下室负一层 −4.5 m，每层炸高2.5 m。3层顶为转换层，其上7柱的后3柱切割纵筋，并在中跨炸断主梁以诱发转换层首先压碎，形成切口以上高楼定质量单体下座。底层后2柱，切割削弱纵筋，诱导后柱框架稳态压溃。

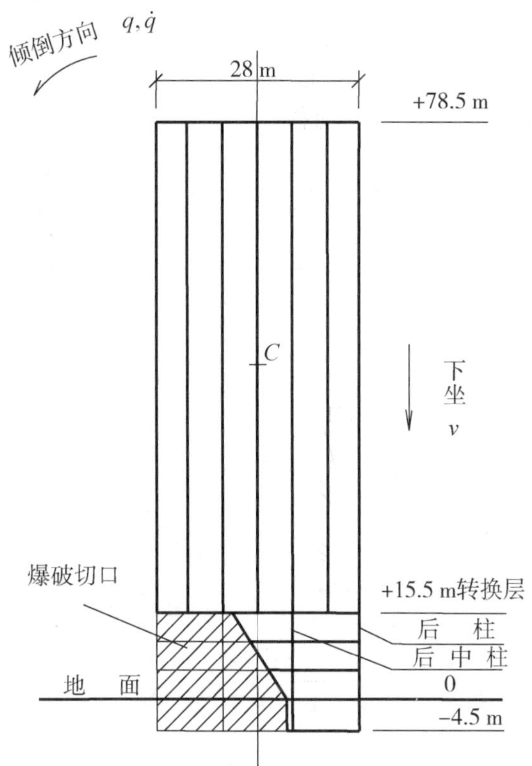

图6 某框剪楼结构示意

未绘4层以上楼面，仅示意柱

摄像实测[7]切口上楼房质心下落路程 $y(t)$ ，见图7。以 $\sum F_{ci}/m$ 为单未知数，用式（12）曲线拟合[8] y ，见图7。从图中可见，以式（12）的单参数拟合值与实测值较为接近，10个测点的残差平方和为6.0509 m^2，说明楼房定质量塌落倾倒的无根单体力学模型是接近实际的。其参数拟合 $\sum F_{ci}/m = 8.1487\ m/s^2$ ，其中取动载增量系数，$k=0.01$ 。若按楼高接近结构相似的沈阳23层天涯宾馆，第4层以上20层楼房质量3 525.5 $\times 10^3$ kg来计算柱强度，则某22层拆除楼后2排柱 C_{30} 钢筋混凝土柱的动强度常数项为12.62 MPa，与天涯宾馆下坐实测，定质量压碎每立方米 C_{30} 钢筋混凝土克服平均动强度所做的功，接近12.24 $\times 10^3$ kJ[9]。由此证明以定质量无根单体下落的力学模型是正确的，并且下坐坍塌来测量钢筋混凝土柱的定质量动载等效强度是可行的、正确的，测量方法可以应用。

若以 $\sum F_{ci}/m$ 和 k 为双未知数，用式（12）曲线拟合[8] y ，见图7。从图中可见，双参数为 $\sum F_{ci}/m = 6.3664\ m/s^2$ ，$k=0.1316$，其拟合曲线与实测更为接近，10个测点残差平方和为0.2556 m^2，为单参数拟合的4.2%。这表明当楼房定质量无根单体下落时，后两柱首先分别压坏，后转为稳态压溃，由于非稳态破坏峰值极限强度高，但破

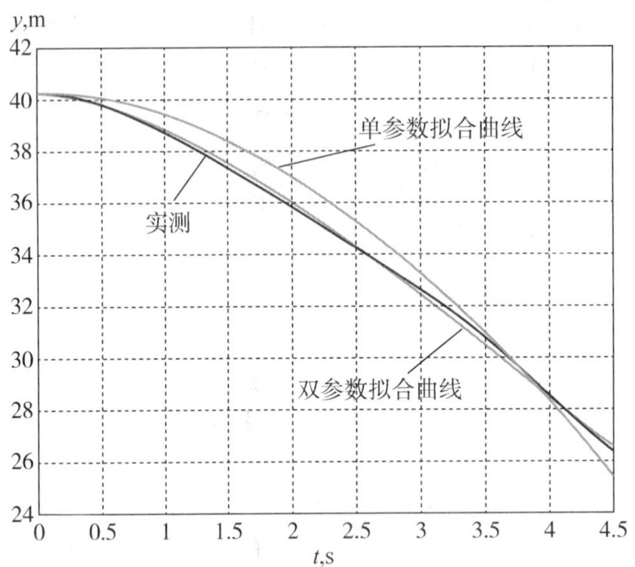

图7　高楼下坐质心高度实测与曲线似合

坏历程应变小，故所需总破碎功较小，较低的稳态压溃力降低了 $\sum F_{ci}/m$ 常数项的值，并提高了动载增量系数 k 。

综上所述，本文提出的楼房定质量塌落的无根单体力学模型是正确的，认为后支撑柱的由分别压坏转为含带稳态压溃的混合压坏状态也是正确的，其对应定质量冲击参数的摄像测量方法是可靠的，所测参数是合理的，均可以在工程中应用。

5　应用

从上节可知，高层建筑定质量冲击压溃钢筋混凝土立柱，可由观测下坐 $y(t)$ ，以式（12）曲线拟合，求得定质量冲击抵抗强度 σ 。

但是，在高层建筑变质量原地坍塌中，被压塌柱的质量散失，也相应带走了部分动能。因此，在动力学方程（16）中，下坐楼底克服径向平均抵抗力 F_{cs} 所做的功，将与以式（5）立柱定质量冲击破坏等效强度 σ 计算的克服径向平均抵抗力 $S\sigma$ 所做的功在下坐初期相接近，S 为底层立柱总横断面。要应用式（16）至式（21），就必须测量 F_{cs} 和楼底连续下坐时立柱压溃的等效动强度 σ_{cg} 。由式（16），当楼房竖直原地连续下坐 $v=0$ 时，$q_0=0$ ，$\dot{q}_0=0$ ，得

$$F_{cs}=\left[v_{0s}^2+\frac{2}{3}g\left(h_0-\frac{y_r^3}{h_2^2}\right)\right]\rho\Big/\left(1-\frac{y_r^2}{h_0^2}\right) \tag{22}$$

式中，v_{0s} 为建筑撞地时的速度，m/s，$v_{0s}^2=2gh_p$ ，h_p 为切口层不包含梁高的楼房下落高度，m；h_0 为楼房刚着地时在切口层爆堆上的楼高，m；y_r 为楼房着地停止坍塌时，在切口层爆堆上的楼高；ρ 为楼房沿高度的线质量，10^3 kg/m。

当天涯宾馆竖直下坐时，原楼高 $H=78.5$ m；$h_p=22.45$ m，为 4 个切口，各排柱平均爆破高度；$h_0=H-h_{fp}=51.2$ m，h_{fp} 为各排柱切口内平均层高（后排柱炸高小于层高的1/2，仍采用实际柱炸高）；$y_r=16.3$ m；$S=3.425$ m^2。由式（22）得 $F_{cs}=46.733\times10^6$ N，因此，C_{30}混凝土柱的 $\sigma_{cg}=F_{cs}/S=13.645$ MPa。

在测准了定质量冲击压溃等效强度 σ 和变质量冲击压溃等效动强度 σ_{cg}，我们就可以由式（16）求得爆破切口高度和楼房坍塌下坐高度的关系，以及楼房原地坍塌爆破拆除的其他各种动力问题。

6　结论

本文提出的拆除高楼下坐倾倒的动力方程，是原地坍塌和下坐倾倒爆破拆除方法的理论基础，为解决该法拆除参数研究提供了新的技术思路，经摄像测量证明原理正确，由此可以得到以下结论：

（1）拆除楼房的定质量无根单体力学模型，可以用来描述爆破拆除楼房原地塌落和下坐倾倒的运动。楼房冲击着地后，以纵中轴的地面为定点，随楼下坐质量散失并倾倒，可以用变质量竖向有根单体力学模型来描述。本文提出了以上两个力学模型的动力方程组，摄像测量证明其是正确的，经实例计算，是可以应用的。

（2）本文所导出的拆除楼房塌落倾倒动力方程的解析解是正确的，而转角 q 的近似解析解，经与数值解比较，在 $q<0.3$ 范围内也是正确的，且比数值解准确，可以应用。

（3）本文所导出的楼房塌落冲击着地质量散失，并以地面定点倾倒的动力方程，当初始转角 q_0 和初始角转速 $\dot{q}_0$ 为零时，有解析解，是正确的。当初始转角 q_0 不为零时，所推导得的近似解，只能在本文所限定的有限域内应用，其下坐速度与数值解的误差在14%之内，下坐时间与数值解误差在16%以内，均为工程应用所容许。

（4）楼房下坐时，后短柱的冲击压塌，是由稳态压溃与非稳态压溃相混合的压溃历程，是正确的。

（5）经测量摄影参数计算证明，定质量冲击压溃的等效强度和变质量冲击压溃等效动强度是符合实际的，测量方法可以应用。

参考文献

［1］宋常燕，魏晓林，郑炳旭．爆破拆除砖烟囱内力分析［A］//工程爆破论文集：第七辑［C］．成都：新疆青少年出版社，2001：433－436.

［2］魏晓林，郑炳旭，傅建秋．钢筋混凝土烟囱折叠倾倒的力学分析及数值模拟［A］//中国爆破新技术［C］．北京：冶金工业出版社，2004：564－571.

［3］魏晓林，傅建秋，李战军．多体－离散体动力学及其在建筑爆破拆除中的应用［A］//庆祝中国力学学会成立50周年暨中国力学学术大会'2007论文摘要集（下）［C］．北京：中国力学学会办公室，2007：690.

［4］傅建秋，魏晓林，汪旭光．建筑爆破拆除动力方程近似解研究（1）［J］．爆破，2007，24（3）：1－6.

[5] 林星文，宋宏伟．圆柱壳冲击动力学及耐撞性设计［M］．北京：科学出版社，2005.

[6] 杨人光，史家堉．建筑物爆破拆除［M］．北京：中国建筑工业出版社，1985.

[7] 郑炳旭，魏晓林，傅建秋，等．高烟囱爆破拆除综合观测技术［A］//中国爆破新技术［C］．北京：冶金工业出版社，2004：859－867.

[8] 筛定宇，陈阳泉．系统仿真技术与应用［M］．北京：清华大学出版社，2002

[9] 魏晓林，傅建秋，刘翼，等．爆破拆除沈阳天涯宾馆观测［J］．广东宏大爆破有限公司内部资料，2008.

论文［5］爆破拆除建筑物整体动力翻倒的切口参数

魏晓林

（广东宏大爆破股份有限公司，广州，510623）

摘要：研究了爆破拆除楼房整体翻倒的动力学条件，即翻倒动能大于阻止翻倒的势能增量和翻滚阻力，由此推导了楼房整体翻倒时，楼房爆破下坐后质心高宽比 η 与切口高宽比 λ 的关系，即 $\eta \geq 1.05$，λ 在 0.47～0.8 之间，其翻倒保证率 $K_{to} \geq 1.5$ 的富余后，楼房可以整体翻倒。本文给出了楼房翻倒的 $\eta-\lambda$ 关系图及其公式，并列出了楼房翻倒和倒塌的实例表，实例证明本文提出的 $\eta-\lambda$ 关系是符合实际的、正确的。

关键词：爆破拆除；建筑物；动力学方程；切口参数

Cutting dynamic parameter of toppling building demolished by blasting

WEI Xiaolin

(Guangdong Hongda Blasting Co. Ltd., Guangzhou 510623, China)

Abstract: Dynamic condition of toppling building demolished by blasting has been researched, that toppling kinetic energy is larger than potential energy increment toppling and roiling resistance. The relation between high-wide ratio η of building mass centre and high-wide ratio λ of cutting since blasting and sitting down is deduced, when $\eta \geq 1.05$, λ is range of 0.47～0.8, ensure ratio toppling $K_{to} \geq 1.5$, building can be toppled, the fig of relation $\eta-\lambda$ and its formula have been presented, the table of examples of building toppling down has been apposed. It is demonstrated correct by the examples to relation $\eta-\lambda$.

Key words: Demolition by blasting; Construction; Dynamic equation; Cutting parameter

1 引言

爆破单切口后，楼房可在倾倒力矩作用下整体转动，并绕撞地的切口前趾翻倒。这类翻倒技术是拆除楼房中，爆破及其相关工作量最小，工程成本最低，且简单可靠的拆

除首选。因此近年来多位学者[1],[2],[3]根据质心前移超越出切口闭合的前趾，建立了静力学的判断式。但是，他们却忽略了楼房的转动动能，使判别翻倒的楼房高宽比偏高，切口角偏大，且与高宽比较小楼房翻倒的事实不符。因此，本文从建筑物倒塌的动力学[4],[5]出发，以楼房动能判断翻倒，建立判别图表和公式，并与各种条件翻倒静力学公式比较。

2 整体倒塌爆破切口参数

剪力墙楼房爆破形成切口后，破坏了楼房的平衡，而绕后支撑中性轴底铰 O 向前转动，如图 1 所示。楼房切口闭合时的转动角为 $\beta = q - q_0$，β 为切口闭合角，R°，

$$\beta = \beta_g - \beta_f \tag{1}$$

式中，β_g 为切口对地面角；β_f 为切口爆碴堆积角。见文献[4]中式（7.16）和式（7.17）。

整截面剪力墙及整体小开口剪力墙结构的质心高 h_0，当后支撑爆破 h_e高，并撞地破坏 h_p高度后，质心高为 h_c（m），$h_c = h_0 - (h_e + h_p)$，$h_1 = h_e th_p$；其形成转动的初始转速 $\dot{q}_0$，见文献[4]中式（7.105），而切口闭合时的转动的角速度 $\dot{q}$（s^{-1}），见文献[4]中式（7.104）。当剪力墙楼下坐，后墙支撑部压塌，底塑性铰机构残余弯矩 $M_b = 0$；当简化 $\dot{q}_0 = 0$ 时，有

$$\dot{q} = \sqrt{2gr_c(\cos q_0 - \cos q)m/J_b} \tag{2}$$

式中，r_c、q 分别为质心 C 到底铰轴 O 的距离（m）和它与竖直线的夹角：q_0为初始的 q，切口闭合时 $q = q_0 + \beta$；m，J_b 分别为楼房的质量（10^3 kg）和对 O 的转动惯量（10^3 kg · m^2），$J_b = J_c + mr_c^2$，J_c 为楼房的转动主惯量（10^3 kg · m^2），本文忽略了切口形成对 J_c 的变化。

此时质心速度的水平分量和竖直分量分别为

$$\left.\begin{aligned} v_{cx} &= r_c\dot{q}\cos q \\ v_{cy} &= -r_c\dot{q}\sin q \end{aligned}\right\} \tag{3}$$

整截面和整体小开口剪力墙，倾倒撞地，一般不会解体，而是在前趾 h_{cf}（一般在层高内）破坏后，以前趾 f 为轴心向前转动，整体翻转倒地。

绕 f 轴整体转动的转速 $\dot{q}_f$，根据质心动量矩守恒定律，考虑切口闭合的完全塑性碰撞，得

$$\dot{q}_f = \dot{q}J_c/J_f + (mv_{cx}r_f\cos q_f + mv_{cy}r_f\sin q_f)/J_f \tag{4}$$

式中，J_f为该剪力墙楼对 f 点的惯性矩（10^3 kg · m^2），$J_f = J_c + mr_f^2$；r_f为质心 C 到撞地点 f 的距离（m）；q_f为切口闭合时 r_f与竖直线夹角；文献[4]中式（7.109）修改为式（4），图 7.17 也作相应修改。

$$q_f = q_{fb} - (q - q_0) = q_{fb} - \beta \tag{5}$$

式中，q_{fb} 为前趾撞地破坏后，r_f与楼纵轴夹角，$q_{fb} = \arctan[x_{cf}/(h_c - h_{cu} - h_{cf})]$，$x_{cf}$为前趾 f 到质心 C 纵轴距离（m）；h_{cu} 为切口高（m）；h_{cf} 为前趾撞地破坏高（m）。

切口闭合后，剪力墙楼的转动动能为

$$T = J_f\dot{q}_f^2/2 \tag{6}$$

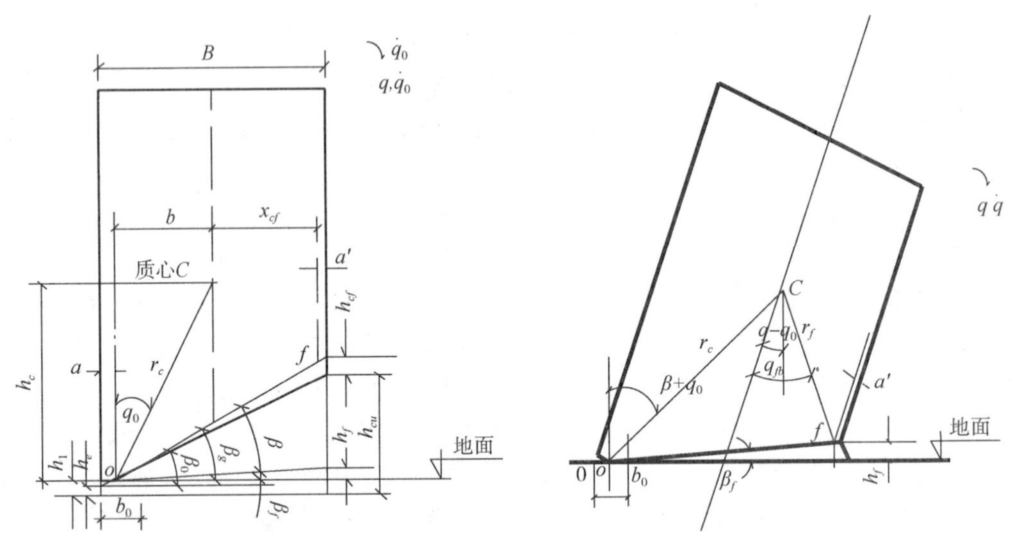

图1　剪力墙爆高与切口角和切口闭合参数

当 $q_f < 0$ 时,

$$x_c > x_f \tag{7}$$

为剪力墙楼翻倒的静力学条件。

若 $q_f > 0$，即楼质心 C 在前趾着地点 f 的后方，则剪力墙楼翻倒所需新增势能为

$$w_p = r_f(1 - \cos q_f)mg \tag{8}$$

而剪力墙楼翻倒所需总能为

$$w = w_p + E_{t1} \tag{9}$$

当 $w < T$ 时，为剪力墙楼翻倒的动力学条件。E_{t1} 为楼房翻滚时拉断支撑部钢筋所需做的功，参见文献[4]，本文设 $E_{t1} = 0$，并考虑到 K_{to} 中。

设翻倒保证率

$$K_{to} = T/w \tag{10}$$

当 $K_{to} \geqslant 1.5$ 时，可以认为该剪力墙楼将确保翻倒。

由式（7）静力学条件可得翻倒最小切口高 h_{cu} 和爆破下坐后切口高

$$h_{cud} \geqslant h_c/2 + h_f/4 - \sqrt{(h_c/2 + h_f/4)^2 - B^2/2 - h_c h_f} \tag{11}$$

当 $h_{cud} \leqslant h_c/2 + h_f/4$ 时最易翻倒，式中，$h_{cud} = h_{cu} - (h_e + h_p)$。从式中可见 h_{cud} 有解的条件为

$$(h_c/2 + h_f/4)^2 - (B^2/2 + h_c h_f) \geqslant 0$$

该不等式的解为

$$h_c \geqslant \sqrt{2(B^2 + h_f^2)} + 1.5h_f \tag{12}$$

式中，h_f 为前墙堆积高（m），$h_f = h_{cu}h_b/h_{fl}$，h_{fl} 为层高（m），h_b 为梁高（m）；设图中 $0_o = 0$，则 B 为楼宽（m）；式（12）为考虑爆破后下坐和切口前墙堆积高 h_f 时的楼房重心移出前趾而翻倒的静力学条件。

当 $h_f = 0$ 时，

$$h_c \geqslant \sqrt{2}B \tag{13}$$

式（13）正为文献[3]中的楼房重心移出前趾而翻倒的静力学条件。

从式（1）、式（2）、式（3）、式（4）、式（5）、式（6）、式（8）、式（9）、式（10）可得到楼房整体翻倒的动力学条件，即

$$r_c(\cos q_0 - \cos q) \geqslant K_{to} r_f (1 - \cos q_f) J_b J_f / (J_c + m r_c r_f \cos q_{fb})^2 \tag{14}$$

该不等式的解，楼房质心高宽比 $\eta = h_c/B$ 和切口高宽比 $\lambda = [h_{cu} - (h_e + h_p)]/B = \tan\beta_g$，仅与 K_{to}、转动惯量比 k_j 和 h_f 有关。$k_j = J_c/[(H^2 + B^2)m/12]$，$H = 2h_c$，$H$ 为爆破下坐后楼高（m）。当 $k_j = 1$ 时，η 和 λ 解的关系如图 2 所示。图中其他计算参数，取自 15 层青岛远洋宾馆。从图中可见，当 $K_{to} = 1.5$ 时，$\eta = h_c/B \geqslant 1.05$；$\lambda = h_{cud}/B \geqslant 0.45$；图中 M 为同 η 的最大 K_{to}（λ）。当 $k_j > 1$ 时 η 比图示值少，即 $k_j = 1.25$，η 减少 0.014；当 $k_j < 1$ 时 η 比图示值大，即 $k_j = 0.75$，η 增大 0.018。h_f 因 h_b/h_{fl} 变化小而变化，图中 $h_b/h_{fl} = 0.2121$，而 h_b/h_{fl} 的变化可以忽略。单向爆破拆除楼房跨的高宽比实例见表 1。从表中可见所列楼房高宽比 H/B 为 1.48 ～ 2.34，即 η 为 0.74 ～ 1.17；切口高比楼宽 λ 为 0.47 ～ 0.93。由此可见，式（14）动力学条件的图 2 是符合实际，是正确的。表 1 中显示跨间下塌[4]或层间侧移[4]框架楼房倾倒的高宽比小于整体翻倒剪力墙（包括框剪结构）楼，而倒塌砖混结构高宽比小于整体翻倒的框架楼房，因此整体翻倒剪力墙楼所需的高宽比相对是较大的。

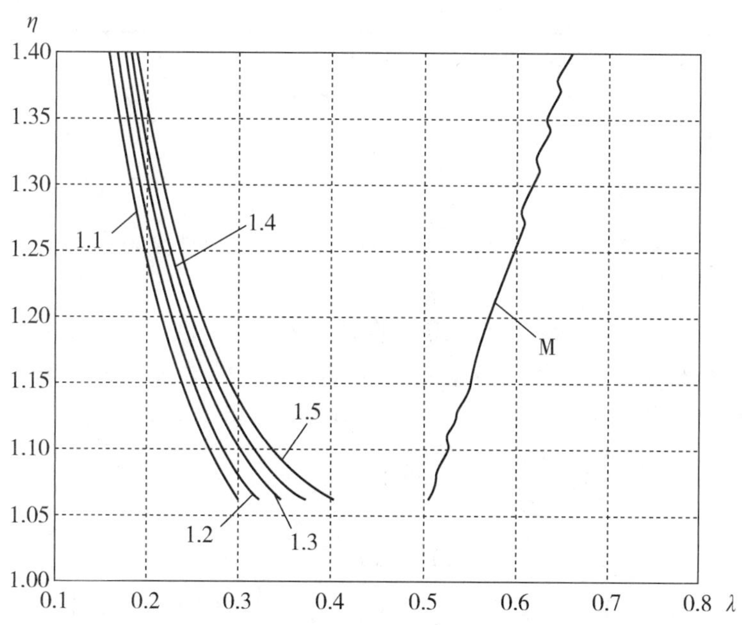

图 2　楼房翻倒 $\eta - \lambda$ 关系

（注：图中数据为 K_{to}，M 为最大 K_{to}）

表 1　单向爆破拆除现浇楼房高宽比实例

序号	工程名称	结构形式	宽×高（m）	层数	高宽比	切口形状	切口尺寸高（m）×λ	倒塌方式	备注
1	深圳西丽电子厂 1#楼	框	14.4×22.7	8	1.58	三角形	13.4×0.77	跨间下塌	
2	深圳西丽电子厂 2#楼	框	9.7×22.7	8	2.34	三角形	9.1×0.93	初倾 2 体折叠后整体翻倒	
3	深圳南山危楼	框	15.35×26.9	8	1.75	大梯形	14×0.91	跨间下塌	
4	广州恒运电厂办公楼	框	11.6×26	8	2.24	三角形	8×0.69	层间侧移倾倒	
5	哈尔滨车辆厂综合办公楼	框剪	26.4×55	17	2.1	三角形	12.5×0.47	跨间断裂向前倾倒	
6	鹤山兰鸟时装大楼	框	19.5×39.1	11	2	大梯形	15.6×0.8	前 4 跨与后跨断开后向前倾倒	
7	广州水泥厂西区砖混楼	砖混	11 ×18	6	1.64	三角形	7.8 ×0.71	中跨走廊跨间下塌	

*1：例 1 和例 2 为深圳合利爆破公司的爆破拆除。

*2：楼宽 B 指前、后柱平均距离；楼高 H 指楼平均高度；H/B 为高宽比。

3　结语

（1）当楼房整体翻倒动能大于阻止翻倒的势能增量和翻滚阻力时，楼房可以翻倒，为楼房翻倒的动力学条件。

（2）当翻倒保证率 $K_{to} \geqslant 1.5$ 时，楼房爆破下坐后质心高比楼宽 η 大于并等于 1.05，切口高比楼宽 λ 为 0.47～0.8，为翻倒动力学条件，即满足式（14），楼房可以翻倒。

（3）整截面剪力墙及整体小开口剪力墙结构，所组成的剪力墙楼和框剪结构，其抵抗侧向力破坏的强度大，多呈现整体翻倒，它所需的楼房高宽比也较大，可按本文提出的高宽比和切口参数设计整体翻倒。

参考文献

[1] 杨人光，史家育．建筑物爆破拆除［M］．北京：中国建筑工业出版社，1985.

[2] 金骥良．高耸建筑物定向爆破倾倒设计参数的计算公式［A］//工程爆破文集：第七辑．成都：新疆青少年出版社，2001：417－421.

[3] 金骥良．高层建（构）筑物整体定向爆破倒塌的切口参数［J］．工程爆破，2003，9（3）：1－6.

［4］魏晓林．建筑物倒塌动力学（多体－离散体动力学）及其爆破拆除控制技术［M］．广州：中山大学出版社，2011.

［5］魏晓林，傅建秋，李战军．多体－离散体动力学分析及其在建筑爆破拆除中的应用［A］//庆祝中国力学学会成立50周年大会暨中国力学学术大会'2007，论文摘要集（下）［C］．北京：中国力学学会办公室，2007：690.

［6］赵红宇，王守祥，刘云剑，等．高层框架剪力墙结构楼房的控制爆破拆除［J］．爆破，2008，25（2）：53－56.

论文［5］附注：

复合切口就是由浅切口和部分下向切口组成的抬高切口，剪力墙楼房爆破复合切口后，破坏了楼房的平衡，而绕抬高 l 后支撑前中性轴底铰 o 向前转动，如图1所示。o 距后排柱 a，$k_a = a/B$，B 为楼宽，切口深为 $B-a$，相对 B 深的深切口，称为浅切口。而下向切口退后前柱 b_f 闭合，$k_f = b_f/B$ 楼房翻倒由切口下沿前 f 支撑。

当楼房整体翻倒动能大于阻止翻倒的势能增量和翻滚阻力时，复合切口的楼房可以翻倒，为复合切口楼房翻倒的动力学条件。

当翻倒保证率 $K_{to} \geqslant 1.5$ 时，楼房爆破下坐后质心高比楼宽 η 大于并等于0.85，切口高比楼宽 λ 在0.45～1.2间，为复合切口翻倒动力学条件，即满足式（14），楼房可以翻倒[6]。当 $k_a \geqslant 0$，$k_f \geqslant 0$ 时，楼房翻倒条件，见算图3。

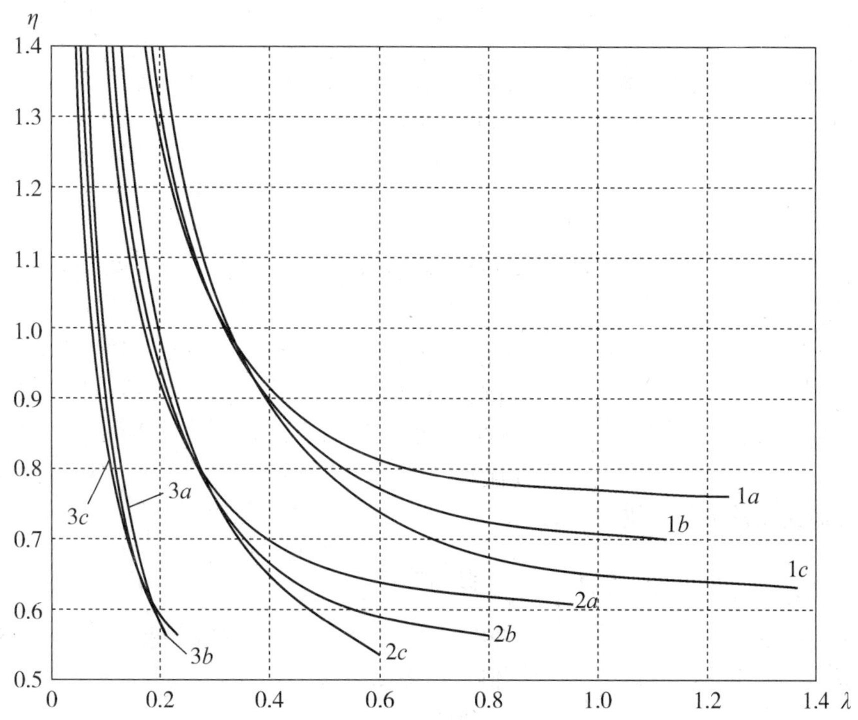

图3　复合切口楼房质心高宽比 η 与切口高宽比 λ 关系

（注：$K_{to} = 1.5$，$k_j = 1$）

表2　图3中符号意义

曲线	$1a$	$1b$	$1c$	$2a$	$2b$	$2c$	$3a$	$3b$	$3c$
k_a	0	0.133	0.267	0	0.133	0.267	0	0.133	0.267
k_f	0	0	0	0.133	0.133	0.133	0.267	0.267	0.267

论文［6］单切口爆破拆除框架楼房2体翻倒的切口参数

魏晓林

（广东宏大爆破股份有限公司，广州，510623）

摘要：研究了单切口爆破拆除框架楼房2体翻倒的动力学条件，即后柱后坐时，楼房上体翻倒动能满足因翻倒所需提高质心的势能增量和克服翻滚阻力所做的功，楼房可以翻倒。由此推导了楼房整上体翻倒时，楼房爆破下坐后框架楼高宽比 η_h 与切口高宽比 λ 的关系，即 $\eta_h > 1.75$，λ 在0.76～1.15之间，主惯量比 $k_j = 1.0$，其翻倒保证率 $K_{to} \geqslant 1.4$ 的富余后，楼房可以2体整体翻倒。本文给出了框架楼房单切口2体翻倒的 $\lambda - \eta_h$ 关系图及其公式，并列出了楼房翻倒的实例表，计算了表中实例，证明本文提出的 $\lambda - \eta_h$ 关系是符合实际的、正确的。

关键词：爆破拆除；框架楼房；2体动力学方程；单切口参数

Cutting Dynamic Parameter of Toppling Fame Building Demolished with 2-Body by Blasting of Single Cutting

WEI Xiaolin

(Guangdong Hongda Blasting Co. Ltd., Guangzhou 510623, China)

Abstract: Dynamic condition of toppling fame building demolished with 2-body by blasting of single cutting has been researched, that toppling kinetic energy is larger than potential energy increment toppling and roiling resistance. The relation between high-wide ratio η_h of building and high-wide ratio λ of cutting since blasting and sitting down is deduced, when $\eta_h > 1.75$, λ is range of 0.76～1.15, main inertia ratio $k_j = 1.0$, ensure ratio toppling $K_{to} \geqslant 1.4$, building can be toppled, the fig of relation $\lambda - \eta_h$ and its formula have been presented, the table of practice examples of building toppling down has been apposed. It is demonstrated correct by the examples in table to relation $\lambda - \eta_h$.

Key words: Key words: Demolition by blasting; Fame construction; Dynamic equation with 2-body; Single cutting parameter;

1　引言

爆破横向单切口后，框架楼房可在横向倾倒力矩作用下，切口层后柱后坐，而其上

面的柱靠内的完整墙，形成的框架上体整体向前转动撞地，因抵抗层间侧移剪力较大，可绕切口闭合着地前趾翻倒。这类翻倒技术是拆除楼房中，爆破及其相关工作量最小，工程成本较低，且切口底层墙预拆除后施工方便，是简单可靠的方案，为拆除的首选之一。近年来多位学者[1],[2],[3]研究了整体楼房翻倒，他们根据质心前移超越出切口闭合的前趾，建立了静力学的判断式。但是，他们却忽略了楼房的转动动能，使判别翻倒的楼房高宽比偏高，切口角偏大，且与高宽比较小楼房翻倒的事实不符。因此，本文从建筑物倒塌的动力学[4],[5]出发，以单切口框架楼房动能判断上整体翻倒，建立了判别框架楼房该类翻倒的算图表。

2 框架单切口2体翻倒爆破切口参数

框架楼房爆破形成切口后，破坏了楼房的稳定平衡，如图1所示。若形成向前反时针倾倒力矩 M，即

$$M = Pr_2 \sin q_2 > M_2 \tag{1}$$

则在切口层内预拆除后墙的后柱顶 b 处（相应于 r_2）产生塑性铰。式中 M_2 为后柱上端塑性铰 b 处的抵抗弯矩。由于 M_2 小于楼房各层梁后跨两端抵抗弯矩之和，因此切口层上楼房框架将形成整结构上体沿其后柱端铰 b 向前反时针倾倒。式（1）中 P 为上体重量，r_2、q_2 分别为质心 C_2 到铰 b 的距离和 r_2 与竖直线的夹角。此时框架对铰 b 动力矩 $M_{d2} = -M_2$，方向与 $\dot{q}_2$ 倒向一致，同时在框架后推力 $F = P\cos q_2 \sin q_2$ 作用下，铰 b 向后移动，即

$$Fl_1 > M_1 + M_{d2} \tag{2}$$

支撑柱 ob 将作为下体向后倾倒。式中 l_1 为爆破撞地后柱长，$l_1 = l_b - l_c$，l_b为原柱长，$l_c = h_e + h_p$，h_e 为后柱爆破高，h_p 为后柱撞地下坐破坏高；M_1 为柱底 o 铰抵抗弯矩。满足式（1）、式（2），从而形成2自由度体的折叠机构运动[4]，如图2所示。

其动力学方程组，见文献［4］式（6.72）。由于切口对应楼层的墙已拆除，后排柱、后跨梁和板等（下体）的质量 m_1 仅占切口上楼层（上体）质量 m_2 的5%以下，而后柱 l_1 两端 b、o 塑性铰弯矩 M_1 和 M_2，通常小于切口上结构重力弯矩 $m_2gr_2\sin q_2$ 的4%，因此可以忽略，即 $m_1 = 0, M_1 = 0, M_2 = 0$，动力学方程简化为以下方程组

$$\left.\begin{aligned} J_{b_2}\ddot{q}_2 + m_2r_2l_1\cos(q_2 - q_1)\ddot{q}_1 + m_2r_2l_1\sin(q_2 - q_1)\dot{q}_1^2 &= m_2gr_2\sin q_2 \\ m_2r_2l_1\cos(q_2 - q_1)\ddot{q}_2 + m_2l_1^2\ddot{q}_1 - m_2r_2l_1\sin(q_2 - q_1)\dot{q}_2^2 &= m_2gl_1\sin q_1 \end{aligned}\right\} \tag{3}$$

式中 m_2、r_2、J_{b2}分别为上体的质量、质心与 b 的距离和对下铰 b 的转动惯量；q_2、q_1、$\dot{q}_2$、$\dot{q}_1$、$\ddot{q}_2$、$\ddot{q}_1$ 分别为上体 r_2 和后柱与铅垂线的夹角、角速度和角加速度，逆时针为正，顺时针为负。

动力方程的初始条件为

$$t = 0, q_2 = q_{2,0}, q_1 = 0, \dot{q}_2 = \dot{q}_{2,0} = 0, \dot{q}_1 = 0 \tag{4}$$

式中 $q_{2,0}$ 为 r_2 与后柱间的夹角。

若后柱松动爆破单排孔，框架下坐 $h_e + h_p$ 多小于柱宽，则在爆破后柱后，可忽略框架自由下落和后柱冲击撞地框架姿态的变化[4]，而框架的姿态全由后柱 l_1 向后倾倒和后

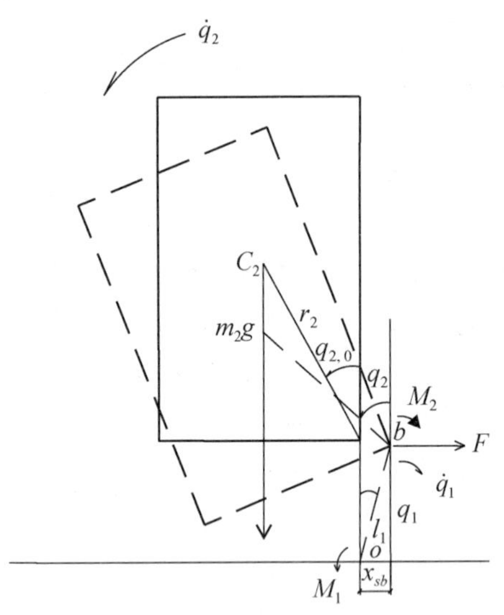

图1　现浇钢筋混凝土框架下坐后楼倾倒

图2　框架楼绕前趾翻倒

柱支撑上体 C_2 向前转动，并由切口闭合所决定。此时前趾 f 撞地时的 q_2，如图2所示，可将式（3）数值解插值后，并联立以下方程解算获得，前趾将着地时以距地面堆积物高 y_s 表示：

$$y_s = l_1\cos q_1 - b_s\sin(q_2 - q_{2,0}) + h_b\cos(q_2 - q_{2,0}) - y_h = 0 \tag{5}$$

式中 b_s 为框架前趾距后排柱 ob 的原初始水平距离；h_b 为切口前沿 f 比后柱铰 b 的原初始高差，切口撞地时切口顶层前柱（墙）破坏，可简化将 h_b 圆整为破坏层高减梁高的新前趾 f'，相应 q_2、$\dot{q}_2$ 也随之增大；y_h 为地面堆积物高，它包括了切口内爆落的楼梁累加厚度。

撞地时质心 C_2 速度的水平分量和竖直分量分别为

$$\begin{aligned} v_{2cx} &= l_1\dot{q}_1\cos q_1 + r_2\dot{q}_2\cos q_2 \\ v_{2cy} &= -l_1\dot{q}_1\sin q_1 - r_2\dot{q}_2\sin q_2 \end{aligned} \tag{6}$$

框架以前趾 f' 为轴心向前转动，整体翻转倒地。

绕 f' 轴整体转动的转速 $\dot{q}_{f'}$，根据质心动量矩守恒定律，并考虑切口闭合的完全塑性碰撞

$$\dot{q}_{f'} = \dot{q}_2 J_{2c}/J_{f'} + (m_2 v_{2cx} r_{cf}\cos q_{f'} + m_2 v_{2cy} r_{cf}\sin q_{f'})/J_{f'} \tag{7}$$

式中，$J_{f'}$ 为楼房对 f' 点的转动惯量；$J_{f'} = J_{c2} + m_2 r_{cf}^2$；$r_{cf}$ 为质心 C_2 到撞地点 f' 的距离；$q_{f'}$ 为切口闭合时 r_{cf} 与竖直线夹角；

$$q_{f'} = q_{fb} - (q_2 - q_{2,0}) = q_{fb} - \varphi_h \tag{8}$$

式中，q_{fb} 为前趾撞地破坏后，r_{cf} 与楼纵轴夹角，$q_{fb} = \arctan[l_c/(h_c - h_b)]$；$l_c$ 为楼房质心到前柱距离，见文25页图2.28，$l_c \approx B/2$，B 为楼房宽。φ 为前柱或后柱与竖直线的夹角，φ_h 为前柱破坏后的楼房转动角 φ；

切口闭合后，框架楼的转动动能

$$T = J_{f'} \dot{q}_{f'}^2 / 2 \tag{9}$$

将式（6）、式（7）代入式（9）后化简得

$$T = \dot{q}_2^2 [J_{c2} + m_2 r_2 r_{f'} \cos(q_2 + q_{f'}) + m_2 l_1 r_{f'} \dot{q}_{dr1} \cos(q_1 + q_{f'})]^2 / (2J_{f'}) \tag{10}$$

式中 $\dot{q}_{dr1} = \dot{q}_1 / \dot{q}_2$ 。

当 $q_{f'} < 0$ 时，质心 C_2 距后柱根 o 的水平距离

$$x_c > x_{f'} \tag{11}$$

为楼房翻倒的静力学条件，$x_{f'}$ 为撞地前趾 f' 距后柱根 o 的水平距离。

当框架 f 点撞地，不满足文献［4］描述的层间弯矩余量[4]的层间侧移静力学条件式（3.34）[4]，和动力学能量条件式（6.33b），以及文献［4］描述的跨间弯矩余量[4]的跨间下塌静力学条件式（3.38）[4]和动力学能量条件式（6.143）时，若 $q_{f'} > 0$，即楼房质心 C_2 在前趾着地点 f' 的后方，则框架楼翻倒必需提高质心 C_2 的同时绕过前趾，其势能增量为

$$w_p = r_{cf}(1 - \cos q_{f'}) m_2 g \tag{12}$$

框架楼翻倒所需总能为

$$w = w_p + E_{t1} \tag{13}$$

当 $w < T$ 时，为框架楼2体整上体翻倒的动力学条件。

式（13）中 E_{t1} 为楼房拉断后柱钢筋和克服翻滚阻力所需做的功，参见文献［4］。本文设 $E_{t1} = 0$ ，和 $M_2 \approx 0, M_1 \approx 0$；当撞地前柱破坏时，质心竖直速度的减少，合并考虑到翻倒保证率 K_{to} 中。设

$$K_{to} = T / w \tag{14}$$

当

$$K_{to} \geqslant 1.4 \tag{15}$$

可以认为该框架楼将确保翻倒。

从式（3）、式（4）、式（5）、式（6）、式（7）、式（9）、式（10）、式（11）、式（12）、式（13）和式（14）联立，可得到框架楼房2体整体翻倒的动力学条件：

$$K_{to}[k_j j_p + r_2^2 + 2 r_2 l_1 \cos(q_2 - q_{r1}) \dot{q}_{dr1} + l_1^2 \dot{q}_{dr1}^2](k_j j_p + r_f^2) r_f (1 - \cos q_f) = [l_1(1 - \cos q_{r1}) + r_2(\cos q_{2,0} - \cos q_2)][k_j j_p + r_2 r_f \cos(q_2 + q_f)]^2 \tag{16}$$

由于二阶常微分方程（3），只能数值求解和近似解，因此其动力学条件，用数值表示，如图3所示。从图中可见，楼房高宽比 $\eta_h = H/B$ 和切口高宽比 $\lambda = [h_{cu} - (h_e + h_p)]/B = \tan\beta_g$（当后柱至前墙距离 $b_s = B$ 时）的关系，在以 λ 、η_h 、k_j 代入方程组（3）和初始条件（4）后，可以证明，方程的解仅与上述变量以及 K_{to} 、主惯量比 k_j 和 y_h（较小）有关，而与 m_2 、B（不改变 λ 、η_h ）无关，见式（16），证明见文98页论文［1］4.5节。B 为楼宽；H 为爆破下坐后楼高，$H = H_2 + l_1$ ，H_2 为上体高，$H_2 \approx 2h_c$ ，h_c 为楼房上体质心高。h_{cu} 为模型切口高，它包含了 h_b 和 l_b ，即 $h_{cu} = h_b + l_b$ ；主惯量比 $k_j = J_{c2}/J_{co}$ ，J_{c2} 为楼房主惯量，可用鼠标像物变换简便求得；J_{co} 为实心图形模型主惯量，$J_{co} = (H_2^2 + B^2) m_2 / 12$ ；式（16）中 $k_j j_p = J_{c2}/m_2$ ，$j_p = J_{co}/m_2$ ，j_p 为单位质量的图形主惯量，式（16）中简化 $r_f \approx r_{f'}$ ，$q_f \approx q_{f'}$ 。由于框架2体2自由度倾倒，相当于下向切口整体翻倒的楼房，故 k_j 将显著影响 $\lambda - \eta_h$ 的关系，而与剪力墙上向切口整体翻倒的楼

房[6]和层间侧移、跨间下塌的框架[7]有所不同，因此图3标明了k_j曲线。从算图3中可见，已知实际楼房k_j，可从图中插值得“插值k_j曲线”，并从η_h在“插值k_j曲线”上得相应的λ；当实际楼房（λ,η_h）的点处于图中“插值k_j线”的右上方时，框架满足翻倒的动力学近似条件，框架可以2体动力翻倒。也可以由实际楼房（λ,η_h）的点，从（λ,η_h）的临近k_j，以式（16），从λ和k_j求得η_h。图中可见，当$k_j=1$，λ在0.76～1.15时，可查的η_h在2.75～1.65之间。若实际楼房（λ,η_h）的点处于图中插值k_j线η_h的105%值附近，又必须准确决定翻倒，则应以文献［4］所述方法和公式计算为准。当$b_s<B$，即后墙后（前）距后柱a时，$k_a=a/B$，η_h约下降$0.49\,k_a\eta_h$。由于K_{to}有最大值[6],[7],[8]，λ一般不要大于$0.47\eta_h$。从算图中可见，λ较大，这是因为前柱f撞地破坏后，计入了f'的破坏高度，故实际切口高于设计切口高。多跨框架楼房，当重心高宽比$\lambda\sim\eta$较小时，可能层间侧移或跨间下塌[4]倾倒，见文献［7］或文中论文［3］。而高大楼房多为剪力墙结构和框剪结构，单切口单体整体翻倒的$\lambda-\eta$，见文献［6］或文中论文［5］；双切口同向双体翻倒的$\lambda-\eta$，见文献［8］或文中论文［7］。

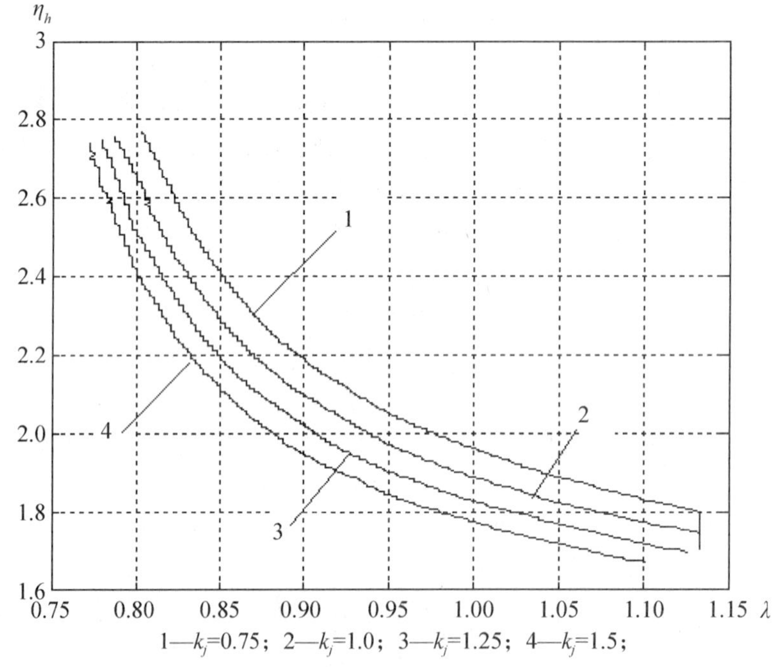

图3　框架2体翻倒$\lambda-\eta_h$关系（K_{to}为1.4～1.5）

爆破拆除现浇框架横向翻倒实例与相应查图值，见表1。从表1中可见，例1和例3为带边走廊的柱靠完整横墙框架，横向倾倒为整体翻倒。例2和例3的实际η_h大于查图η_h，都顺利实现了整体翻到，由此证明了图3是可用的、正确的；而表中实际例1的η_h小于查图η_h，楼房勉强翻到，也反映了算图3查值η_h的富余和可靠。该楼11.5 m（宽）、20.3 m（高）、38.8 m（长），共7层，底层高2.8 m，以上各层高2.5 m，平均楼高18.3 m。后排柱炸4排炮孔，排距0.3 m，炸高$h_e=1.2$ m，下坐取$h_p\approx0.6$ m，

表 1　爆破单切口拆除现浇框架楼房 2 体翻倒高宽比实例

序号	工程名称	楼宽×平均高/m	层数	楼高宽比（设计/实际）	切口高/实际高（m）×λ	后柱炸高/下坐（m）	前墙撞溃（m）	倒塌方式	查图 η_h/k_j
1	深圳西丽电子厂 3#楼	11.5×18.3	7	1.49/1.43	4/11×0.95	1.2/0.6	7	整体翻倒	1.82（1.68）/1.28
2	广州恒运电厂办公楼	11.6×26	8	2.16/2.02	8/13.3×0.93	0.9/1.6	5.3	层间侧移[4]再整体翻倒	1.92/1.28
3	东莞信立农批市场	12×26.5	7	2.1/1.96	12.2/13.4×1.04	1.2/1.8	1.2	整体翻倒	1.83（1.68）/～1

*1：例 1 为深圳合利爆破公司的爆破拆除。

*2：切口形状为上向三角形。设计楼高宽比，楼高仅减 h_e，实际楼高宽比，楼高减 h_e+h_p。

*3：查图项（）内为 k_a 的 η_h。

楼高宽比 $\eta_h=(18.3-1.2-0.6)/11.5=1.43$，当切口爆破闭合时，楼房前墙下塌 $h_b=7$ m，切口高 $h_{cu}=11$ m，后排柱距前墙 $b_s=9.7$ m，故实际切口高宽比 $\lambda=(11-1.2-0.6)/9.7=0.95$，实际楼房爆破切口着地闭合后，绕前趾缓慢转动，似乎刚好能整体翻倒。从图 3 查算，例 1 楼 3 层以上 k_j 为 1.28，以 λ 查 $\eta_h=1.82$，由于后柱在后墙前 $a=1.8$ m，$a/B=0.157$，经计算 η_h 再降低 7.7%，即 η_h 为 1.68，而实际为 1.43。由此可见，图 3 查算的 $\lambda-\eta_h$ 关系，η_h 还有 15% 的保证富余。综上所述，图 3 是正确的，并留有了一定富余，因此是可以用于实际工程的。

柱横墙分离、开门窗横墙和无横墙的框架楼，以及砖混结构楼房等坍塌多为层间侧移；有内走廊的框架楼会跨间下塌[7]，η_h 有可能小于图 3 所查值，坍塌条件见文献［4］。

外墙 0.24 m 以上，内墙 0.12 m 的 8 层框架楼，大多 k_j 在 1.25～1.5 之间。外墙为大开窗或玻璃幕墙的 16 层以下楼房，$k_j\approx0.75$。随着框架和楼房层数的增加，k_j 变化都向 1.0 接近。

3　结语

（1）框架楼房 2 体运动整上体翻倒动能，满足因翻倒提高质心的势能增量和克服翻滚阻力所做的功后，楼房可以翻倒，为楼房翻倒的动力学条件。

（2）当翻倒保证率 $K_{to}\geqslant1.4$ 时，楼房爆破下坐后楼高比楼宽 η_h 大于 1.75，主惯量比 $k_j=1.0$，切口高宽比 λ 在 0.76～1.15 间，为柱靠完整横墙框架 2 体翻倒动力学条件，即满足式（15），楼房可以整上体翻倒，或按算图 3 查算决定。该楼房翻倒的其他情况，判断见文献［4］。

（3）层间侧移和跨间下塌[7]框架的 η_h 都有可能小于图 3 所查值，但不是整体翻倒。

参考文献

［1］杨人光，史家育. 建筑物爆破拆除［M］. 北京：中国建筑工业出版社，1985.

[2] 金骥良. 高耸建筑物定向爆破倾倒设计参数的计算公式［A］//工程爆破文集：第七辑［C］. 成都：新疆青少年出版社，2001：417－421.
[3] 金骥良. 高层建（构）筑物整体定向爆破倒塌的切口参数［J］. 工程爆破，2003，9（3）：1－6.
[4] 魏晓林. 建筑物倒塌动力学（多体－离散体动力学）及其爆破拆除控制技术［M］. 广州：中山大学出版社，2011.
[5] 魏晓林，傅建秋，李战军. 多体－离散体动力学分析及其在建筑爆破拆除中的应用［A］//庆祝中国力学学会成立50周年大会暨中国力学学术大会'2007，论文摘要集（下）［C］. 北京：中国力学学会办公室，2007：690.
[6] 魏晓林. 爆破拆除建筑物整体翻倒的切口参数［J］. 爆破，2012，延期.
[7] 魏晓林. 爆破拆除框架跨间下塌倒塌的切口参数［J］. 工程爆破，2013，19（5）.
[8] 魏晓林. 双切口爆破拆除楼房切口参数［A］//中国爆破新技术Ⅲ［C］. 北京：冶金工业出版社，2012：576－580.

论文［7］双切口爆破拆除楼房切口参数

2012，中国爆破协会学术会议（广州）

魏晓林
（广东宏大爆破股份有限公司，广州 510623）

摘要：双切口同向倾倒拆除楼房，都是上切口先闭合形成有根组合单体，下切口再闭合。因此，应用多体－离散体动力学和机械能守恒、动量矩定理，考虑组合单体在地上滚动和上体在下体顶面翻倒的阻尼能量损耗，推导上体在下体上翻倒和上下体组合整体翻倒时，楼房质心高宽比 η 与上、下切口高和上切口底高与楼宽比 λ_2 、λ_1 和 l_j 的关系，即当 $\lambda_2 \geqslant 0.22$ 、$\lambda_1 \geqslant 0.47$ 、$\eta \geqslant 1.1$ 时，上下体整体可以翻倒；而当 $\lambda_2 \geqslant 0.22$ 、$\lambda_1 \geqslant 0.65$ 、$\eta \geqslant 1.13$ 时，上体可能在下体上翻倒。具体 η 和 λ_1 关系，可根据 l_j 和 B 从算图中插值得到。

关键词：爆破拆除；双切口；楼房；功能原理；切口参数

Cut Parameter oefficient of Building Demolished by Blasting with Two Cutting

WEI Xiaolin
(Guangdong Hongda Blasting Co. Ltd., Guangzhou 510623, China)

Abstract: When building is demolished by 2 cutting in same direction, compounding mono body with root is all formed while up cutting. The multibody-discretebody dynamics, Work and Power Principle and Angular Momentum Principle are applied, damp dynamic wastage rolling of compounding mono body on ground and of up body on down body are took into account, when compounding mono body on ground and up body on down body are toppled, it has

been known to relation between contrast η of mass centre highness to wide, contrast λ_1 of down cutting highness to wide, contrast λ_2 of up cutting highness to wide and its bottom highness. That is, while $\lambda_2 \geqslant 0.22$ 、$\lambda_1 \geqslant 0.47$ and $\eta \geqslant 1.1$, compounding mono body can be toppled, while $\lambda_2 \geqslant 0.22$ 、$\lambda_1 \geqslant 0.65$ and $\eta \geqslant 1.13$, up body can be toppled on down body. However, the relation $\eta$and λ_1 can be found by numerical value inserted from calculating figures.

Key words: Blasting demolition; Many cutting Frame; Building; Work and Power principle; Cutting parameter

1 引　言

近年来，多切口拆除楼房的切口参数，长期以来并未引起人们足够重视，国内外还没有这方面的研究。2001 年以来，文献［1］、［2］从静力学推导了单切口定向整体倾倒楼房的切口参数。但是直至现今，还没有从建筑物倒塌动力学[3],[4]研究双切口拆除楼房的切口高度。因此，为了弄清楼房多切口爆破拆除的规律，本文试图从结构倾倒动力学出发，研究了双切口同向倒塌楼房的上下切口和其位置等参数，与楼房高宽比的关系，并建立判别楼房翻倒的图表。

2 切口参数

剪力墙和剪框结构楼房，当采用双切口同向倾倒时，一般是上切口先闭合，形成有根组合单体倾倒，然后下切口才闭合[3],[4]。设下切口高 h_{cu1} ，爆破下坐 $(h_e + h_p)$ 后，其高 h_{cud1} ，距地 l_1 的上切口下坐后高 h_{cud2} ，楼宽 B ，楼房下坐后质心高 h_c ，下切口闭合前地面高 h_f ，楼面层高 h_{fl} ，梁高 h_b 。以下推导见论文［9］。

下切口闭合前的机械能

$$U = U_o\eta_e - y_c(m_1 + m_2)g \tag{1}$$

式中，U_o 为楼房下切口爆破下坐后的机械能；η_e 为上切口闭合前后楼房的机械能比，见文献［5］；m_1 和 m_2 分别是下体和上体的质量；m 为组合单体质量，$m = m_1 + m_2$ ；上下切口闭合时总质心 C 的位置 x_c 、y_c ，见文献［3］中 7.4.1.2 节。

$$U_o = y_1m_1g + (l_1 + y_2)m_2g + J_b\dot{q}^2/2 \tag{2}$$

式中，J_b 为下切口爆破时楼房对中性轴 o 的转动惯量（10^3 kg · m^2）；o 坐标 $x_o = a$，$a = 1.65$，取自青岛远洋宾馆；$\dot{q}$ 为剪力墙楼房下坐撞地后的转速，见文献［3］中式（7.105），本文简化设 $\dot{q} = 0$；y_1 、y_2 、l_1 分别是楼房下切口爆破下坐时，下、上体质心高和下体高（相应切口底部竖向 y 坐标值），见图 1。

$$K_{fw2} = T_2/[r_{2f}m_2g(1 - \cos q_{2f}) + E_{t2}] \geqslant K_{to} \tag{3}$$

为上体从下体上翻倒的动力学条件，见文献［3］、［5］；K_{to} 为翻倒保证系数。

式（3）中，T_2 为上体在下切口闭合后的动能，$T_2 = J_{c2}\dot{q}_{f1}^2/2 + m_2(v_{2cx}^2 + v_{2cy}^2)/2$ ；r_{2f} 、r_{2f1} 和 q_{2f} 、q_{2f1} 分别为上体质心 C_2 到 f_2 、f_1 的距离，和 C_2f_2 连线与铅垂线夹角以及 C_2f_1 连线与铅垂线夹角；v_{2cx} 、v_{2cy} 分别为上体质心 C_2 在下切口闭合后的速度水平分量和速度竖直分量，见文献［3］中 7.4.1.2 节；J_{c2} 为上体的主惯量；E_{t1} ，E_{t2} 分别为下、上切口支

撑部钢筋拉断所需做的功，见文献［3］中7.4.1.2节；当支撑部未切割钢筋，本文简化设 $E_{t1}=0$，$E_{t2}=0$，并将由此产生的误差考虑到翻倒保证率 K_{to} 中，K_{to} 取1.725。

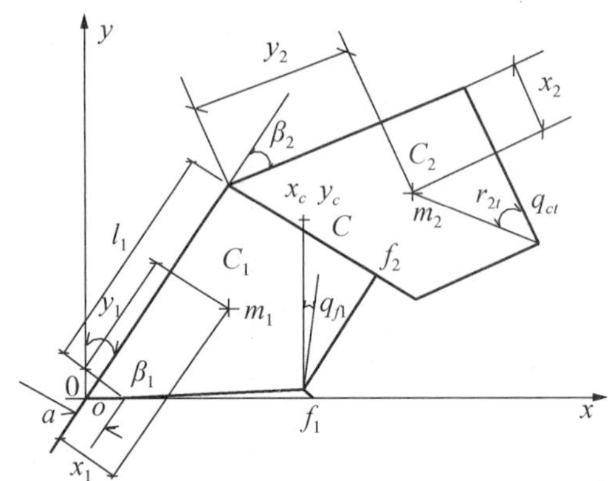

图1 楼房切口闭合上下体质心位置

$$K_{fw1}=T_{f1}/(r_{f1}(m_1+m_2)g(1-\cos q_{f1})+E_{t1})\geqslant K_{to} \tag{4}$$

为上、下体将共同翻倒的动力学条件，见文献［3］、［5］。式中，r_{f1} 为质心 C 到 f_1 的距离；q_{f1} 为 r_{f1} 与铅垂线夹角，R°；T_{f1} 为下切口闭合后的整体动能，$T_{f1}=J_{f1}\dot{q}_{f1}^2/2$；根据动量矩定理，下切口闭合后的转速

$$\dot{q}_{f1}=\dot{q}_0J_c/J_f+(m_1+m_2)r_{f1}(v_s\cos q_{f1}+v_y\sin q_{f1})/J_{f1} \tag{5}$$

式中，$\dot{q}_0$ 为下切口闭合前的转速，$\dot{q}_0=\sqrt{2U/J_o}$；v_x、v_y 分别是下切口闭合前质心 C 的水平速度和竖直速度，见文献［3］中7.4.1.2节；J_c 和 J_{f1} 分别为组合单体的主惯量和对 f_1 点的转动惯量。

由式（3）可得

$$(J_{c2}+m_2r_{2f1}^2)m(h_c\eta_e-y_c)[J_c+mr_cr_{f1}\cos(q_o+q_{f1})]^2/[r_{2f}m_2(1-\cos q_{2f})J_oJ_{f1}^2]\geqslant K_{to} \tag{6}$$

由式（4）可得

$$(h_c\eta_e-y_c)[J_c+mr_cr_{f1}\cos(q_o+q_{f1})]^2/[r_{f1}(1-\cos q_{f1})J_oJ_{f1}]\geqslant K_{to} \tag{7}$$

式（6）和式（7）的解，即当不同 $l_j=l_1/B$ 的上切口高（下坐后 $\lambda_2=h_{cud2}/B=0.22$，取一般），楼房质心高宽比 $\eta=h_c/B$ 和下切口高宽比 $\lambda_1=[h_{cu1}-(h_e+h_p)]/B=\tan\beta_g$ 的关系，它仅与 K_{to}、转动主惯量比 k_j 和 h_f、a/B 有关，而与 m_2、m 无关。图1中计算依据的其他参数，取自青岛15层远洋宾馆，见文献［3］文180页。从图1中可见，当切口底部切割钢筋时，考虑接触阻尼和翻滚阻力，K_{to} 取1.725[3]、[5]，由此，式（7）图3的最小 $\eta=h_c/B\geqslant1.04$，$\lambda_1=h_{cud1}/B\geqslant0.47$；而式（6）图2的最小 $\eta=h_c/B\geqslant1.02$，$\lambda_1=h_{cud1}/B\geqslant0.65$。图2中M为同 η 的最大 $K_{to}(\lambda_1)$。H 为爆破下坐和切口形成后楼房质量均布图形楼高（m），H 应以 h_c 再算，由此计算上体高。转动主惯量比 $k_j=J_{co}/J_{cs}$，J_{co} 为切口形成后楼房主惯量，J_{cs} 为同楼房切口形成后质量均布图形主惯量；当 $k_j=1$ 时，η 和 λ_1 解的关系如图2、图3所示。绝大多数的楼房 k_j 为0.75～1.25，引起

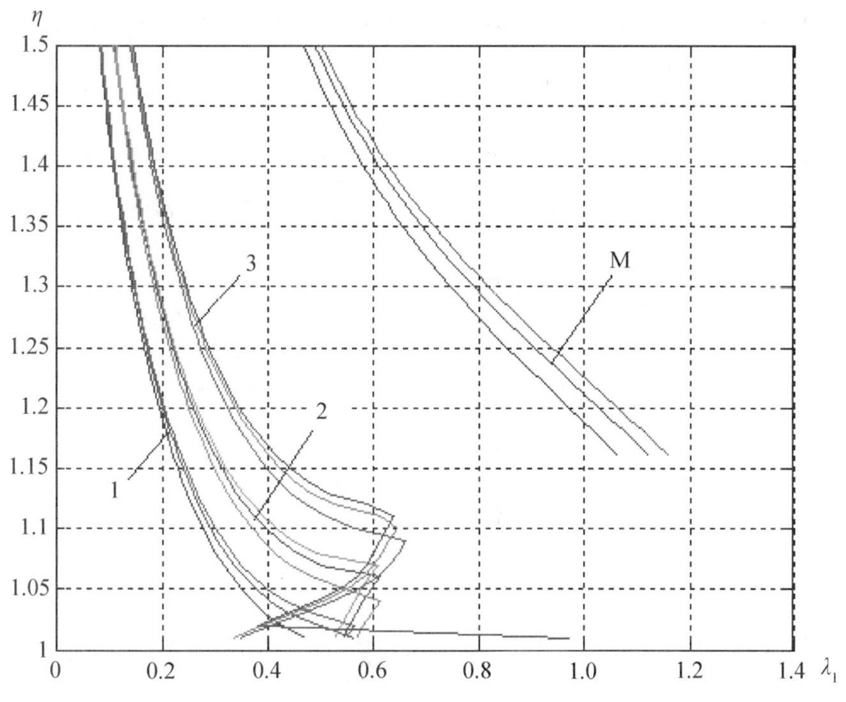

图2　楼房上体在下体上翻倒的 $\eta-\lambda_1$（λ_2 =0.22）关系

1— l_j =0.92；2— l_j =1.14；3— l_j =1.36

（注：图中数据为 l_j 的曲线簇，簇中曲线上、中和下分别为 a/B =0.066、0.0825 和 0.11；M 为 l_j =0.92 的最大 K_{to}）

的 η 变化为图示值的2%内变化；h_f 因 h_b/h_{fl} 而变化，其引起 $\boldsymbol{\eta}$ 变化较小，图中 h_b/h_{fl} = 0.2121（取一般），而 h_b/h_{fl} 的变化可以忽略。当 $\boldsymbol{\lambda}_2$ =0.22 时，考虑上切口堆积高，上切口角不会大于 0.17 R°，上切口闭合冲击，能量损失后的 $\boldsymbol{\eta}_e$ 可取 0.97[5]。dm_1 和 dm_2 分别为下体和上体的单位图形面积的质量，图中所示值虽然与质量无关，但与上下体的质量比有关，即图示 km_{12} = dm_2/dm_1 =0.967，当其值上升 4%时，η 提高不到 1%，$\boldsymbol{\lambda}_1$ 增大仅 0.02，因此可以忽略变化。当 B 为 15～30 m 时，η 变化在 B =20 m 的上下 2%的范围，因此 a/B 引起的误差应由插值来消除。当 $\boldsymbol{\eta}-\boldsymbol{\lambda}_1$ 的点位于插值曲线右上方时，是满足双切口同向翻倒的动力学近似条件。插值曲线，由图中相关 l_j 曲线簇内的 a/B 插值，再从插值结果（由相关 l_j 的）延续再由 l_j 插值获得。而当 $\boldsymbol{\eta}-\boldsymbol{\lambda}_1$ 的点位于插值曲线右上方 η 的 5%以内时，必须准确决定翻倒，应以文献［3］、［5］所述方法和公式计算为准。综上所述，根据插值算图 2 和算图 3，已知 B 和 h_c（$H \approx 2h_c$）就可以按动力学条件设计出同向倾倒爆破拆除楼房的双切口高度 h_{cud1}、h_{cud2} 和 l_1。

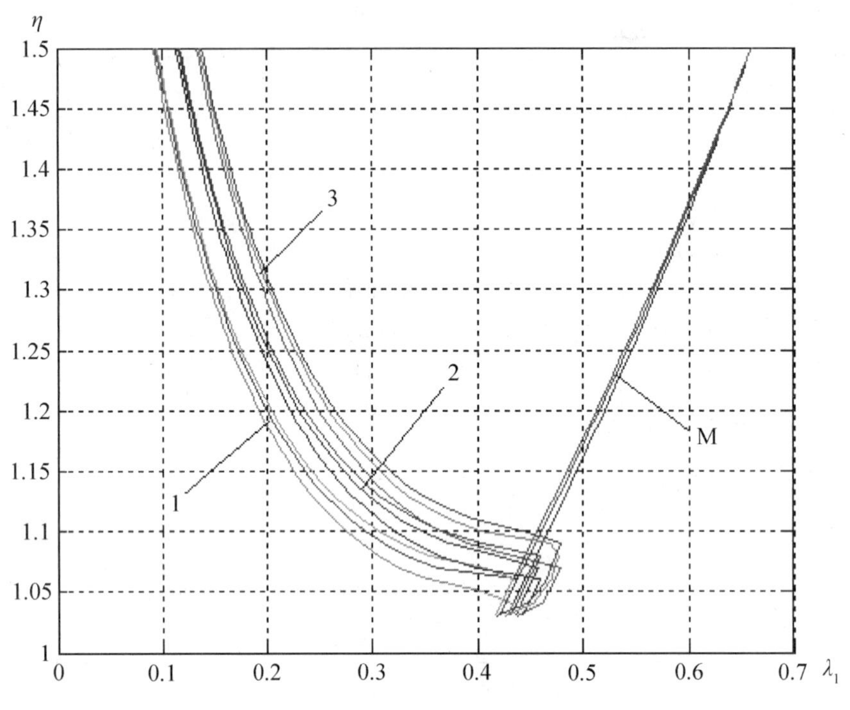

图3　楼房组合单体翻倒的 $\eta-\lambda_1$（$\lambda_2=0.22$）关系

1—$l_j=0.92$；2—$l_j=1.14$；3—$l_j=1.36$

（注：图中数据为 l_j 的曲线簇，簇中曲线上、中和下分别为 $a/B=0.066$、0.0825 和 0.11；M 为 $l_j=0.92$ 的最大 K_{to}）

从图 3 中可见，减少上切口底高 l_1（l_j），η 也降低，楼房更易翻倒，尤其以上体显著，而 l_1（l_j）增大，上体更难在下体上翻倒；切口支撑点与楼宽比 a/B 越大，下切口适当地浅，楼房也更易于翻倒。图 2 的 η 略小于图 3，可见随着 η 的减少，可能出现上体翻倒而下体并不翻倒爆堆。比较文献［6］单切口的整体翻倒，其最小 $\eta=1.05$，并被实例所证明。若不计算切口内质量，最小 $\eta=1.08$，可见同向双切口较少地提高翻倒能力，双切口主要是减小了爆堆前沿宽，见文献［3］、［5］。

3　结语

本文应用多体－离散体动力学[3],[4]和机械能守恒、动量矩定理，判断了双切口爆破拆除楼房的倒塌姿态，即双切口同向倾倒拆除楼房，都是上切口先闭合形成有根组合单体后，下切口再闭合。由此，推导了上体在下体上翻倒或上下体组合整体翻倒时，楼房质心高宽比 η 与上、下切口高和上切口底高与楼宽比 λ_2、λ_1 和 l_j 的动力学关系，即当 $\lambda_2\geqslant0.22$、$\lambda_1\geqslant0.47$、$\eta\geqslant1.1$ 时，上下体整体可以翻倒；而当 $\lambda_2\geqslant0.22$、$\lambda_1\geqslant0.65$、$\eta\geqslant1.13$ 时，上体可能在下体上翻倒。具体 η 和 λ_1 关系，可根据 l_j 和 B 从算图中插值得到。

参考文献

［1］金骥良．高耸建筑物定向爆破倾倒设计参数的计算公式［A］//工程爆破文集：第七辑．成都：新疆青少年出版社，2001：417－421.

［2］金骥良．高层建（构）筑物整体定向爆破倒塌的切口参数［J］．工程爆破，2003，9（3）：1－6.

［3］魏晓林．建筑物倒塌动力学（多体－离散体动力学）及其爆破拆除控制技术［M］．中山大学出版社，2011.

［4］魏晓林，傅建秋，李战军．多体－离散体动力学分析及其在建筑爆破拆除中的应用［A］//庆祝中国力学学会成立50周年大会暨中国力学学术大会'2007，论文摘要集（下）［C］．北京：中国力学学会办公室，2007：690.

［5］魏晓林．多切口爆破拆除楼房的爆堆［J］．爆破，2012，29（2）：1－6.

［6］魏晓林．爆破拆除建筑物整体翻倒的切口参数［J］．爆破，2012，延期．

论文［8］反向双切口爆破拆除楼房切口参数研究

爆破，2013（30）：4

魏晓林

（广东宏大爆破股份有限公司，广州 510623）

摘要：双切口反向倾倒拆除楼房，一般是上切口闭合，形成双体双向运动，上体翻倒，下切口再闭合。因此，应用多体动力学，考虑双体在下体顶面翻倒的双体运动和阻尼能耗，推导上体在下体上翻倒时，楼房上体高宽比 η_2 分别与上、下切口高与宽比和上切口底高与楼宽比 λ_2、λ_1 和 l_j 的关系，即 λ_2 为 0.4～0.7、λ_1 为 0.6～0.8、$l_j=1$，$\eta_2 \geq 1.45$ 时，上体可在下体上翻倒。具体 η_2 和 λ_2 关系，可根据主惯量比 k_j 和 λ_1 从算图中插值得到，相应下切口起爆时差可参考上切口闭合时间 t，从另一算图中插值相似时间 t' 得到。

关键词：爆破拆除；楼房；反向多切口；切口参数

doi：10.3963/j.issn.1001－487X.2013.03.001

中图分类号：TU746.5　文献标识码：A　文章编号：1001－487X（2013）03－0001－01

Cut Parameter of Building Demolished by Blasting with Two Reverse Cutting

WEI Xiaolin

（Guangdong Hongda Blasting Co Ltd　Guangzhou 510623，China）

Abstract：When building is demolished by 2 cutting in reverse direction，two body movement is usually formed since up cutting closed. The multibody dynamics，damp dynamic wastage rolling of up body on down body are took into account，when up body on down body are toppled, it has been known to relation between contrast λ_1 of highness of up body to building wide, contrast λ_2 of down cutting highness to wide, contrast l_j of up cutting highness to wide and its bottom highness to building wide $\lambda_2 = 0.4 \sim 0.7$. That is, while is $\lambda_1 = 0.6 \sim 0.8$, $l_j = 1$ and $\eta_2 \geqslant 1.45$, up body on down body can be toppled. However, the relation between η_2 and λ_2 can be found by numerical value k_j, λ_1 inserted from calculating figures. Corresponding blasting time interval between up and down cutting can be referred to close time t of up cutting and obtained with similar time t' inserted from another calculating figure.

Key words: Blasting demolition; Building; More cutting in reverse direction; Cutting parameter

近年来，多切口拆除楼房的切口参数，长期以来并未引起人们足够重视，国内外还没有这方面的研究。2001 年以来，参考文献［1］、［2］，以下简称“文献”，从静力学推导了单切口定向整体倾倒楼房的切口参数[1],[2]。但是直至现今，还没有从建筑物倒塌动力学[3],[4]研究反向双切口拆除楼房的切口高度。因此，为了弄清楼房反向多切口爆破拆除的规律，试图从结构倾倒动力学出发，研究了双切口反向倒塌楼房的上下切口和其位置等参数，与楼房高宽比的关系，并建立判别楼房翻倒的图表。

1　切口参数

剪力墙和剪框结构楼房，当采用双切口反向倾倒时，一般是上切口先起爆，延迟 0.8～1.5 s，当上切口快闭合时，才爆破下切口，形成双切口反向折叠倾倒。上切口重心翻过前趾闭合点后，上下体折叠倒塌趋势已告完成，由此建立以下模型，见图 1。设下切口高 h_{cu1}，爆破下坐（$h_e + h_p$）后，其下切口高 h_{cud1}，h_e 为下体爆破高，h_p 为下体下坐高；上切口高 h_{cu2}，爆破下坐后高 $h_{cud2} \approx h_{cu2}$；h_1 为爆破前上切口底距地高，下切口爆破后上切口底距地高 $l_1 = h_1 - (h_e + h_p)$；H_1 为爆破前楼高，楼房下坐后高为 H。上切口爆破后，上体绕 b 铰逆时针正向倾倒，上切口闭合后，上体绕前趾在下体上的 f 铰继续逆时针正向倾倒，而下体即时起爆后，同时顺时针倾倒，见图 2。上下体能否完成折叠倒势，只需判断上体重心跨过下体后移 f 点即可。而当 $l_1 = B$（B 为楼宽）时，下体翻倒与否，对下体爆堆范围变化不大。下体上端塑性铰 f 弯矩 $M_2 = 0$，下体下端塑性铰 o 的弯矩 M_1，通常小于下体重力弯矩 $m_1 g r_1 \sin(q_1 + q_a)$ 的 4%，因此可以忽略，即 $M_1 = 0$，并将其引起的误差包含到保证翻倒富余速度中，简化后上体闭合后双体动力方程[3]如下：

$$\left.\begin{aligned} & J_f \ddot{q}_2 + m_2 r_f l_1 \cos(q_2 - q_1)\ddot{q}_1 + m_2 r_f l_1 \sin(q_2 - q_1)\dot{q}_1^2 = m_2 g r_f \sin q_2 \\ & m_2 r_f l_1 \cos(q_2 - q_1) + (J_{b1} + m_2 l_1^2)\ddot{q}_1 - m_2 r_f l_1 \sin(q_2 - q_1)\dot{q}_2 = \\ & m_2 g l_1 \sin q_1 + m_1 g r_1 \sin(q_1 + q_a) \end{aligned}\right\} \tag{1}$$

式中，m_2，m_1，J_{b1}，r_f，r_1 分别为上体和下体的质量、对下铰（内接铰）的转动惯量和质心与下铰的距离；l_1 为下体两端塑性铰 of 的距离；q_2，q_1，$\dot{q}_2$，$\dot{q}_1$，$\ddot{q}_2$，$\ddot{q}_1$ 分别为上体 r_f 和下体 l_1 与竖直线的夹角（R° = rad）、角速度和角加速度，逆时针为正，顺时针

为负；q_a 为 r_1 与 l_1 间的夹角，$q_a = \arctan(B/l_1)$，q_a 以 l_1 为起始线，与 q_1 同向则同符号；动力方程的初始条件为

$$t = 0, q_2 = -q_f, q_1 = q_{1,0}, \dot{q}_2 = \dot{q}_f, \dot{q}_1 = 0 \tag{2}$$

式中，q_f、$\dot{q}_f$ 分别为切口闭合时上体的 r_f 与竖直线夹角和角速度；$q_{1,0}$ 为下体 l_1 的初始角。

双体运动前，即上切口闭合前为上体单向逆时针运动，上切口闭合时质心 C_2 速度的水平分量和竖直分量分别为

$$\left.\begin{aligned} v_{2cx} &= r_2\dot{q}_2\cos q_2 \\ v_{2cy} &= -r_2\dot{q}_2\sin q_2 \end{aligned}\right\} \tag{3}$$

式中，r_2、J_{b2} 分别为上体质心 C_2 到铰 b 的距离和转动惯量；上切口闭合前 q_2、$\dot{q}_2$ 分别为 r_2 与竖直线的夹角和角速度，$q_2 = q_{2,0} + \beta_2$，β_2 为上切口角，也是上切口闭合前上体转动角，即上体前柱或后柱与竖直线的夹角；$q_{2,0}$ 为 r_2 与后柱的夹角，上切口闭合前上体转速[3]

$$\dot{q}_2 = \sqrt{\frac{2m_2gr_2(\cos q_{2,0} - \cos q_2)}{J_{b2}}} \tag{4}$$

令 $m_0 = \cos q_{2,0}$，则上切口闭合时间[3]

$$t = \sqrt{\frac{J_{b2}}{m_2gr_2}} \cdot \left(\ln\left(q_2 + \sqrt{2(m_0-1)+q_2^2}\right) - \ln\left(q_{2,0} + \sqrt{2(m_0-1)+q_{2,0}^2}\right)\right) \tag{5}$$

上体刚绕 f 轴整体转动的转速 $\dot{q}_f$[3],[5]，根据质心动量矩守恒定律，并考虑上切口闭合的完全塑性碰撞

$$\dot{q}_f = \dot{q}_2J_{2c}/J_f + (m_2v_{2cx}r_f\cos q_f + m_2v_{2cy}r_f\sin q_f)/J_f \tag{6}$$

式中，J_f 为上体对 f 点的转动惯量；$J_f = J_{c2} + m_2r_f^2$；r_f 为质心 C_2 到下体撞击点 f 的距离；J_{2c} 为上体的主惯量。

$$q_f = \arctan[(B - r_2\sin q_2)/(r_2\cos q_2)] \tag{7}$$

上切口闭合后为双体运动，上体以前趾 f 为轴心逆时针向前继续转动，在顺时针转动的下体上整体翻转。若 $q_f > 0$，即上体质心 C_2 在前趾支撑在下体点 f 的后方，上体楼绕过前趾翻倒必需提高质心 C_2，其翻倒条件为方程（1）解的

$$q_2 > 0, \dot{q}_2 \geqslant \dot{q}_{2b} \tag{8}$$

式中，$\dot{q}_{2b}$ 为保证翻倒富余速度。下、上切口支撑部钢筋拉断所需做的功分别为 $E_{t1} = 0$，$E_{t2} = 0$，见文献［3］中 7.4.1.2 节。当支撑部未切割钢筋时，均简化设 $E_{t1} = 0$，$M_1 = 0$，并将由此产生的误差考虑到 $\dot{q}_{2b}$ 中，$\dot{q}_{2b}$ 取 0.3 s^{-1}。

满足式（8）的式（1）和式（2）的解，即当 $l_j = l_1/B$ 不同时，下切口高 λ_1（取下坐后），楼房高宽比 $\eta_h = H/B$ 和 $\eta_2 = h_2/B$ 与上切口高宽比 $\lambda_2 = h_{cud2}/B$ 的关系，它们仅与转动主惯量比 k_j、λ_1 和 l_j 有关，与 m_2、m_1 无关，而与 B 相关较少，基本无关。图 2 中计算依据的其他参数，取自折叠爆破成功的青岛 15 层远洋宾馆[3]，见文献［3］180 页，但是，最终证明这些参数也与方程的解无关。由于方程（1）只能数值求解，现将满足式（8）的式（1）和式（2）的解表示于图 3。从图中可见，上体高宽比 $\eta_2 = h_2/B \geqslant 1.45$，$h_2$ 为上体高，而 $\lambda_2 = h_{cud2}/B$ 为 0.4～0.7；$\eta = \eta_2 + l_j$，$\lambda_1 = h_{cud1}/B$ 为

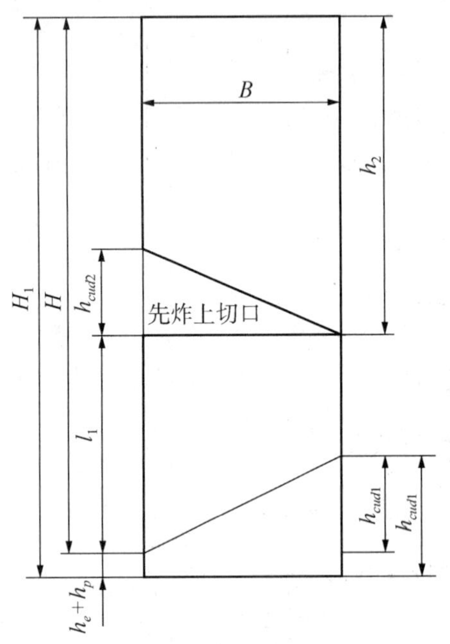

图1　切口位置

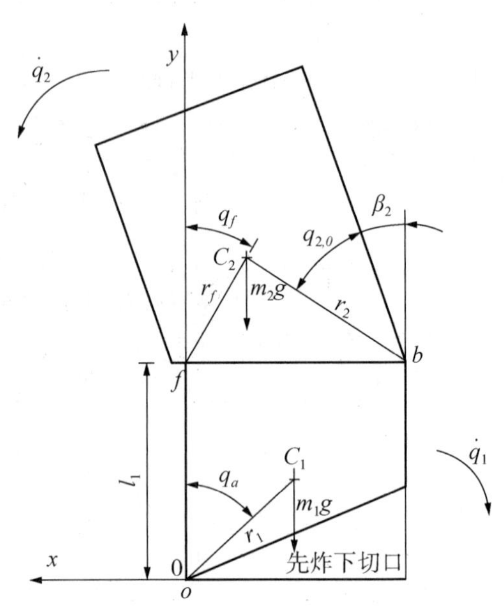

图2　切口闭合上下体质心位置

0.6～0.8，而方程的解与 l_j 关系不大。转动主惯量比 $k_j = J_{co}/J_{cs}$，J_{co} 为切口形成后楼房主惯量，J_{cs} 为同楼房实心主惯量，以简化计算，上体 $J_{cs} = m_2(B^2 + h_2^2)/12$；$J_{co}$ 可用像物变换法[3]快速建模计算；绝大多数的楼房的 $k_j = 0.75 \sim 1.25$。图3中显示了当 $\dot{q}_{2b} = 0.07\ \mathrm{s}^{-1}$，$l_j = 1$，$k_j$ 为 0.85～1.15，λ_1 为 0.6～0.8 的 $\lambda_2 - \eta_2$（"or"η_h）关系，括号内"or"代表为"或者"，以下与此相同。当 $\lambda_2 - \eta_2(\mathrm{or}\ \eta_h)$ 的点位于插值曲线右上方的 η_2 时，满足双切口反向翻倒的动力学近似条件。插值曲线由图中相关 k_j 曲线插值，又从插值结果延续再由 λ_1 插值获得。当 $l_j \neq 1$ 时，可以 $l_j = 1$ 的 η_2 为基点，以相对差 $d(\eta_2) = 0.09d(l_j)$ 调整，式中 $d(l_j)$ 为 l_j 的相对差。而当 $\lambda_2 - \eta_2(\mathrm{or}\ \eta_h)$ 的点位于图3插值曲线右上方 η_2 的110%以内时，必须准确决定翻倒，应以文献［3］、［5］所述方法和公式计算[3],[5]为准。插值曲线的误差，是由方程（1）数值解的误差所引起，并按计算时间间隔，随 $m_2(\mathrm{or}\ \eta_h)$ 变化而变化。算图3中 $\dot{q}_{2b}$ 已减小到 $\dot{q}_{2b} = 0.07\ \mathrm{s}^{-1}$，应用时应取 $1.1\eta_2$（相当于 $\dot{q}_{2b} = 0.3\ \mathrm{s}^{-1}$），以留有余地。综上所述，根据插值算图3，已知 B、$H(\mathrm{or}\ h_2)$ 和 l_j、λ_1 就可以按动力学条件设计出反向倾倒爆破拆除楼房的双切口高度 h_{cud1}、h_{cud2} 和 l_j。下切口的起爆延迟时间 t_i，应接近式（5）表示的上切口闭合时间 t，可从图4查值相似时间 t'，$t = t'\sqrt{B}$。当 $t_i < t$ 时，由于上切口闭合前下体已经转动，故稍微增大上体翻倒的概率；而当 $t_i > t$ 时，也因上切口闭合后，下体不动，$\dot{q}_2$ 迅速减小，导致尔后上体的翻倒概率降低。

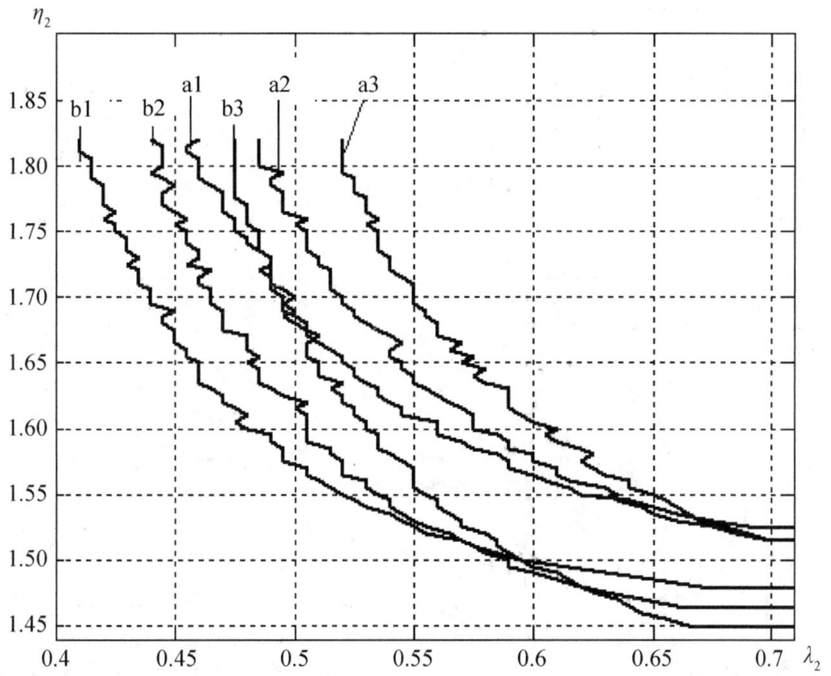

图3　楼房上体反向在下体上翻倒的 $\lambda_2-\eta_2$（或 η_h，$\eta_h=\eta_2+l_j$）（$l_j=1$）关系

表1　图3和图4中符号意义

曲线	a1	a2	a3	b1	b2	b3
k_j	0.85	1.0	1.15	0.85	1.0	1.15
λ_1	0.6	0.6	0.6	0.8	0.8	0.8

爆破拆除反向多切口楼房翻倒实例与相应查图值，见表2。表2中查图 η_2，因例3和例4为3折叠爆破，因此均未以 l_j 调整 η_2。例2的查图 $\eta_2=1.82$，$l_j=2.07$，故 $d(\eta_2)=0.09\times(2.07-1)=0.1$，最终 η_2 为 $1.82\times(1+0.1)=2.00$。如果减少上切口底高 l_1（l_j），η_2 也降低，楼房更易翻倒，而 l_1（l_j）增大，上体更难在下体上翻倒。例1下体在上切口下隔层再爆1层，$l_j=1.19$ 未调整，η_2 仅作参考。从表2中可见，实例1、2和3的 η_2，均大于查图3，各例上体均翻倒；而例4的 $\eta_2=1.33$ 却小于查图3的2.0，并且中切口起爆迟后上切口时差2.5 s，比查图4的 $t'=0.43$，$t=0.43\sqrt{14.7}$ s $=1.65$ s，起爆时差 $t_i=2.5$ s 大了很多，使上体实际并未翻倒而是坐落在爆堆上。由此可见，算图3查值是符合实际的，是可以应用于实际工程中的。此外，从表2中可见，各例除例4外，相邻下部切口的起爆时差，略小于查图4的 t 值，也基本切合实际。比较其他拆除爆破方式，单切口整体翻倒，和同向双切口整体翻倒[9]，其楼房高宽比 $\eta_2=2.08$，图3中 $\eta_h=\eta_2+l_j=1.45+0.8=2.25$ 却大些，可见反向双切口爆破并不一定提

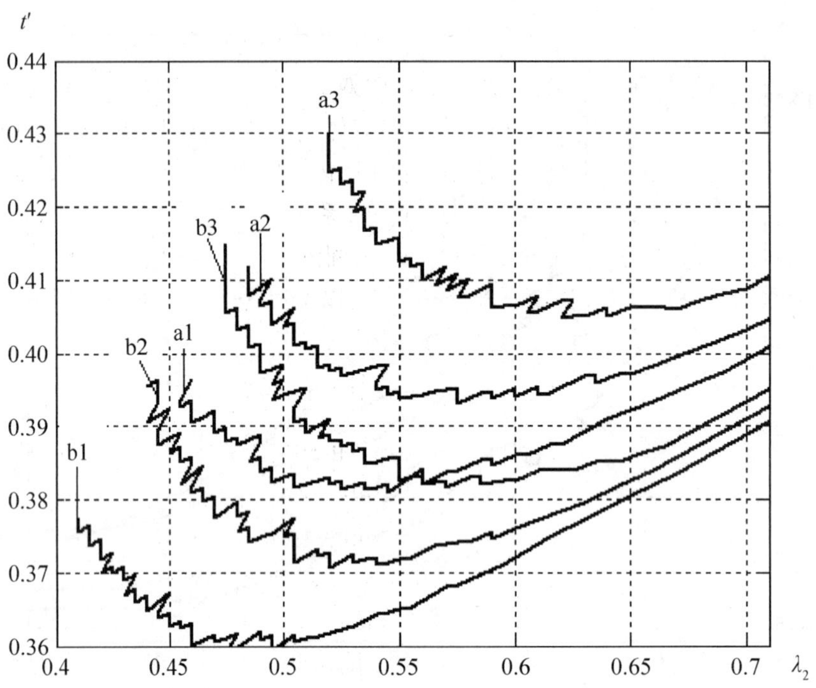

图4 楼房上体反向在下体上翻倒的 λ_2-t'（$l_j=1$）关系

高翻倒能力。反向双切口主要是减小了爆堆前后沿宽，见文献［3］、［5］。

表2 爆破拆除反向多切口楼房翻倒高宽比和起爆时差实例

序号	工程名称	平均楼宽×平均高/m	层数	结构	楼高宽比 η_h（设计/实际）	上体高宽比 η_2	上切口高/m × λ_2/λ_1	倒塌方式	相邻下切口时差/s	查图 η_2/k_j
1	青岛远洋宾馆西楼	16.8×49.9	15	剪力墙	2.97 /2.93	1.76	9.2×0.55/0.55	2折叠翻倒	1.3	1.61/0.75
2	大连金马大厦[6]	15 ×89.45	28	框剪	5.9	4.04	7.5 ×0.5/0.5	2折叠翻倒	1.5	（≈2.0）/（≈1）
3	武汉框剪楼[7]	11.3×63	19	框剪	—	1.75	5.9×0.52/0.52	3折叠翻倒	1.02	（≈1.75）/（≈1）
4	泰安长城小区9#楼[8]	14.7×62.1	20	剪力墙	—	1.33	4.9×0.33/0.52	3折叠上体坐在爆堆上	2.5	（≈2.0）/（≈1）

2 结语

应用多体－离散体动力学[3],[4]判断了反向双切口爆破拆除楼房的倒塌姿态，即双切口反向倾倒拆除楼房，都是上切口闭合形成双体运动后，下切口再闭合。由此，推导了上体在下体上反向翻倒时，楼房高宽比 η_h 和上体高宽比 η_2 分别与上、下切口高与宽比和上切口底高与楼宽比 λ_2 、λ_1 和 l_j 的动力学关系，即当 λ_2 为0.4～0.7、λ_1 为0.6～0.8、$l_j=1.0$、$\eta_2\geqslant1.45$ 时，上体可以在下体上翻倒。具体 λ_2 和 η_2 、η_h 关系，可根据转动主惯量比 k_j 和 λ_1 从算图中插值 η_2 得到，并以 l_j 调整。上、下切口起爆时差，也可查图相似时间 t' 计算参考。

参考文献

［1］金骥良．高耸建筑物定向爆破倾倒设计参数的计算公式［A］//工程爆破文集：第七辑［C］．成都：新疆青少年出版社，2001：417－421.

［1］Jin Jiliang. Thecomputating formulae of the direction blasting collapsing on towering constructing［C］// Engineering blasting corpus（seventh corpus）. Chengdu：Xin jang Teenager Press，2001：417－421.（in Chinese）

［2］金骥良．高层建（构）筑物整体定向爆破倒塌的切口参数［J］．工程爆破，2003，9（3）：1－6.

［2］JIN Jiliang. Theparamenters of blasting cutfor directional collapsing of highrise buildings and towering structure［J］. Engineering Blasting，2003，9（3）：1－6.（in Chinese）

［3］魏晓林．建筑物倒塌动力学（多体－离散体动力学）及其爆破拆除控制技术［M］．广州：中山大学出版社，2011.

［3］WEI Xiaolin. Dynamics of building toppling（Multibody－descretebody dynamics）and its control technique of demolition by blasting［M］. Guangzhou：ZHONG Shao University Press，2011.（in Chinese）

［4］魏晓林，傅建秋，李战军．多体－离散体动力学分析及其在建筑爆破拆除中的应用［A］//庆祝中国力学学会成立50周年大会暨中国力学学术大会'2007：论文摘要集（下）［C］．北京：中国力学学会办公室，2007：690.

［4］WEI Xiaolin，FU Jianqu，LI Zhanjun. Analysis of multibody－discretebody dynamics and its applying to building demolition by blasting［A］// Collectanea of discourse abstract of CCTAM2007（Down）［C］. Beijing：China Mechanics Academy Office，2007：690.（in Chinese）

［5］魏晓林．多切口爆破拆除楼房的爆堆［J］爆破，2012，29（3）：15－19.

［5］WEI Xiaolin. Muckpile of building explosive demolition with many cutting［J］. Blasting，2012，29（3）：15－19.（in Chinese）

［6］陈培灵，李文全，金骥良，等．大连金马大厦双向折叠爆破拆除技术［A］//中国爆破新技术Ⅲ［C］．北京：冶金工业出版社，2012：497－508.

［6］CHEN Peiling，LI Wenquan，JIN Jiliang，et al. Demolition of DalianJinma building by

two-direction folding blasting technology [A] //New Techniques in China Ⅲ [C]. Beijing: China Metallurgical Industry Press, 2012: 497 - 508. (in Chinese)

[7] 谢先启，韩传伟，刘昌邦．定向与双向三次折叠爆破拆除两栋19层框剪结构大楼 [A] //中国爆破新技术Ⅱ [C]. 北京：冶金工业出版社，2008：366 - 370.

[7] XIE Xianqi, HAN Chuanwei, LIU Changbang. Demoliting of two 19-storey building of frame and shear wall by direction and bidirection-3-times-folding blasting [C] //New Techniques in China Ⅱ [C]. Beijing: China Metallurgical Industry Press, 2008: 366 - 370. (in Chinese)

[8] 高主珊，孙跃光，张春玉，等. 20层剪力墙结构定向与双折叠爆破拆除 [J]. 工程爆破，2010，16 (4)：51 - 54，25.

[8] GAO Zhushan, SUN Yueguang, ZHANG Chunyu, et al. Demolition of 20-storey building withchear wall structure by direction and bidirectional folding blasting [J]. Engineering Blasting, 2010, 16 (4): 51 - 54, 25. (in Chinese)

[9] 魏晓林．双切口爆破拆除楼房切口参数 [A] //中国爆破新技术Ⅲ. 北京：冶金工业出版社，2012：576 - 580.

[9] WEI Xiaolin. Cutting parameter of building demolished by blasting with two cutting [A] //New Techniques in China Ⅲ [C]. Beijing: China Metallurgical Industry Press, 2012: 576 - 580. (in Chinese)

论文 [9] 多切口爆破拆除楼房的爆堆

爆破，2012，29 (3)

魏晓林

(广东宏大爆破有限公司，广州 510623)

摘要：双切口同向倾倒拆除楼房，都是上切口先闭合形成有根组合单体。该过程经双体倾倒动力方程数值计算，在上切口闭合时，由碰撞的冲量矩守恒可知，组合单体的转动动能损失，小于下体不动上体倾倒切口闭合时的能量界限模型，即组合单体的机械能与上切口闭合前的能量比 η_e ，可以计算下切口闭合前的机械能，本文实例的多种情况 η_e 为 1～0.91，也大于能量界限模型的 0～2%。下切口闭合时切口碰撞，组合单体质心与着地点径向动能，因碰撞而消耗；而撞地点的冲量矩却形成了下切口闭合后的转速（包含上体顶再撞地时），见式（8）。考虑到组合单体在地上滚动和上体在下体顶面翻倒的阻尼能量损耗，以阻尼系数 k_f =1.15 表示，再以单体翻倒所需能量比数 K_{fw1} 、上体翻倒能量比数 K_{fw2} 和上体沿下体顶面冲击滑动能量比数 $K_{f\beta}$ ，分别小于保证（安全）系数 k_w =1.5，以及上体翻倒再翻滚能量比数 $K_{wt} < 1/k_w$ ，分别判断整体翻倒、仅上体翻倒下体不翻倒以及上体沿下体顶面滑出和上体翻倒再翻滚等拓扑运动姿态，并列出了以上相应的爆堆尺寸。

关键词：爆破拆除；多切口；楼房；功能原理；爆堆的前沿宽和高

中图分类号：TD235.1　　　文献标识码：A　　　文章编号：

Muckpile of Building Demolished by Blasting with Many Cuttings

WEI Xiaolin

(Guangdong Hongda Blasting Co. Ltd., Guangzhou 510623, China)

Abstract: When building is demolished by 2 cutting in same direction, compounding mono body with root is all formed whilc up cutting. When up cutting is closed, it can be known by numerical solution of 2 bodies dumping dynamical equations and impulse (moment) conservation of collide that kinetic energy losing of compounding mono body is less than energy ambit model, that down body isn't moved, up body is dumped and up cutting is closed. It can be calculated by η_e (energy ratio between compounding mono body with that before up cutting closed) to mechanical energy since down cutting closed. In many instance $\eta_e = 1 \sim 0.91$, which is larger than $0 \sim 2\%$ of energy ambit model. When down cutting is closed and impacted, kinetic energy is lost in radial between touchdown on ground and mass centre of compounding mono body. However, the rotate speed is formed by impulse moment while down cutting closed (and when impact of up body peak on ground), see formula (8). Considering energy consume of roll of compounding mono body on ground, energy cost of dumping of up body on top face of down body (shown as damp energy consume coefficient $k_f = 1.15$), the roll of compounding mono body, only up body but down body, up body gliding out down body top and up body rolling again can saparately be judged by K_{fw1}, K_{fw2}, $K_{f\beta}$ ($< k_w = 1.5$, to ensure and be safe), and $K_{wt} < 1/k_w$, that movement stance and measurement of blasting heaps have been listed.

Key words: Blasting demolition; Many cutting Frame; Building; Work and Power principle; The front distance and height of collapse heap

1 引　　言

随着我国城市化进程的加快，爆破方法快速拆除建（构）筑物日益受到重视，并被广泛采用。众所周知，这些待拆建（构）筑物大多是在人口稠密，环境复杂的市区或厂区进行，为减小爆堆范围，多采用多切口爆破拆除。为了确保建筑物可靠倒塌，又必须保护周围环境安全，急需研究爆破拆除楼房解体规律和爆堆形态。

拆除楼房解体规律和爆堆形态，长期以来并未引起人们足够重视，国内外很少有这方面的系统理论分析和专项研究。1989 年，文献［1］定性叙述了定向倾倒的拆除建筑运动解体的过程并从经验计算了爆堆的宽度。但是直至现今，还没有从“建筑物倒塌动力学”定量研究多切口拆除楼房倾倒撞地解体的过程。因此，为了弄清楼房爆破拆除的解体规律，本文试图从结构倾倒下落的力学机理出发，根据撞地前后的多体功能原理，探索多切口解体楼房的运动和爆堆形成过程。探索和研究过程，参见文献［2］。

2 双切口爆破拆除楼房的爆堆

2.1 有根组合单体

剪力墙和剪框结构楼房，当采用双切口同向倾倒时，上切口的高度一般在 3 层以下，比下切口小；若楼房上体（段）的自重接近或者超过楼房下体（段）的自重，则当采用下行起爆顺序（先炸上切口）或时差 1.0 秒内的上行起爆（先爆下切口）时，上下切口爆破后，楼房上体的后推力减缓了楼房下体的前倾转动，却加快了上切口的闭合，通常在下切口闭合前，上切口已经闭合，并且楼房上体在空中沿下体前顶面翻落的可能性减少，上、下体在空中难以完全离散，从而形成上下体迭合的楼房有根组合单体着地状态，如图 1b 所示。楼房的这种状态，已为数值摸拟所证明。参见文献［2］中 6.3.8.3 节“剪力墙双体同向倾倒”和第 5 章“多体 – 离散体动力学的数值模拟”。

只要在下切口闭合撞地时，保持唯一的有根组合单体，该单体就仅有一个自由度，根据文献［2］6.5 节提出的多体的功能原理，该自由度单体的动能略小于初始多体下落机械能的总和，其比值为 η_e。因此，可以用 η_e 的总机械能，近似做上、下体落地姿态判断，并最后确定爆堆尺寸。

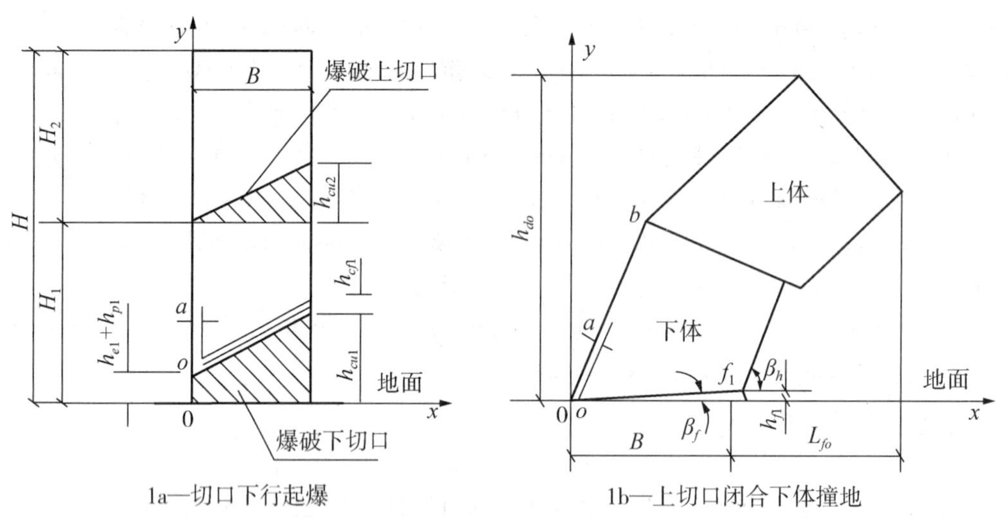

图 1 双切口剪力墙同向倾倒姿态

2.2 爆堆形态和判断

设下切口先爆破 h_{e1}，剪力墙竖直下落 h_{e1}，楼房撞地下坐 h_{p1}（后支撑破坏 h_{p1} 后），楼房总高降至 $H - h_{e1} - h_{p1}$，见参见文献［2］中 7.4.2 节“剪力墙下坐及起爆次序”，则剪力墙楼房撞地后的转速 $\dot{q}$，见文献［2］中 7.4.1.2 节式（7.28）。

上切口爆破，上下体同向倾倒，上切口闭合后，由冲量（矩）守恒得有根组合单体转速为

$$\dot{q}_e = [(m_1 v_{1c} + m_2 v_{2c})(\sin q_{12}\cos q_{co} + \cos q_{12}\sin q_{co}) r_{co} + \dot{q}_1 J_{c1} + \dot{q}_2 J_{c2}]/J_o \qquad (1)$$

式中，m_1、J_{c1}、$\dot{q}_1$、v_{1c} 和 m_2、$\dot{q}_2$、$\dot{q}_2$、v_{2c} 分别为楼房下体和上体的质量（10^3 kg）和转动主惯量（10^3 kg·m^2）、转速（s^{-1}）、两体质心连线上的速度（m/s）；q_{12} 为质心连线与铅垂线的夹角；y_{ec}、q_{co} 分别为组合单体质心高和对地中性轴 o 连线与铅垂线的夹角；J_o 为组合单体对 o 的转动惯量（10^3 kg·m^2）。$\dot{q}_1$ 和 $\dot{q}_2$ 见文献［2］中式（6.72）动力方程和第5章数值求解。

对应能量

$$U_e = (m_1 + m_2)y_{ec}g + J_o\dot{q}_e^2/2 \tag{2}$$

上切口闭合前的机械能

$$U_o = y_1 m_1 g + (l_1 + y_2)m_2 g + J_b\dot{q}^2/2 \tag{3}$$

式中，J_b 为下切口爆破时楼房对中性轴 o 的转动惯量（10^3 kg·m^2）；y_1、y_2 分别是楼房上下体（段）相应切口底部竖向 y 坐标值，如图2所示。

上切口闭合前后能量比

$$\eta_e = U_e/U_o \tag{4}$$

当 η_e 为0.91～1时，上下切口爆破时差（0.5～1.5s）越大、上切口角越小，η_e 也越大。η_e 也可以用下体不动，上体转动切口闭合的能量界限模型，计算出剩余能量界限下值 η_{ec}，即式（1）中 $\dot{q}_1=0$、$v_{1c}=0$ 时的 η_e 为 η_{ec}，而双体倾倒的 $\eta_e = \eta_{ec} +$（0.04～0.02）。上下切口爆破时差（0.5～1 s）越大，η_e 取大值。界限模型的上体转速 $\dot{q}_2$ 根据文献［2］中6.3.4节“高耸建筑物的单向倾倒”的显式公式（6.37）求解。当已知 η_{ec} 和 η_e，就无需式（1）、式（2）和式（3）。

上下切口闭合前的机械能

$$U = U_o\eta_e - y_c(m_1 + m_2)g \tag{5}$$

上下切口闭合时的总质心 C 的位置 x_c、y_c，见文献［2］中7.4.1.2节。以下 x 坐标，除 x_1，x_2 以外，都以中性轴 o 为原点。机械能形成的转速为

$$\dot{q}_0 = \sqrt{2U/J_o} \tag{6}$$

质心 C 水平速度为 $v_x = r_c\dot{q}_0\cos q_0$。

质心 C 竖直速度

$$v_y = -r_c\dot{q}_0\sin q_0 \tag{7}$$

根据对闭合撞地点 f_1 的冲量矩定理，下切口闭合后的转速为

$$\dot{q}_{f1} = \dot{q}_0 J_c/J_{f1} + (m_1 + m_2)r_{f1}(v_x\cos q_{f1} + v_y\sin q_{f1})/J_{f1} \tag{8}$$

式中，q_{f1} 为质心 C 对 f_1 连线的与铅垂线夹角，R°；文献［2］中式（7.41）应修改为式（8）。同理，文献［2］中式（3.32）、式（7.70）也应相应修改。J_c 和 J_{f1} 分别为组合单体的主惯量和对 f_1 点的转动惯量。

下切口闭合后的整体动能

$$T_{f1} = J_{f1}\dot{q}_{f1}^2/2 \tag{9}$$

当质心 C 和 f_1 的坐标满足

$$x_c > x_{f1} \tag{10}$$，

上下体共同翻倒。

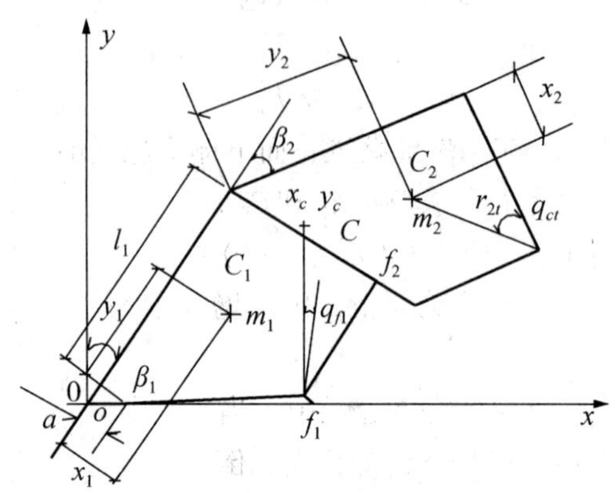

图2　楼房切口闭合上下体质心位置

当 $x_c \leqslant x_{f1}$ 时，

$$K_{fw1} = T_{f1}/((r_{f1}(m_1 + m_2)g(1 - \cos q_{f1}) + E_{t1})k_f) \geqslant k_w \tag{11}$$

上下体可能共同翻倒，但也可能上体沿下体顶前角 f_2 翻倒，但下体不翻倒。式中，k_w 为翻倒保证率，取1.5；k_f 为上下体或下体与地面的接触阻尼系数，取1.15；E_{t1}，E_{t2} 分别为下、上切口支撑部钢筋拉断所需做的功，见文献［2］中7.4.1.2节。

若要判断下体也跟随翻倒，在下切口闭合后，由于式（11）成立，故上体必定向下翻倒，也可能形成双体运动，这只能通过数值求解双体动力学方程组，才能精确判断下体是否同时翻倒。由于上下体都翻倒的爆堆前沿较宽，故当满足式（11）时均判断为上下体翻倒的爆堆，留有了充分的爆堆分布较宽的余地，因此在工程上是安全的。

若

$$K_{fw1} \leqslant 1 \tag{12}$$

则下体不能翻倒，但还应判断上体是否翻倒。

当

$$x_{2c} > x_{f2} \tag{13}$$

上体翻倒。

当 $x_{2c} \leqslant x_{f2}$ 且

$$K_{fw2} = T_2/\{[r_{2f}m_2 g(1 - \cos q_{2f}) + E_{t2}]k_f\} < k_w \tag{14}$$

上体不一定能翻倒。

式中，x_{f2} 和 y_{f2} 分别为下切口闭合时，上切口闭合点 f_2 的 x 和 y 坐标值；上体质心 C_2 到 f_2、f_1 的距离，C_2f_2 连线的与铅垂线夹角和 C_2f_1 连线的与铅垂线夹角分别为 r_{2f}、r_{2f1}、q_{2f}、q_{2f1}，和主惯量 J_{c2}，见文献［2］中7.4.1.2节。上体质心 C_2 在下切口闭合后的速度水平分量 v_{2cx} 和速度竖直分量 v_{2cy} 为

$$\left.\begin{aligned} v_{2cx} &= r_{2f1}\dot{q}_{f1}\cos q_{2f1} \\ v_{2cy} &= -r_{2f1}\dot{q}_{f1}\sin q_{2f1} \end{aligned}\right\} \tag{15}$$

上体在下切口闭合后的动能

$$T_2 = J_{c2}\dot{q}_{f1}^2/2 + m_2(v_{2cx}^2 + v_{2cy}^2)/2 \tag{16}$$

当 $x_{2c} \leqslant x_{f2}$ 且

$$K_{fw2} \geqslant k_w \tag{17}$$

满足式（17）和式（12），上体仍保证翻倒，而下体不能翻倒。

从以上分析可见，增大下、上切口角 β_1 和 β_2，都可以增大 x_c，但以增大 β_1 最为显著，更能满足式（10）；同理，增大 β_1 使式（11）和式（17）更易满足，即下体不翻倒，从式（17）中可见，上体也更易翻倒。因此增大下切口角 β_1，是最主要的促使双切口剪力墙翻倒的措施。

以上各式判断的上体翻倒，在翻倒过程中，当质心 C_2 越过 f_2 竖直线后，都可能沿点 f_2 同时向下滑动。当上体不能绕下体前顶面翻倒时，也有可能沿下体顶面，向前下方滑动。上切口闭合后，下切口闭合产生冲击，其上体滑动模型，如图 3 所示。

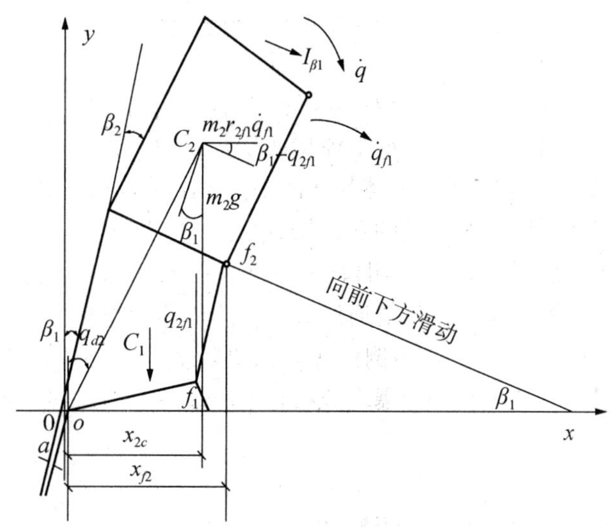

图 3　下切口闭合上体沿下体顶面滑动

下切口闭合后，上体沿下体顶面动量为

$$I_{\beta1} = m_2\dot{q}_{f1}r_{2f1}[\cos(q_{2f1} - \beta_1) + f\sin(q_{2f1} - \beta_1)] \tag{18}$$

式中，f 为下体顶面摩擦系数，由于上下体表面相嵌，取 0.8；而动量 $I_{\beta1}$ 引起滑动的动能为

$$T_{\beta1} = I_{\beta1}^2/(2m_2) = m_2\dot{q}_{f1}^2 r_{2f1}^2[\cos(q_{2f1} - \beta_1) + f\sin(q_{2f1} - \beta_1)]^2/2 \tag{19}$$

上体沿下体顶面滑动，其质心 C_2 滑出 x_{f2} 所需的动能为

$$W_{\beta1} = m_2 g(f\cos\beta_1 - \sin\beta_1)(x_{f2} - x_{2c})/\cos\beta_1 + E_{2f} \tag{20}$$

式中，E_{2f} 为滑动拉断上切口支撑部钢筋所需作的功，见文献［2］中 7.4.1.2 节。

$$E_{f\beta} = T_{\beta1}/W_{\beta1} \geqslant k_{sw} \tag{21}$$

式中，k_{sw} 为滑动保证系数，取 1.5。当满足式（21）时，上体质心 C_2 将滑出下体顶面，然后上体又同时绕 f_2 下旋转动，而落在下体前方。如果式（11）、式（17）和式（21）

均满足，且 $K_{f\beta} > K_{fw2}$，则上体翻倒是由上体沿下体顶面下滑而引起。如果式（21）不满足，则上体质心 C_2 不会或不一定会滑出下体顶面。

上体沿下体顶面前滑，下体顶面前角点 f_2 多会嵌入上体，下切口闭合引发的上体冲量，将不能抵抗剪力和弯矩的上体纵墙破坏，上体的重载将全部转移到所剩其他支撑构件上，从而引发进一步压碎破坏。三切口同向倾倒剪力墙拆除，当中切口上方的中体沿下体顶面前滑时，中体破坏也最为严重。

经以上判断，上体翻倒而下体没有翻倒的爆堆形态如图 5 所示。本文将倾倒楼房原前柱之前的爆堆宽，简称为爆堆前沿宽，即

$$L_{f2} = (B - a)(1/\cos\beta_1 - 1) + (H_1 - h_{cu1} - h_{cf1})\sin\beta_1 + y_{f2}\tan\beta_2 + H_2 - h_{cu2} \quad (22)$$

式中，β_1、H_1、h_{cu1} 和 β_2、H_2、h_{cu2} 分别是下体和上体的倾倒角（R°）、体高（m）、切口高（m）；$\beta_1 = \beta_h$；h_{cf1} 为下切口闭合时，前墙破碎高，m；β_h 为下切口闭合时，前墙倾斜角，R°。

爆堆最大高度

$$h_{d2} = \max(B, (H_1 - h_{e1} - h_{p1})\cos\beta_1) \quad (23)$$

当楼房整体质心 C 满足式（12），而上体质心 C_2 又满足式（14），不满足式（17）时，上体和下体都不能或不一定能翻倒，且上体也不能或不一定能滑落。爆堆形态如图 1b 所示。

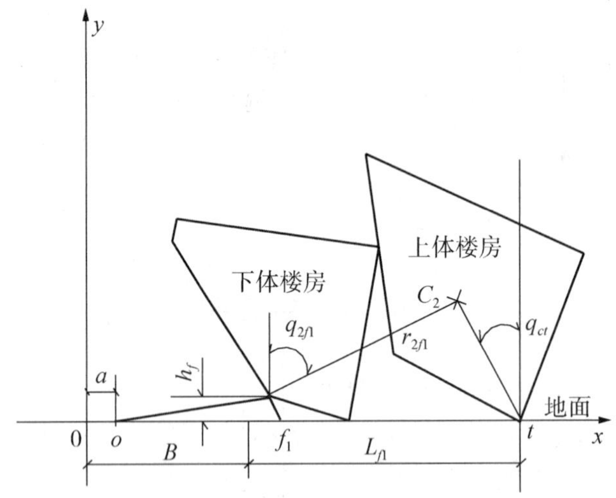

图 4　上下体都翻倒爆堆

爆堆前沿宽

$$L_{fo} = (B - a)(1/\cos\beta_1 - 1) + (H_1 - h_{cu1} - h_{cf1})\sin\beta_1 + (H_2 - h_{cu2})\sin(\beta_1 + \beta_2) + B(1/\cos\beta_2 - 1)\cos\beta_1 \quad (24)$$

爆堆高度

$$h_{do} = (H_1 - h_{e1} - h_{p1})\cos\beta_1 + H_2\cos(\beta_1 + \beta_2) \quad (25)$$

当楼房整体质心满足式（10）和式（11）时，上体将翻倒，大多下体也将翻倒。

当上体翻倒，下体也翻倒时，爆堆形态如图4。爆堆前沿宽

$$L_{f1} = (B - a)(1/\cos\beta_1 - 1) + H - h_{cu1} - h_{cf1} - h_{cu2} \tag{26}$$

爆堆最大高

$$h_{d1} = B + 2h_{f1} \tag{27}$$

当式（12）和式（13）、式（21）满足时，上体将翻倒而下体不翻倒。当上体翻倒，下体不翻倒时，爆堆形态如图5。

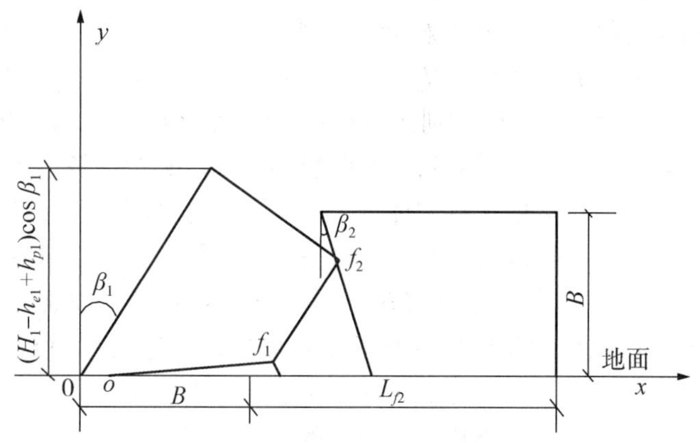

图5　上体翻倒下体不翻倒爆堆

当上体从下体上翻倒时，由于上体自重促使下体前顶角向上体内的嵌入，上体楼房切口层多已破坏，故实际爆堆 L_{f1} 比式（26）值偏小，实际爆堆 L_{f2} 比式（22）值偏小。

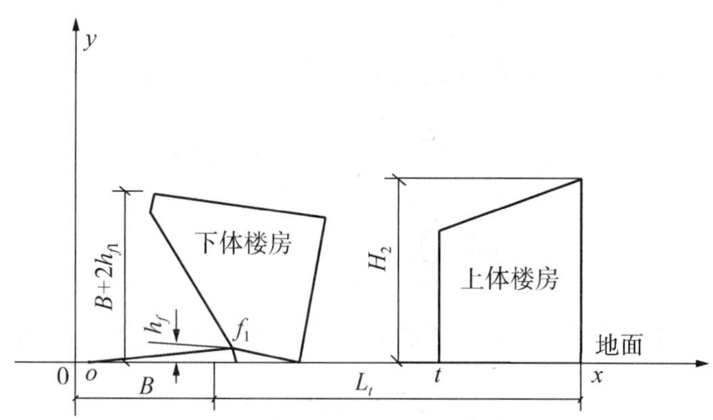

图6　上下体同时翻倒后上体再翻转

上体下体同时翻倒着地后，还应验算上体楼房，是否可能再向前翻转而楼顶着地，如图6所示。

同理，上体对 t 点的再翻倒动能为 T_{2t}，见文献［2］中7.4.1.2节。

当

$$K_{wt} = T_{2t}/[r_{2t}m_2 g(1 - \cos q_{2t})] < 1/k_{ws} \tag{28}$$

式中，r_{2t} 、q_{2t} 和 J_{2t} 分别为上体 C_2 对 t 点的距离、C_2t 的与铅垂线夹角；保证上体不可能向前再翻倒，式中安全系数 k_{ws} = 1.5 。倒塌前沿宽

$$L_t = (B - a)(1/\cos\beta_1 - 1) + H - h_{cu1} - h_{cf1} - h_{cu2} - h_{f2} + B \tag{29}$$

爆堆最大高度

$$h_{dt} = \max(H_2, B + 2h_{f1}) \tag{30}$$

双切口同向折叠倾倒后滑的爆堆后沿宽 B_{bd} ，可根据文献［2］的7.4.1.1节剪力墙后墙后滑距离 B_b 计算。h_{f2}为上体切口闭合前墙破碎高，$h_{f2} \approx 0$。

剪力墙和框剪结构楼房，当欲尽可能缩小倒塌前沿宽 L_f 时，可采用上下切口反向倾倒，爆堆尺寸可见文献［2］中7.4.1.2节计算。

剪力墙和框剪结构楼房，当采用切口爆破拆除时，工程上多重视最下两切口的状态，而其他切口实际多先闭合，或对爆堆判断影响不大。其运动各体着地位置，倒塌姿态判断和爆堆形态计算，可参照上述双体剪力墙楼房对其判断原理和计算方法进行。

框架楼房，多切口爆破拆除时，其爆堆形态，可按剪力墙双切口爆破拆除时各体位置、倒塌姿态的力学条件，判断框架楼房各体着地位置，再如文献［2］中7.5.3节“框架爆堆及判断”所述，计算框架各个单体着地时，各体破坏状况，和爆堆最终形态。

本节的爆堆范围，是指建筑结构坍塌着地的范围，坍塌时构件运动和破坏所产生的个别飞石范围，还要在计算结构倒塌爆堆范围外推5～10 m，并视构件着地速度和前冲速度而选取。

2.3　实例和讨论

以青岛远洋宾馆的爆破拆除参数为例，见文献［2］中7.4.1.2节，计算现浇剪力墙楼房双切口同向倒塌效果。

双切口同向倾倒，采用上行起爆，时差小于0.5 s时。上切口炸2层，下切口分别炸2、3、4层，即分别下切口高 h_{cu1} 为6.5 m、9.8 m、13.1 m；分别对应的下切口角 β_1 为0.1851、0.3584、0.5119；以及分别下切口的前墙堆积物高 h_{f1} 为0.8 m、1.6 m、2.4 m；上切口高 h_{cu2} =5.9 m；上切口角 β_2 =0.1851；上切口都下坐一层，K_{fw1}，K_{fw2}，$K_{f\beta}$的计算结果如图7。图中，当下切口炸到4层时，$K_{f\beta}$ 为负，表明上体无需做功将自行下滑。

当下切口炸层数为2层，上切口炸层数分别为2、3、4层时，分别下切口高 h_{cu1} = 6.5 m，h_{f1} =0.8 m，对应的 β_1 =0.1851，分别上切口高 h_{cu2} 为5.9 m、9.2 m、12.5 m；分别上切口角 β_2 为0.1851、0.3584、0.5119；分别上切口的前墙堆积物高 h_{f2} 为0.8 m、1.6 m、2.4 m；K_{fw1}，K_{fw2}，$K_{f\beta}$计算结果如图8。从图7和图8可见，上下切口炸2层，但如果上下切口下坐一层，楼房虽可翻倒，但难以保证。因此下切口应炸3层，可保证楼房翻倒。K_{wt} 计算结果均为负值，表明上体不可能向前再翻倒。以上实例计算，静力学条件式（10）和式（13）都不满足，表明动力学条件是必要的。图8中小数表明双体模型 η_e 接近能量界限模型的 η_{ec} 。

在图7、图8中，1— K_{fw1} ；2— K_{fw2} ；3— $K_{f\beta}$ 。

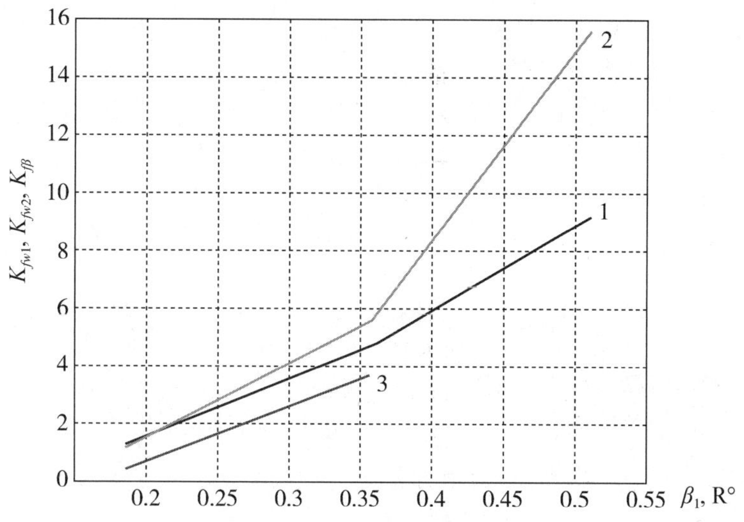

图7　翻倒率 K_{fw1}，K_{fw2}，$K_{f\beta}$ 与下切口角 β_1 的关系

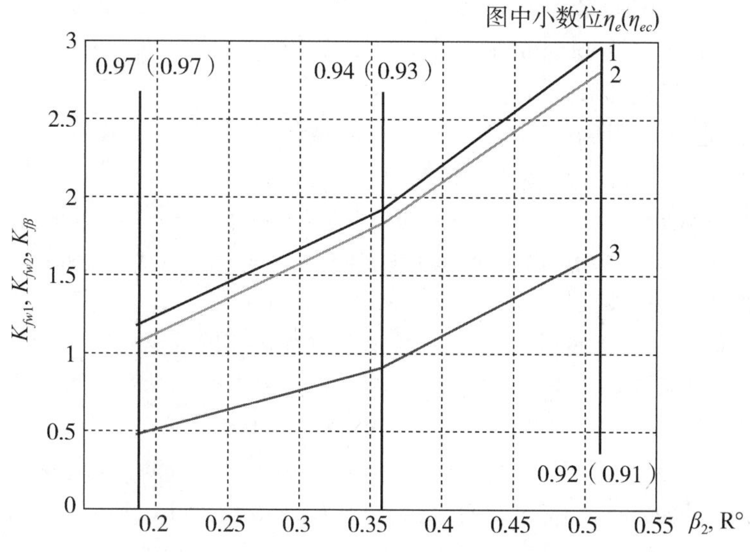

图8　翻倒率 K_{fw1}，K_{fw2}，$K_{f\beta}$ 与上切口角 β_2 的关系

比较图7、图8，可见当增大下、上切口角 β_1，β_2 时，都能不同程度增大翻倒率 K_{fw1}，K_{fw2}，$K_{f\beta}$，从而增强楼房翻倒；K_{wt} 虽然也增大，但是一般未到楼房上体再翻倒程度。另外，增大下切口角 β_1，比增大上切口角 β_2，形成增大翻倒率 K_{fw1}，K_{fw2}，$K_{f\beta}$ 更显著；并且下切口角 β_1 增大，引起 K_{fw2} 增加更快和 $W_{\beta 1}$ 为负，使上体质心已在 f_2 之前，表明上体既翻倒又下滑。

统观以上计算过程，可见多体[3]的功能定理[2]是可以判断爆堆的。建筑机构单开链数体，一般简化后由 1～3 个体所组成，在运动过程中易于形成有根单体，由于多体系统中每个体仅有 1 个自由度，只要在拓扑切换点上，能形成有根单体或有根组合单体，则在该体碰撞以外又不跨越碰撞范围内机械能是守恒的，而在碰撞范围内冲量（矩）是守恒的，由此可以计算该体的姿态，从而判断爆堆形态。由于应用功能定理，故不需要解动力学方程，并且计算结果与运动中间过程无关，仅取决于运动前后状态，因此简化了爆堆计算。

3 结语

应用能量界限模型推断上切口闭合前后能量比 η_e 和机械能守恒、冲量（矩）守恒原理，判断了多切口爆破拆除楼房的倒塌姿态和爆堆，将爆堆的计算不必数值解算动力方程，而简化为仅用单体的显式公式就可力学分析，和计算爆堆前沿及高度，并经工程计算实例证明是可行的、正确的。

参考文献

[1] 冯叔瑜，张志毅，戈鹤川．建筑物定向倾倒爆破堆积范围的探讨［A］//冯叔瑜爆破论文集［C］．北京科学技术出版社，1994.

[1] FENG S Y, ZHANG Z Y, GE H C. Discuss of blasting heap of building in direction [A] //FENG S Y's blasting corpus [C]. Beijing publishing company of science and technology, 1994. (in Chinese)

[2] 魏晓林．建筑物倒塌动力学（多体－离散体动力学）及其爆破拆除控制技术［M］．中山大学出版社，2011.

[2] WEI X L. Dynamics breaking down of building (Maltibody – discretebody dynamics) and control technology of demolition by blasting [M]. Zhong Shan university publishing company, 2011. (in Chinese)

[3] 魏晓林，傅建秋，李战军．多体－离散体动力学分析及其在建筑爆破拆除中的应用［A］//庆祝中国力学学会成立 50 周年大会暨中国力学学术大会'2007，论文摘要集（下）［C］．北京：中国力学学会办公室，2007：690.

[3] WEI X L, FU J Q, LI Z J. Maltibody – discretebody dynamics analyses and applying of construction demolished by blasting [A] //CCTAM2007 Disquisition Abstracts (down) [C]. Beijing: CCTAM Office, 2007: 690. (in Chinese)

论文［10］框架和排架爆破拆除的后坐（1）

爆破，2008，25（2）

魏挺峰，魏晓林，傅建秋

（广东宏大爆破股份有限公司，广州 510623）

摘要：研究了框架、排架和框剪结构爆破拆除定向倾倒时后坐的机理。当前、中排立柱拆除后，爆破切口层上的建筑重心，总是沿重力线，以最短距离落地，从而迫使现

浇钢筋混凝土框架，在切口层的后立柱顶形成塑性铰而机构后坐；排架后柱顶的铰连接后移，形成立柱后倒；装配式框架重心低于后柱的梁端塑性铰，牵拉后柱前倾，其重力径向及切向分量推着柱根后滑；框剪结构，在被剪力墙纵横加固抗弯抗压稳定的立柱支撑下，将迫使结构的重心只能绕柱根作圆弧式下落，其结构单向倾倒，其重力径向及切向分量推动柱根后滑。多跨现浇钢筋混凝土框架，若后两排柱不炸，当切口爆破后，其重力将迫使结构重心绕后柱根作圆弧下落，其框架单向倾倒，其重力径向及切向分量也将推动柱根后滑。本文以多体动力学方程的近似解，计算结构的后坐值和阻止后坐的抗力，提出了判别立柱后滑的条件，估计了立柱后倒或后滑值。动力学方程近似解的后坐值与数值解仅差5%，为工程所容许。由此预计了建筑倒塌的爆堆后沿宽度，列举了13项建筑爆破拆除工程，证实了后坐和爆堆后沿计算的原则和方法。

关键词：爆破拆除；框架；排架；框剪结构；后坐计算；后立柱后倒及后滑；爆堆后沿宽

Back Sitting of Frame & Framed Bent Demolished by Blasting

WEI Tingfeng, WEI Xiaolin, FU Jianqiu

(Guangdong Hongda Blasting Engr. Co. Ltd., Guangzhou 5100623, China)

Abstract: Behind sitting mechanism of directional topping of frame, framed bent and framed shear wall construction demolished by blasting are studied. After front and central pillars are blasted and demolished, weight centre of building above cutting storeys should be fallen along weight line with the shortest distance on grand, so that plastic joint on top above pillar of cutting storeys in cast-in-situ reinforced concrete frame is forced to be formed mechanismic sitting back. Connecting joint on behind pillar top of frame bent is moved back and the pillar is fallen back. The weight centre on every floor of fabricated reinforced concrete frame is lower than plastic joints of beam head connected with behind pillar. The behind pillar is drawn and leans forward. The pillar root is pushed by its weight force and slipped back. By framed shear wall construction, which pillar stability resisted of bending and press is hardened by lengthwise and cross shear walls and the construction is supported by behind pillar, the weight centre of construction is forced to be fallen forward and circled around behind pillar foot. Its root is pushed by its weight force and slips back. In many spans of the cast-in-situ reinforced concrete frame, which behind 2 pillars isn't blasted and its cutting is demolished by blasting, its weight centre is forced to be fallen forward and circled around behind pillar root. Its pillars root is pushed by its weight force and slips back. Back sitting and its resistance force of construction is calculated by approximate solutions of dynamics equation. The judge of condition slipping back of behind pillar is promoted. The fallen back and sliding of behind pillar is estimated. The error of back sitting between approximate and numerical solution of dynamics equation is only within 5%, which can be permitted by engineering application. Behind width of blasting heap of fallen building is forecasted. The principle and method calculating back sitting and behind width of blasting building heap have been demonstrated by the 13 examples of building demolished by basting.

Key words: Demolition by blasting; Frame; Framed bent; Framed shear wall construction; Back sitting; Falling back and behind sliding; Behind width of blasting building heap

1 引 言

随着我国城市化进展的加快，爆破方法快速拆除建（构）筑物日益受到重视，并被广泛采用。众所周知，这些待拆建（构）筑物大多是在人口稠密，环境复杂的市区或厂区内进行，待爆建筑的环境也日益复杂和苛刻，仅存的空地已让位给倒塌的前方，以堆积垮塌的楼房，所余的后方就更加窄狭，其允许建筑运动的空间有的仅为数米，有的乃至缝隙之隔，为了保护后邻建筑结构的安全，因此必须研究爆破拆除框架及排架等建筑产生后坐的规律。

建筑物定向倾倒的后坐及后堆规律，长期以来并未引起人们足够重视，国内外很少有这方面的系统理论分析和专项研究。1989 年，文献［1］首次提出定向倾倒建筑爆堆的后堆宽度，即钢筋混凝土框架和砖混框架，其爆堆后沿宽 B_b，对单次折叠倾倒，

$$B_b = H_2 \tag{1}$$

对 m 次折叠倾倒，

$$B_b = H_{1,2} \tag{2}$$

式中，H_2为切口后沿高；$H_{1,2}$为下切口后沿高。一般后沿宽 B_b为 0.3 ～ 0.8m。

显然，以上两式考虑了某些框架后柱根后滑的机理，反映了部分建筑后坐的规律，但是随着爆破拆除建筑物的增高，框架结构增至 8 ～ 14 层，楼高达 24 ～ 55 m，爆破切口的前沿也高至 3 ～ 4 层，而在切口后沿高仍为 0.3 ～ 0.8 m 又没有加高的情况下，拆除建筑的后坐引起的爆堆后沿宽却不断增加，甚至可达 4 ～ 7 m。显然，以上两式并没有全面地反映建筑定向倾倒的后坐规律和空中运动的特点。因此为了弄清爆破拆除框架、排架和框剪结构后坐的规律，本文试图从结构定向倾倒的力学机理出发，研究其运动特点，探索结构后坐、后柱后倒和柱根后滑的规律以及相关的爆堆后沿宽度，由此确定减小并防止后坐、后倒及后滑的措施。

2 后坐机理

现浇钢筋混凝土框架（包括框架上的仓体）、框剪结构、装配式钢筋混凝土框架和排架，在定向倾倒中，后柱支撑着上部结构前倾同时，也相伴部分结构向后运动，此运动本文称为后坐，其最大值为后坐值。显然，该后坐是以后柱的支撑为前提。当支撑后柱失去支撑能力时，其上的结构下落，本文称为下坐，将另有论文探讨。从后坐形成的机理又可将后坐分为机构后坐、柱根后滑和支撑后倒，其含义将在以下各节定义。爆堆后沿是后坐的最终结果，因此本文也给予研究。爆堆后沿宽总是小于或等于后坐值的。由于后排柱上产生塑性铰的位置不同，后坐的方式也各异。

2.1 现浇钢筋混凝土框架

当切口层前、中排柱逐次延时起爆，一般来说现浇框架的重力，从质心向支撑柱传递，形成倾倒力矩 M，在支撑柱上端 b，由于砖墙拆除，抗弯能力削弱，使倾倒力矩

$$M > M_2 \tag{3}$$

故在 b 处产生塑性铰。式中 M_2 为后柱上端“塑性铰” b 处的抵抗弯矩，M_2 小于各层梁端抵抗弯矩之和，因此框架上体将沿其柱端“铰” b 向前倾倒，如图 1 所示，即

$$M = Pr_2 \sin q_2 > M_2 \tag{4}$$

此时框架对铰 b 动力矩 $M_{d2} = -M_2$，方向与 q_2 倒向一致。式中 P 为上体重量，r_2、q_2 见图 1。同时，在框架后推力 $F = P\cos q_2 \sin q_2$ 作用下，当

$$Fl_1 > M_1 + M_{d2} \tag{5}$$

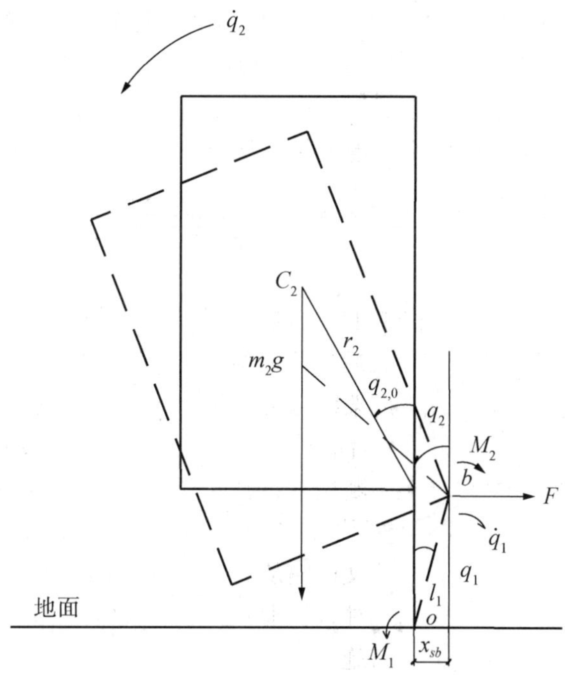

图 1　现浇钢筋混凝土楼双折倾倒力

（实线为初始状态，虚线为运动状态，C 为上体质心）

支撑柱将作为下体向后倾倒，式中 M_1 为柱底“铰”抵抗弯矩，从而形成 2 自由度体的折叠机构运动，铰 b 同时后坐，该存在体间连接铰的后坐，本文称为“机构后坐”。其运动规律遵寻 2 体运动动力学方程[2]，为

$$\left.\begin{aligned} &J_{b_2}\ddot{q}_2 + m_2 r_2 l_1 \cos(q_2 - q_1)\ddot{q}_1 + m_2 r_2 l_1 \sin(q_2 - q_1)\dot{q}_1^2 = m_2 g r_2 \sin q_2 + M_2 \\ &m_2 r_2 l_1 \cos(q_2 - q_1)\ddot{q}_2 + (J_{b1} + m_2 l_1^2)\ddot{q}_1 - m_2 r_2 l_1 \sin(q_2 - q_1)\dot{q}_2^2 = \\ &m_2 g l_1 \sin q_1 + m_1 g r_1 \sin q_1 + M_1 - M_2 \end{aligned}\right\} \tag{6}$$

式中：q_2、q_1、$\dot{q}_2$、$\dot{q}_1$、$\ddot{q}_2$、$\ddot{q}_1$ 分别为上体 C_2b 和下体 bo 与竖直线的夹角、角速度和角

加速度；m_2、m_1、J_{b2}、J_{b1}、r_2 分别为上、下体的质量，对下铰的转动惯量和质心与下铰的距离；l_1 为下体两端塑性铰的距离；M_1、M_2 分别为下铰、上铰的抵抗弯矩，正负与 q_2、q_1 的正负方向判断相同。

动力方程的初始条件为

$$t = 0, q_2 = q_{2,0}, q_1 = 0, \dot{q}_2 = \dot{q}_{2,0}, \dot{q}_1 = 0 \tag{7}$$

式（6）为二阶微分方程，目前还没有解析解，只有数值解。本文采用文献［3］、［4］的近似解显性表示 q_1，单位弧度计作 R°，即 q_1 的近似解

$$q_{r1} = (a_{r1} \cdot q_{a1} + 1)(a_{k1} \cdot q_{a1} + 1) q_{a1} \tag{8}$$

$$q_{a1} = -\arcsin[r_2(\sin q_2 - \sin q_{2,0})/l_1] \tag{9}$$

式中，$a_{r1} = -8.85k_r^2 + 19.98k_r - 11.25$；$a_{k1} = -3.84k_{mj}^2 + 9.44k_{mj} - 5.63$；$k_r = (r_2)_c/(r_2)$，$(r_2) = 11.8135$ m；$k_{mj} = (m_2/J_{b2})_c/(m_2/J_{b2})$，$(m_2/J_{b2}) = 5.107 \times 10^{-3}$ m^{-2}；$(\ )_c$ 为计算框架的参数，$(\ )$ 为典型楼的参数，参见文献［3］、［4］。

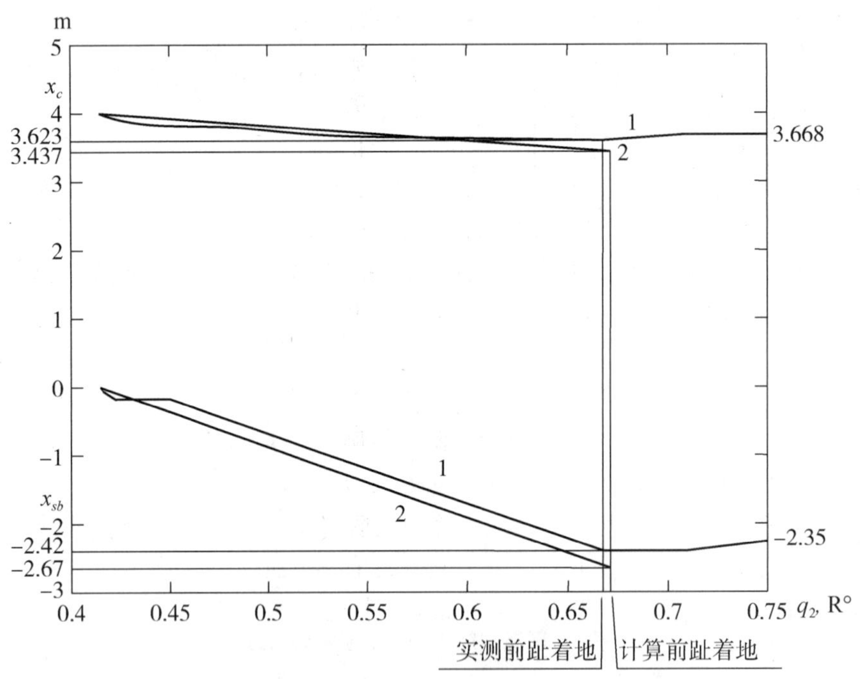

图2　4 连体罐上体重心距原后排柱水平距 x_c 和后坐 x_{sb}

1 为观测值；2 为近似解计算值

以上数值计算和现场观测[3]，以东莞建丰水泥厂 4 连体罐爆破拆除为例，实测如图 2 所示，发现切口层上的框架（或罐体）的重心 x_c，总是沿重力线方程（9）落下，迫使立柱上端形成铰 b 而产生后坐，本文称机构后坐，并以最短距离向地面下落。即由此以重力线方程式（9）定义的下体 bo 与竖直线的夹角 q_{a1}，经式（8）修正为 q_{r1} 后，与 l_1 共同计算铰 b 后移 x_{sb} 和框架前趾的着地点[3]。后移 x_{sb} 按前后两阶段运动，即在前趾

撞地前，铰 b 后移 $|x_{sb}|$ 是随楼房倾倒 q_2 的增大而增大[3]；而当前趾着地后，铰 b 改为以前趾为圆心向前滚动，$|x_{sb}|$ 转为随 q_2 增大而减小，如图 2 所示。图中可见，最大后移 $\max(|x_{sb}|)$ 即为框架后坐值 x_b（利用相似算图已可直接查算，见本书文 51 页，图 3.11）。由此可见框架前趾着地点可决定 x_b 值，其前趾距地面堆积物高

$$y_s = l_1\cos q_{r1} - b_s\sin(q_2 - q_{2,0}) + h_b\cos(q_2 - q_{2,0}) - y_h \tag{10}$$

式中，b_s 为框架前趾距后排柱的原水平距离，m；h_b 为切口前沿比后柱铰 b 的原高差，m；y_h 为地面堆积物高，m，它包括切口内爆落的楼梁累加厚度，梁间及地面的碎块厚。

当 $y_s=0$ 时，机构后坐

$$x_{sb} = l_1\sin q_{r1} \tag{11}$$

当后支撑不爆破而只切割钢筋，或松动爆破时，l_1 为塑性铰 b 的楼梁底立柱长，后立柱爆破并下坐后，l_1 应再减去炸高和撞地破坏的高度。若后支撑爆破撞地，还可能在柱中部 a 断裂形成塑性铰，见图 3，由此形成了 3 体单开链运动。

力学分析与现场观测可见，后支撑柱顶塑性铰 b 的位置和柱中部铰 a 可按以下原则确定：三角形切口前沿炸到 2 ～ 4 层，2 层横墙拆除或低于切口顶层的下层横墙拆除，爆破前、中排支柱后，塑性铰 b 分别发生在 2 层顶梁底的后立柱上或低于切口上层的顶梁立柱上，如表 3 的例 1、例 2、例 3、例 6、例 9。框架上的仓体，爆破前、中排立柱后，塑性铰 b 发生在后立柱上，如表 3 的例 7、例 10。大梯形切口，切口上层横墙拆除，塑性铰 b 发生在切口上层梁底的柱端，如表 3 的例 4、例 5。若后支撑爆破，框架将失去支撑，并按有初速（广义）自由落体运动，并依质心运动定律下落[2]。此时后支撑柱若先撞地，框架后柱中部多会折断为 2 体，见图 3，如切口前沿炸到 2 ～ 4 层，后立柱根以 3 排（横向）孔爆破时，框架下坐冲击，后立柱中部将断裂形成新的塑性铰 a，如表 3 的例 1、例 2、例 3、例 4、例 5、例 6、例 8、例 9。而后立柱根以 2 排孔爆破时，框架下坐，后立柱中部有可能产生塑性铰。当单排孔爆破时，框架及仓体下坐冲击，后立柱中部一般不出现塑性铰 a，如表 3 的例 7。当后立柱形成新的塑性铰 a 后，框架将以 3 自由度单开链有根体运动[2]，见图 3；从图中可见，多数前趾也快将着地，l_1 撞地时也下坐缩短，在这种条件下数值计算和现场观测表明，无论是自由落体还是 3 自由度单开链有根体运动，上体的运动与 2 自由度有根体运动时的质心和铰 b 位置相近，因此可以用 2 体运动的近似计算来计算框架后立柱爆后的后坐值。

爆堆后沿宽 B_b 不仅与框架后坐有关，而且还与框架前趾着地位置 x_s 及前滚拉起后立柱时钢筋断开的位置有关，x_s 计算可见文献［3］。从图 1、图 3 可见，后立柱爆破柱根 o，炸断了部分钢筋，因此拉起立柱多在根部断开，若没有坍塌的砖墙，框架前趾着地 x_s 靠前，如表 3 例 7、例 10 和框架上的仓体，爆堆后沿宽 B_b 将小于后坐值 x_b，在图 3 中如表 3 的例 3 的单跨楼房，当楼房宽 $b_w > (l_1 + l_2)$ 时，爆堆后沿宽 $B_b < (h_e + h_{cr}) < x_b$，$h_e$ 为后柱炸高，h_{cr} 为下坐柱压碎高度。如果后坐的砖墙坍塌，如表 3 中例 2、例 6、例 7 楼房，当 $b_w < (l_1 + l_2)$ 时，B_b 可近似由图 4 决定，框架前趾着地 x_s 靠后，爆堆后沿宽 B_b 与后坐值相当。但是，若大梯形切口前沿高达 4 层，后立柱铰 b 高可达3 ～ 4 层，则有可能铰 b 处是小断面，其钢筋少且混凝土标号也低，而在 b 处断开，因而拉起的后立柱顺势向后倾倒，这种连接铰 b 断开，所形成后立柱的自身向后倾倒，本文称为

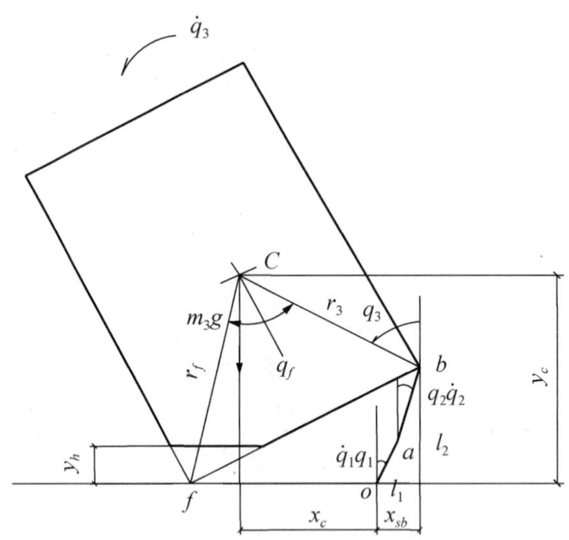

图 3　框架楼 3 体运动示意，C 为最上体质心

“后倒”，从而形成后倒区，爆堆后沿宽将大于后坐 x_b 值，有时可达图 3 中后立柱（l_1+l_2）长。若拉起的后立柱在 a 处断开，则爆堆后沿宽为图 3 中后立柱 l_1 长，如表 3 的例 4、例 5 和例 8。

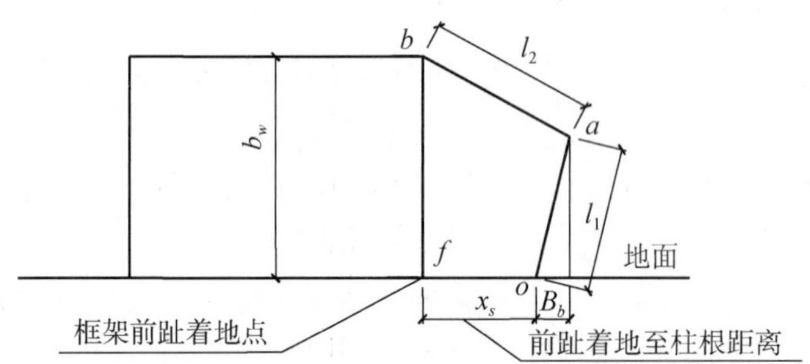

图 4　3 体倾倒运动框架楼爆堆后沿 B_b 宽

2.2　框剪结构及多跨框架

当与后立柱或后中柱相连的横向剪力墙没有拆除，在节点 b 处的抵抗弯矩并未削弱，其 $M_2 \geqslant M$，即当式（3）、式（4）不成立时，切口爆破后，抵抗弯矩 M_2 迫使框剪结构的重心 C，只能绕柱根 o 而向前做圆弧式的下落，而结构单向倾倒，如图 5 所示。与图 5 相似，多跨框架后 2 排立柱不炸，当前跨爆破后，框架绕后排柱根 o 做圆弧式单向倾倒，如图 6 所示。

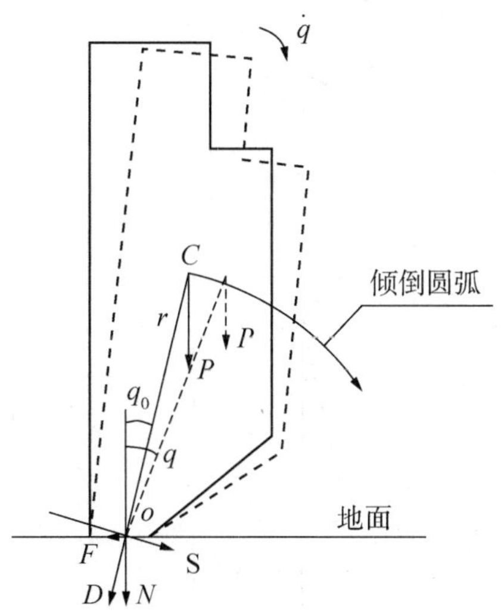

图 5　框剪楼房单向倾倒

（实线为初始位置，虚线为运动状态）

其建筑倾倒多体系统可简化为具有单自由度 q，底端塑性铰的有根竖直体[4],[5]，即动力方程为[5]

$$J_o \times \frac{\mathrm{d}^2 q}{\mathrm{d}t^2} = Pr\sin q - M(q/2) \tag{12}$$

式中，P 为单体的重量，kN，$P = mg$，m 为单体（楼房）的质量，10^3 kg；r 为重心到底支铰点的距离，m；J_o 为单体对底支点的惯性矩，10^3 kg · m^2；M 为底部的抵抗弯矩，对框剪结构 $M = M_o$；M_o 为底塑性铰的抵抗弯矩，kN · m，柱根爆破后，$M_o = 0$；q 为重心到底铰连线与竖直线的夹角，R°。动力方程（12）的初始条件为 $t = 0$，$q = q_0$，$\dot{q} = 0$。

随着框剪结构的向前倾倒，支撑柱将遵寻式（12）的动力学方程，柱根 o 在径向压力和切向推力的迫使下，沿地面向后滑动，其径向压力

$$D = P[\cos q - (2mr^2/J_o)(\cos q_0 - \cos q)] \tag{13}$$

切向推力

$$S = P(1 - mr^2/J_o)\sin q \tag{14}$$

后滑水平推力

$$F = D \cdot \sin q - S \cdot \cos q \tag{15}$$

对地面竖直压力

$$N = D \cdot \cos q + S \cdot \sin q \tag{16}$$

随着多跨框架结构而向前倾倒如图 6 所示，当

$$N_o > P - N_1 \tag{17}$$

式中，N_o、N_1 分别为后和后中排支柱的极限支撑力，kN。

若式（17）满足，框架将以后排支撑柱根为底支铰 o 做圆弧单向倾倒，同时后中排

柱压溃，其框架倾倒动力学方程可以用式（12）来描述，如图6所示，此时$M = N_1 l_b + M_o$，l_b为后两排柱间距，m；M_o为后支撑柱底铰的抵抗弯矩，kN·m。

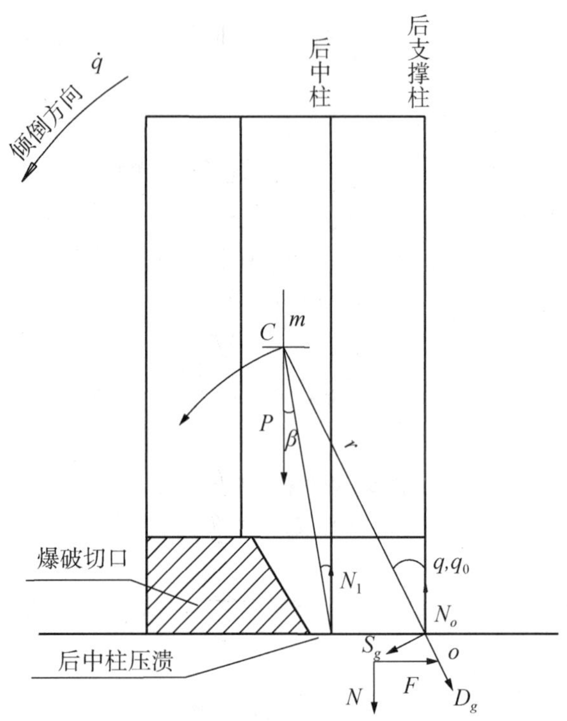

图6　多跨框架后两排柱支撑单向倾倒力

（C为切口上楼房质心）

其后支撑柱径向压力

$$D = P[\cos q - (2mr^2/J_o)(\cos q_o - \cos q)] - N_1 \cos q - \frac{2Mmr}{J_o}(q_0 - q), D_g = D \quad (18)$$

后支撑柱切向推力

$$S = P(1 - mr^2/J_o)\sin q - N_1 \sin q + Mmr/J_o, S_g = S \quad (19)$$

后支撑柱后滑水平推力

$$F = D_g \cdot \sin q - S_g \cdot \cos q \quad (20)$$

而对地面或下部结构竖直压力

$$N = D_g \cdot \cos q + S_g \cdot \sin q + N_1 \quad (21)$$

当框剪结构和多跨框架的

$$F > N \cdot f \quad (22)$$

成立，则框剪结构或框架的支撑柱向后滑动，本文称为后滑。式中，f为柱根对地面的静滑动摩擦系数，取0.6。多跨框架后中柱压溃后滑是不定问题，此后可转变为单后柱后滑，但也会减弱了后滑。烟囱及筒体沿基础或其下段的后滑也与此相似，其滑动面为向后倾斜面，详见参考文献［6］。但是，若$F \leqslant N \cdot f + t_e$，$t_e$为柱根钢筋的牵拉力，由

于立柱爆破后钢筋还连着，故柱根后滑距离 x_o 将多为支撑柱炸高 h_e 及其压碎高度 h_{cr} 之和，即

$$x_o = h_e + h_{cr} \tag{23}$$

当框剪结构和框架前趾着地，后柱和后中柱同样会随结构前滚而拉起向前，因此爆堆的后沿宽就可能接近为零。

2.3 装配式钢筋混凝土框架

装配框架梁多以螺栓铰连接在后立柱上，当切口层前、中排立柱爆破拆除后，各层装配梁将绕本层螺栓铰向下倾旋。由于各层重心稍高于本层螺栓铰，故重心很快下落至本层螺栓铰以下。由于重心总是沿重力线下落，因此拉着后立柱向前倾倒，螺栓铰基本上不后坐，如图 7 所示。但是后立柱沿地面的滑力 F 仍遵寻式（6）动力学方程，故形成的立柱后滑与框剪结构相像，若摩擦力 $F > Nf$，则后立柱根部沿地面后滑。由于立柱爆破后钢筋还连接，因此柱根 o 后滑的距离 x_o 及爆堆后沿宽 $B_b = h_e + h_{cr}$。

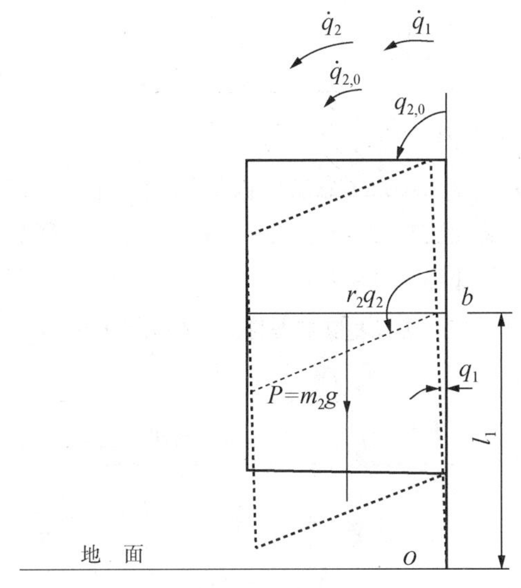

图 7 装配式钢筋砼楼倾倒力

（实线为初始状态，虚线为运动状态）

2.4 排架

横向倾倒的工厂排架，如图 8 所示，当前排立柱爆破后，从摄像观测可见，屋盖重心 C 比后立柱顶铰点 b 高，重心 C 总是以重力线下落，将推动 b 后坐；其后坐的 2 体运动，由屋盖和前立柱 A 为上体，后立柱 B 为下体所组成。2 体运动的规律同样遵寻式（6）动力学方程，而排架 b 的抵抗 $M_2 \approx 0$，B 柱爆后 $M_1 = 0$，b 铰的后坐值 x_b 可由式（8）、式（9）、式（10）、式（11）计算。若前柱 A 炸高 h_e 不够，当 B 柱爆破着地，重心 C 若高于 $[h_c - 2(h_c - l_1)]$，式中 h_c 为屋盖重心高，点 b 仍在后坐范围，立柱 B 有可能与屋盖脱离而向后倾倒，本文称为后倒，如图 8 所示，此时的爆堆后沿宽 B_b 将等于

后支撑的后倒值，即为 $l_1 - h_e$（B 柱炸高）。

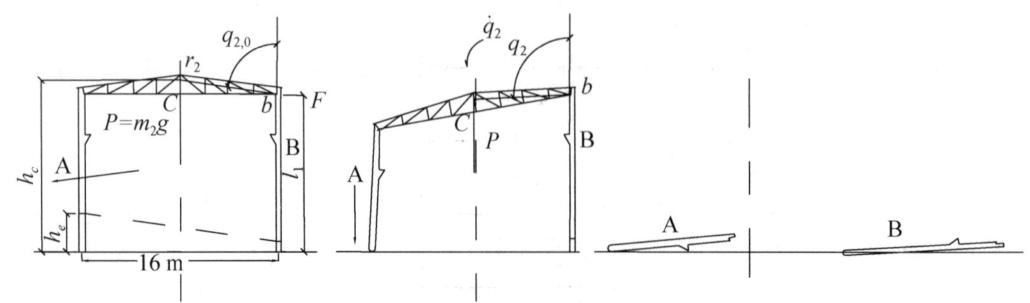

图 8　茂名石化公司原灰碴处理厂排架厂房爆破拆除双体运动力

纵向倾倒的有行车梁排架，当前、中榀架立柱爆破后，后榀架会在其柱根或柱根和牛腿下同时成铰，相应的运动计算可分别参照 2.1 节和 2.2 节。

3　实例与计算

3.1　现浇钢筋混凝土框架

以广州恒运电厂办公楼为爆破拆除现浇钢筋混凝土框架倾倒的典型工程，如图 9，该楼 8 层，高 26.4 m，三柱两跨分别为 5.25 m 和 6.35 m，层高 3.3 m，炸高 8 m，1～2 层墙已全拆，后排滞后中排柱 0.5 s 爆破。1～2 层后排柱为下体，第 3 层仅炸前排柱 1.4 m，3 层以上的墙均未拆，3 层以上为上体，做如图 1 的双体倾倒运动，纵向单跨计算参数见表 1。

表 1　恒运电厂办公楼爆破拆除典型工程参数

项目	l_1	m_2	J_{b2}	r_2	M_1	M_2	$q_{2,0}$
单位	m	10^3 kg	10^3 kg · m^2	m	kN · m	kN · m	R°
参数	6.1	279	54631	11.8135	574.4	574.4	0.5187

* 注：本表由文献［2］将下体高 l_1 =6.6 m，由楼面降到该楼梁底面，梁高为 0.5 m，故 l_1 改为 6.1 m。上体转动后，铰 b 上梁内混凝土破坏，可以近似认为上体 r_2 以楼面为铰心。

l_1 按爆后撞地破碎后的长度 = b 铰下后立柱长 - 爆破高度 - 撞地破碎段高度 ×2 =（6.1 - 0.9 - 0.55 ×2）m = 4.1 m，$y_h \approx 1.4$ m，后坐以 2 体运动式（8）、式（9）、式（10）和式（11）近似计算，见图 10，得 x_b = -2.69 m。后立柱爆后下落撞地折断为 2 体，应以自由下落再 3 自由度单开链有根体数值模拟，得 x_b = -2.68 m，误差仅 0.4%，近似值为工程所容许，由此可见应用 2 体运动近似式，可以计算框架爆后的后坐值。而爆堆后沿宽实测值 B_b 见表 3 例 9，B_b =3.0 m 与计算的机构后坐值 x_b 相当。

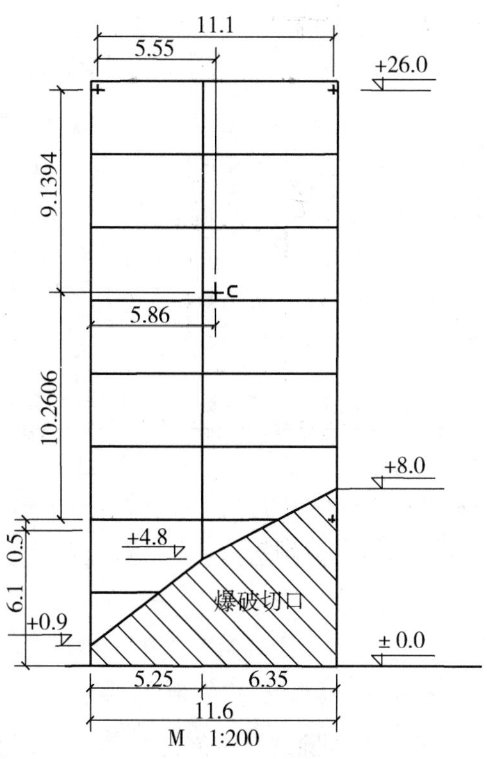

图 9　恒运电厂办公楼爆破拆除横剖面

＋测量标志 ⊂ 3层以上质心位置

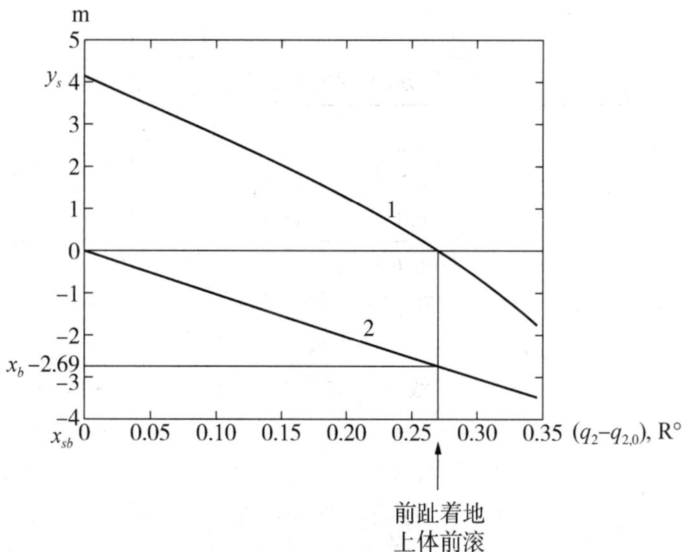

图 10　前趾高 y_s、后坐 x_{sb} 与上体转角（$q_2-q_{2,0}$）关系

1— y_s；2— x_{sb}

3.2 排架

茂名石化公司原灰碴处理厂，长 60 m，宽 16.0 m，高 13.0 m，11 列钢筋混凝土立柱，柱间距 6 m。各立柱之间无钢筋混凝土梁联接，仅靠柱顶钢屋架相联，其结构如图 8 所示。前 A 排立柱炸高 3.0 m，后 B 排立柱炸高 0.8 m，滞后前排 75 ms 爆破。后排柱为下体，屋盖为上体，前排柱在爆破后剩 10 m 高，考虑到炸高内裸露钢筋的支撑和立柱上段断面渐小，A 柱下落时屋盖搭接处的拉开，A 柱质量未计算，纵向单跨计算参数见表 2。

表 2　灰碴厂排架爆破拆除工程参数

项目	l_1	m_2	J_{b2}	r_2	M_1	M_2	$q_{2,0}$	b_s	h_c	y_h
单位	m	10^3 kg	10^3 kg · m^2	m	kN · m	kN · m	R°	m	m	m
参数	13	31.12	3 669	8.03	0	0	1.364	16	13.676	0

以式（8）、式（9）、式（10）和式（11）近似计算，其中 k_{mj} = 2.5 455，k_r = 0.69，当前柱炸高 3 m，前柱趾着地时，机构后坐 x_{sb} = −0.25 m，见图 11。从图中可见，最大 x_{sb} 即后坐值 x_b = −0.275 m。而式（6）数值解和近似计算仅差 0.006 m，即 3.4% 为工程所容许。实测见表 3 例 11，当前柱落地时，出现 −0.25 m 的机构后坐，引发后柱后倒，由此证实计算接近实际。图 11 中可见，前后柱爆破时差越大，其最终机构后坐 x_{sb} 越小，则引发后柱后倒可能性也越小。

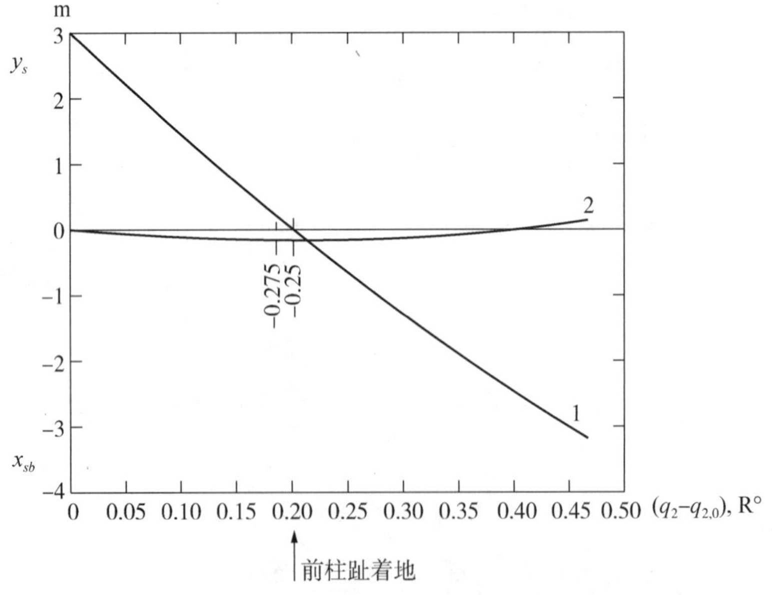

图 11　前排柱趾高 y_s、后坐 x_{sb} 与上体转角（$q_2 - q_{2,0}$）关系

1 前柱炸高 3 m 的 y_s；2 后柱顶后坐 x_{sb}

3.3 实例

我司近10年，爆破拆除的现浇钢筋混凝土框架和排架的后坐和爆堆后沿，实测见表3。从表中可见，框架上的仓体，当后立柱在柱根断开，爆破拆除时爆堆后沿，小于后坐值 x_b，如例7；而单跨楼房，切口较小，下坐冲击坍塌不大，当后立柱在柱根断开时，爆堆后沿宽由框架切口前趾着地位置决定，当前趾着地位置向前靠时，爆堆后沿宽多小于后坐值 x_b，如例2、例3；现浇框架的三角形爆破切口，当爆破前倾时，后立柱在柱根断开，下坐冲击砖墙坍塌后，框架前趾着地位置靠后，爆堆后沿宽与后坐值相当，如例1、例6、例9。若现浇框架大梯形切口，高达3～4层，柱上端的钢筋细，混凝土标号低，而墙也拆至切口上层，框架前倾冲击下坐最大，不仅后立柱上端铰后坐，并且柱上端断开，后立柱后倒，同时冲击破坏的砖墙也向后坍塌，其爆堆后沿最宽，将大于立柱计算后坐值 x_b，而等于后柱高度，如例4、例8。框架厂房所带的排架爆堆后沿宽，可由后柱顶铰的连接状况决定，连接紧密，框架倾倒能将后柱拉向前倾，爆堆后沿宽与柱根后滑相当而等于炸高，如例13；连接不紧密，爆堆后沿宽将小于并接近后柱中上部断开处以下柱高，如例12；若是仅有柱根爆破的单排架厂房，如例11，则立柱后倒小于并接近断开的 b 铰高，为11 m。

表3　现浇框架和排架爆破拆除后坐和爆堆后沿实测

序号	工程名称	结构型式	（宽×高）/m	层数	切口形状	切口尺寸/m 前沿总高×后中柱高	倒塌方式	爆堆后沿宽/m	后坐值/m	备注
1	深圳西丽电子厂1#楼	框	11.5×25.9	8	三角形	13.4×7.2	纵向倾倒	3.6	-3.5	
2	深圳西丽电子厂2#楼	框	9.7×25.9	8	三角形	9.1×4.1（后柱）	横向倾倒	1.0		
3	深圳西丽电子厂3#楼	框	8.0×22.8	8	三角形	4.55×2.8（后柱）	横向倾倒	1.0		
4	深圳潮味大酒楼	框	16.2×45	11	大梯形		横向倾倒	个别12 一般6	-3.1	大梯形切口，墙拆除，下坐冲击，后柱折断并后倒
5	深圳南山危楼	框	20.3×30.5	8	大梯形	14×7.9	横向倾倒	5	-1.54	大梯形切口，下坐冲击，后柱折断，后墙向后倒
6	东莞信和农批市场	框	12×26.5	7	三角形	12.2×6（后柱）	横向倾倒	2.2	-2.0	

续表3

序号	工程名称	结构型式	（宽×高）/m	层数	切口形状	切口尺寸/m 前沿总高×后中柱高	倒塌方式	爆堆后沿宽/m	后坐值/m	备注
7	东莞建丰4连体仓	框，仓	8×24.5	/	三角形	4.2×5.2（后柱）	倾倒	0.5	-2.42	
8	中山古镇商业楼	V型框剪	9×4	13	大梯形	12.4×7.7（V型中部）	倾倒	6～9.0		支撑后柱后墙上铰折断而向后倒，平面V型结构又使后倒向中汇集。
9	广州恒运电厂办公楼	框	11.6×30.4	8	三角形	8×6.6	横向倾倒	3.0		
10	广州水泥西厂4园仓	框，仓	13.5×39.2	/	三角形	5.5×3.2	倾倒	3.1		后中柱支撑；倾倒时园仓近地后壁后坐时坍塌。
11	茂名灰碴厂	排架	16×15	1层钢屋架	三角形	3×0.8（炸高）	有后倒	11	-0.275	
12	镇海电厂汽机车间	框，排架	33.6×28	1层钢屋架	平切口	11×11（炸高）	从中切口炸断下段后倒	5.6	-5.6	
13	恒运电厂汽机车间	框，排架	21×19	1层钢屋架	三角形	3.5×2（炸高）	排架被前倾框架拉向前	2	-2	

5 结 论

框架和排架爆破拆除时的后坐，往往严重危及后邻建筑的安全和决定爆堆后沿位置。综上所述，对后坐的研究可得如下结论：

（1）经多体系统动力学方程式（6）分析和现场摄像观测证实，爆破拆除框架和排架的运动，可以用2体的动力学方程式（6）来描述，框剪结构和多跨框架拆除的单向倾倒运动可以用有根竖直单体动力学方程式（12）来描述，由此决定它们立柱上端铰的机构后坐，其柱的后倒和柱根的后滑。

（2）现浇钢筋混凝土框架和排架，当爆破拆除前、中排柱后，爆破切口上部建筑重心总是沿重力线以最短距离落地，由此迫使后推后立柱上端铰后移，形成机构后坐。其后坐值可由式（8）、式（9）动力学方程解的近似式，以及式（10）、式（11）计

算。当框架前趾着地前滚时，立柱上的铰断裂，其断裂的下柱，将顺势后倒。爆堆后沿宽将由下柱的断裂点位置决定。

（3）框剪结构重心后方的支撑柱，若剪力墙加固上节点使其抗弯而不破坏，并且抗压稳定，则当切口层前、中排立柱爆破拆除后，框剪结构楼将绕支撑柱根单向圆弧倾倒。支撑柱在径向后推力和切向力迫使下，企图推动柱根后滑，其后滑力可从动力学方程解逆算的式（15）、式（16）计算。最大后滑一般小于该柱炸高和下坐破碎高度之和，爆堆后沿宽将因前趾着地后框剪结构前滚而缩减。

（4）现浇多跨框架拆除，若后两排柱根松动爆破或柱根割筋并削弱，而其所组成支撑结构上部的抵抗弯矩大于框架重心形成的倾倒力矩，则支撑结构可迫使框架以削弱后支撑柱根为圆心，做圆弧下落，框架则单向倾倒。支撑柱在径向后推力和切向力迫使下，推动柱根后滑，其后滑力可从动力学方程解逆算的式（20）、式（21）计算。最大后滑一般小于该柱炸高和下坐破碎高度之和，爆堆后沿宽将因前趾着地后框架前滚而缩减。

（5）装配式钢筋混凝土框架，爆破切口上各层重心接近后立柱梁端高，切口层前、中排立柱爆破拆除后，当各层质心低于柱支撑梁端时，其重心总是沿重力线下落，从而向前拉着后柱前倾，因此立柱上端基本不发生后坐。但后立柱柱根，却存在径向后推力，推动柱根后滑，其后滑力可由式（15）、式（16）估计。最大后滑一般等于该柱炸高和下坐破碎高度之和。爆堆后沿宽等于最大后滑值。

（6）现浇钢筋混凝土框架的爆堆后沿宽，可以分别由后立柱上端铰的后坐和立柱的后倒决定。框架上的仓体，爆破切口前沿高达2层的单跨框架，当后立柱在柱根断开时，爆堆后沿宽小于后坐值；爆破切口前沿到3层的框架，下坐冲击砖墙坍塌，爆堆后沿宽与后坐值相当；大梯形切口前沿高达3～4层，柱上端的钢筋细、混凝土标号低，在框架下坐冲击下，柱上端断开，后立柱后倒，爆堆后沿宽大于后坐值而近似于后柱断开以下高度。框架厂房所带排架和单排架厂房的爆堆后沿宽，可由后柱上端铰的连接状况决定，连接紧密能将后柱拉向前倾，爆堆后沿宽与柱根后滑相当，一般等于炸高；连接不紧密，形成后柱后倒，爆堆后沿宽小于并接近后柱顶铰以下柱高；有爆破后柱中切口时，近似于其柱中切口断开处以下柱高。

（7）以式（8）、式（9）近似代替多刚体动力学方程（6）分析后坐，其后坐近似值与数值解误差在5%之内，与工程观测值接近，误差为工程所容许，但计算简单，便于推广。

基于本文上述对爆破拆除建筑后坐机理的认识，相应地可以采取减小后坐的措施，详见后续论文《减少框架和排架爆破拆除后坐的措施（2）》。

建筑结构是多种多样的，后坐的形成和计算的方法也因此而异，本文所述仅是抛砖引玉，而其中错误，望同仁批评指正。

参考文献

［1］冯叔瑜，张志毅，戈鹤川．建筑物定向倾倒爆破堆积范围的探讨［A］//冯叔瑜爆破论文集［C］．北京科学技术出版社，1994.

[2] WEI Xiaolin, FU Jianqiu, WANG Xuguang. Numerial modeling of demolition blasting of frame structures by varying -topological multibody dynamics [A] //New Development on Engineering Blasting [C]. Beijing: Metallurgical Industry Press, 2007: 333-339.

[3] 魏晓林，傅建秋，崔晓荣．建筑爆破拆除动力方程近似解研究（2）［J］．爆破，2007，24（4）：1-6.

[4] 魏晓林，傅建秋，李战军．多体-离散体动力学及其在建筑爆破拆除中的应用［A］//庆祝中国力学学会成立50周年大会暨中国力学学术大会'2007，论文摘要集（下）［C］．北京：中国力学学会办公室，2007：690.

[5] 傅建秋，魏晓林，汪旭光．建筑爆破拆除动力方程近似解研究（1）［J］．爆破，2007，24（3）：1-6.

[6] 郑炳旭，魏晓林，陈庆寿．钢筋混凝土高烟囱切口支撑部失稳力学分析［J］．岩石力学与工程学报，2007，26（增1）：3348-3354.

作者简介：魏挺峰（1968—），男；广州：广东宏大爆破股份有限公司工程师。

论文［11］减少框架爆破拆除后坐的措施（2）

爆破，2009，26（3）

魏挺峰，魏晓林，傅建秋

（广东宏大爆破有限公司，广州 510623）

摘要：本文根据《框架和排架爆破拆除后坐（1）》，列举了13项爆破拆除工程，证实了前文所述后坐机理正确，计算方法可用。由此研究了减少框架爆破拆除的后坐措施：现浇钢筋混凝土框架，可采用炸断后跨梁端原地坍塌以防后坐；全炸下层柱原地坍塌，逐跨断裂降低前中跨的重心，横向倾倒改纵向倾倒，中柱仅炸底层，下向切口结合后方结构抵抗后坐，适当降低切口高度和延长逐跨断裂起爆时差等措施，均可减小后坐；框剪结构保留横向纵向剪力墙，以维持抗弯抗压的支撑后立柱，迫使结构单向倾倒而防止机构后坐；多跨现浇框架也可保留后2排柱的下部支撑结构，以支撑上部结构而减少下坐和机构后坐。

关键词：爆破拆除；框架；框剪结构；减小后坐措施

Weasures for Reducing Back Sitting of Frame Demolished by Blasting

Wei Tingfeng, Wei Xiaolin, Fu Jianqiu

(Guangdong Hongda Blasting Co. Ltd., Guangzhou 5100623, China)

Abstract: According to article *Back sitting of frame and framed bent demolished by blasting* (1) and listing 13 engineering examples demolished by blasting, the measurements reducing and preventing back sitting of frame demolished by blasting are engaged in research. That are, in cast-in-situ reinforced concrete frame the end of back beam span can be broken by

blasting and all pillars of lower stories are blasted to collapse on original ground and to prevent from back sitting, weight center of front and center beam spans can be fallen by gradual blasting pillars, cross topping can be changed by lengthwise, center post can be demolished by blasting in first floor only, down directional cutting can be combined with resistance of behind construction against back sitting, front height of cutting can be low properly and detonating different between front and center pillars can be lengthened, by which back sitting is reduced for all. In framed shear wall construction the lengthwise and cross shear wall are maintained to resist bending and press to force singly directional toppling with preventing mechanismic back sitting. In cast-in-situ reinforced concrete of many spans 2 pillars of lower support construction can be maintained to resist falling sitting and mechanismic back sitting of upper construction.

Key words: Demolition by blasting; Frame; Framed shear wall construction; Measurements shorting back sitting

1 引 言

随着我国城市化进展的加快，爆破方法快速拆除建（构）筑物日益受到重视，并被广泛采用。众所周知，这些待拆建（构）筑物大多是在人口稠密，环境复杂的市区或厂区内进行，待爆建筑的环境也日益复杂和苛刻，仅存的空地已让位给倒塌的前方，以堆积垮塌的楼房，所余的后方就更加窄狭，其允许建筑运动的空间有的仅为数米，有的乃至缝隙之隔，为了保护待建建筑后方结构的安全，因此必须研究防止和减少爆破拆除框架及排架等建筑后坐的措施。

论文《框架和排架爆破拆除后坐（1）》，以下简称文献［1］，从结构定向倾倒的力学机理出发，研究其运动特点，对结构倾倒的后坐、后柱后倒和柱根后滑以及爆堆后沿宽度进行了数值分析，而本文试图从以上论述和本文表内列举的13个框架类结构的爆破实例，来分析减少并防止框架结构机构后坐、后柱后倒及柱根后滑的措施。

2 后坐实例

我司近10年，爆破拆除现浇钢筋混凝土框架的后坐和爆堆后沿，实测见表。从表中可见，前9项本公司各拆除楼均有1.5～3.1 m后坐，爆堆后沿宽均在1.0～12 m之间，研究其中例7和例9，明确了后坐的机理，并已为文献［1］所证明，以此机理建立了多体动力学方程（6）的相关后坐计算，其与例7观测值相差仅9.4%，为工程所容许。表中例9观测的爆堆后沿宽3.0 m，与文献［1］的上述计算后坐值 $x_b = -2.69$ m，也较相近。因此现浇钢筋混凝土框架的后坐机理，爆破拆除前，中排柱后，爆破切口上建筑重心总是企图沿重力线以最短距离落地，倾倒力矩大于后柱上端铰 b 的抵抗力矩，并后推迫使后立柱上端铰 b 后移，从而形成机构后坐。其后坐值可由文献［1］2体动力学方程（6）计算，对单排后立柱后坐可用其近似解式（8）、式（9），和式（10）、式（11）计算。对比表中后坐、爆堆后沿宽，和上述框架后坐的机理、计算，可以发现框架的后坐值与后立柱上端铰 b 的位置紧密相关，当爆堆后沿宽又由框架前趾撞地时，后柱断开位置和后坐值决定。因此，表中列举了实例，以说明爆堆后沿宽的这些关系，

如框架上的仓体，当前柱爆破，仓体前趾着地而前滚时，若后立柱在柱根断开，则爆破拆除时爆堆后沿宽将小于后坐值 x_b，如例7；而单跨楼房，切口较小，当下坐冲击坍塌不大时，框架前趾着地而前滚，若后立柱在柱根断开，则当前趾着地位置向前靠时，爆堆后沿宽多小于后坐值 x_b，如例2、例3；现浇框架的三角形爆破切口，爆破前倾时，后立柱在柱根断开，下坐冲击砖墙坍塌后，框架前趾着地位置靠后，爆堆后沿宽则与后坐值相当，如例1、例6、例9。若现浇框架大梯形切口，高达3～4层，柱上端 b 的钢筋细，混凝土标号低，而墙也拆至切口上层，框架前倾冲击下坐最大，不仅后立柱上端铰 b 后坐，并且柱上端断开，后立柱后倒，同时冲击破坏的砖墙也向后坍塌，其爆堆后沿最宽，将大于后立柱计算后坐值 x_b，而等于后柱高度，如例4、例8。表中例10 例13 为外单位爆破拆除工程，从中可见，框架的后坐值均小，通过学习研究，体会到减少后坐的措施。

表　现浇框架和排架爆破拆除后坐和爆堆后沿实测

序号	工程名称	结构型式	（宽×高）/m	层数	切口形状	切口尺寸/m 前沿总高×后中柱高	倒塌方式	爆堆后沿宽/m	后坐值/m	备注
1	深圳西丽电子厂1#楼	框	11.5×25.9	8	三角形	13.4×7.2	2体纵向倾倒	3.6	-3.5	
2	深圳西丽电子厂2#楼	框	9.7×25.9	8	三角形	9.1×4.1（后柱）	2～3体横向倾倒	1.0		
3	深圳西丽电子厂3#楼	框	8.0×22.8	8	三角形	4.55×2.8（后柱）	2～3体横向倾倒	1.0		
4	深圳潮味大酒楼	框	16.2×45	11	大梯形		2～3体横向倾倒	个别12 一般6	-3.1	大梯形切口，墙拆除，下坐冲击，后柱折断并后倒
5	深圳南山危楼	框	20.3×30.5	8	大梯形	14×7.9	2～3体横向倾倒	5	-1.54	大梯形切口，下坐冲击，后柱折断，后墙向后倒
6	东莞信和农批市场	框	12×26.5	7	三角形	12.2×6（后柱）	2～3体横向倾倒	2.2	-2.0	
7	东莞建丰4连体仓	框，仓	8×24.5	/	三角形	4.2×5.2（后柱）	2～3体倾倒	0.5	-2.42	

续上表

序号	工程名称	结构型式	（宽×高）/m	层数	切口形状	切口尺寸/m 前沿总高×后中柱高	倒塌方式	爆堆后沿宽/m	后坐值/m	备注
8	中山古镇商业楼	V型框剪	9×4	13	大梯形	12.4×7.7（V型中部）	2～3体倾倒	6～9.0		支撑后柱后墙上铰折断而向后倒，平面V型结构又使后倒向中汇集。
9	广州恒运电厂办公楼	框	11.6×30.4	8	三角形	8×6.6	2～3体横向倾倒	3.0		
10	云南小龙谭电厂通信楼	框	7.8×27.3	7	三角形切口，并各层梁端松动爆破	8.4×4.2	原地坍塌		没有后坐	见图1
11	上海某仓储A座综合楼	框剪	43×67.5	16	1～4层、7～8层、11～12层，各层柱等高从东向西依次延时爆破		原地坍塌后再纵向前倾20～30m		-0.02～-3.0	见3.2节
12	哈尔滨车辆厂综合办公楼	框	26.4×55	17	三角形	4层高×底层3.5	2体纵入向倾倒，跨问断裂			见图4
13	南宁航运大厦	框架	13.6×44.39	13	三角形	2层高×0.5	单体纵向倾倒	0	没有后坐	见图5

＊例1～例5为深圳合利爆破公司的爆破拆除。

3 减小后坐措施

3.1 炸断后跨梁端而原地坍塌

比较文献［1］的图1现浇钢筋混凝土楼双拆倾倒力图和图7装配式钢筋混凝土楼倾倒力图，图1将现浇框架与后柱相连的梁端炸断，并将与后柱相靠的横墙拆开，以防止图1后柱的 b 点成铰，实现图7的梁端成铰，形成低于后柱梁端塑性铰的各层重心沿重力线，以最短距离落地，从而牵拉后柱前倒，实现框架原地坍塌，可以有效减少后坐。为了进一步降低通过后柱的框架重力径向及切向分量推着柱根后滑，后柱应尽可能少炸，乃至弱松动爆破，以尽量维持立柱的纵筋在柱根牵拉后柱，减少柱根后移。如文献［2］，某7层钢筋混凝土框架楼，将后跨梁端炸断成铰，后墙立柱根松动爆破0.3

m，框架爆破倒塌时没有机构后坐、后柱后倒和柱根后移，如图 1 所示。

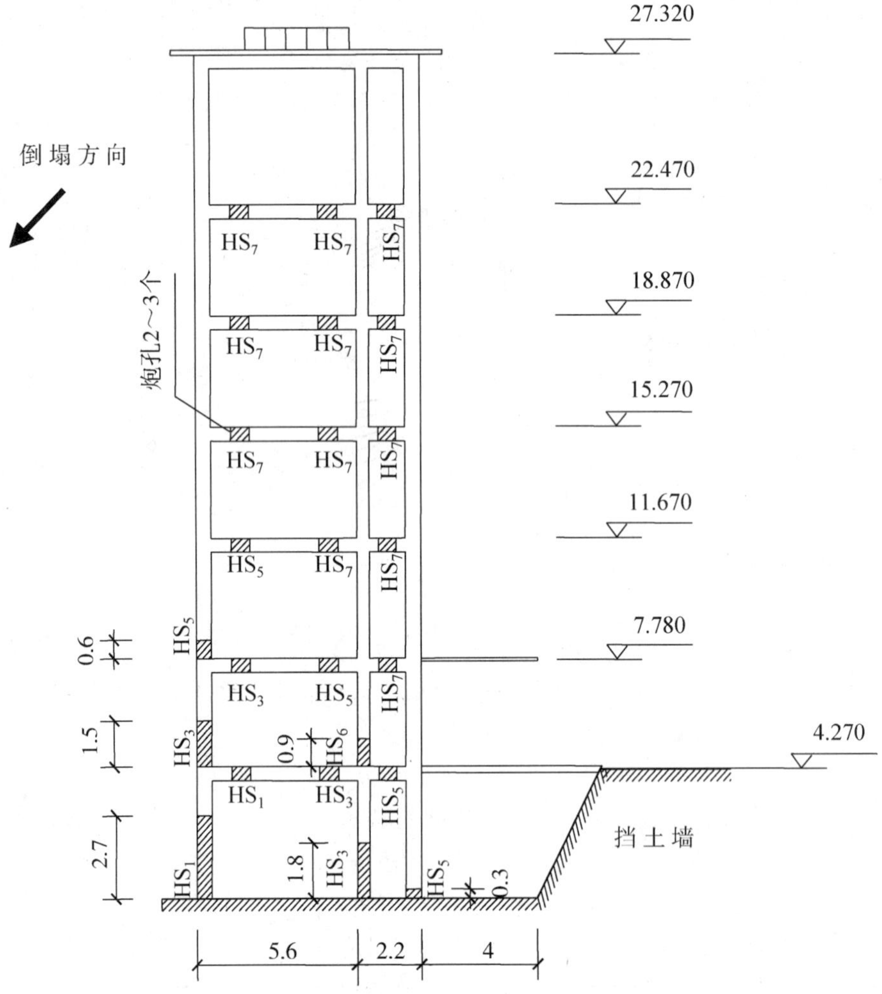

图 1　通信楼爆破高度及段别示意图（单位：m）

注：阴影部分为爆破部位

3.2　逐跨断裂降低重心

逐跨断裂，降低重心，以增大框架重心与切口层后立柱上端铰 b 连线的径向初始倾倒角 $q_{2,0}$，由此可减小框架后立柱铰 b（见文献［1］的图 1）的机构后坐[1]。现以广州恒运电厂办公楼为爆破拆除现浇钢筋混凝土框架倾倒的典型工程，如文献［1］的图 9，计算参数见文献［1］的表 1，计算的机构后坐 x_b 见本文图 2。从图中可见，当$(q_{2,0})_c/(q_{2,0})$ 从 1 增大到 1.8 时，$(q_{2,0})$ 为典型工程的框架上体质心对后立柱上端铰 b 的径向初始倾角，$(q_{2,0})_c$ 是改变后的初始倾倒角 $q_{2,0}$，其机构后坐值 x_b 也从 2.69 m 减小到 1.88 m，从而减小了后坐。

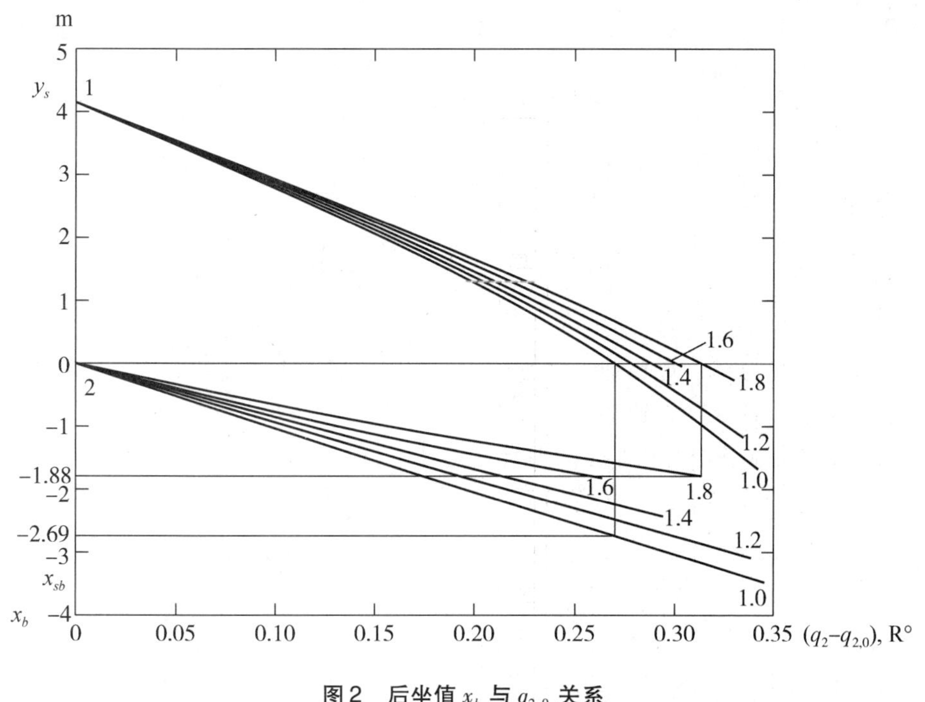

图2　后坐值 x_b 与 $q_{2,0}$ 关系

1— $y_s^{[1]}$ ；2— $x_{sb}^{[1]}$ ；图中实数为 $(q_{2,0})_c/(q_{2,0})$ 值；q_2 为框架上体质心径向转动角

矩形平面的框架楼房，横向倾倒时 $q_{2,0}$ 较小，$q_{2,0}$ 框架上体质心对后立柱上端铰 b 的径向初始倾角，而纵向倾倒时 $q_{2,0}$ 较大，并且可以采用纵向逐跨断裂降低重心，进一步增大 $q_{2,0}$，因而可以减少后坐，如文献［1］的表3例1深圳西丽电子厂 $1^{\#}$ 楼的纵向倾倒爆破拆除。逐跨断裂降低框架重心位置，从而增大初始倾倒角 $q_{2,0}$ 的计算，可参见文献［3］。从 $q_{2,0}$ 的计算中，可见增大逐跨断裂梁对应柱间的起爆时差，可以进一步增大初始倾倒角 $q_{2,0}$［3］，从而更多地降低重心，减小后坐。

3.3　全炸下层柱而原地坍塌

文献［4］、［5］采用了全炸下层柱，而不保留楼层下部后柱及其支撑转动的铰，实现了楼层原地坍塌，并且在爆破下层柱时，又采用逐柱爆破，纵向和横向依次逐跨断裂，以降低跨塌楼房重心，能更大地减小后坐。如文献［5］的16层高67.5 m框剪A座楼，起爆拆除时，楼体略有轻微的倾斜，随后原地塌落，由于没有炸断后跨梁端成铰，原地塌落直至最顶部5、6层楼体又分别向正倒向、侧倒向倾斜，其先爆的东楼无后坐，隔2 cm沉降缝后的西楼，仍保持完好，而爆破西楼时，后坐小于3 m。

3.4　中柱仅炸底层

加大或保持前柱炸高，中柱仅炸底层，保留中柱2层以上框架，从而迫使后支撑上端塑性铰 b 产生在底层，如文献［1］中降低 l_1 高度，由此减小后坐。现以恒运电厂办公楼[1]为例计算降低 l_1 后的后坐，如文献［1］图9所示，中柱炸高从 +4.8 m 降到底

层梁下 +2.7 m，后排柱不爆破，可将 l_1 从原4.1 m 降为2.7 m，而 $q_{2,0}$ 因后柱塑性铰下移而减小到 $(q_{2,0})_c = \arctan[5.86/(10.2606 + 3.3 + 0.6)] = 0.3924$，$r_2$ 也相应增至 $(r_2)_c = 15.325$ m，从而 $k_r = (r_2)_c/(r_2) = 1.297$，$(J_{b2})_c = (J_{b2}) - m_2 \cdot (r_2)^2 + m_2 \cdot (r_2^2)_c = 81219 \times 10^3$ kg · m^2，$k_{mj} = (J_{b2})/(J_{b2})_c = 0.6726$。当框架倾倒时，首先中柱着地，框架重心在中柱前方，地面也没有堆积物，此时文献［1］式（10）$b_s = 5.25$ m，$y_h = 0$，再由式（8）、式（9）、式（10）、式（11）计算得机构后坐 $x_b = -2.56$ m。由此可见，降低中柱炸高到底层，b 铰后坐相应从原2.71 m 减小到2.56 m，如本文图3所示。从图3和文献［1］图9可见，在不降低切口前沿高度而降低中柱炸高到底层，可以适当减小后坐量。又如文献［6］的原铁道部哈尔滨车辆厂综合大楼，为9柱8跨17层框架，如图4所示，切口前沿①排柱炸到4层，而重心以后的⑥、⑦、⑧中排柱及⑨后排柱，从图中可见仅炸到底层，由此减小后坐仅为1.8 m[6]。由此可见，中排⑦、⑧柱距后排柱越近，中柱仅炸底层，后坐也越小。

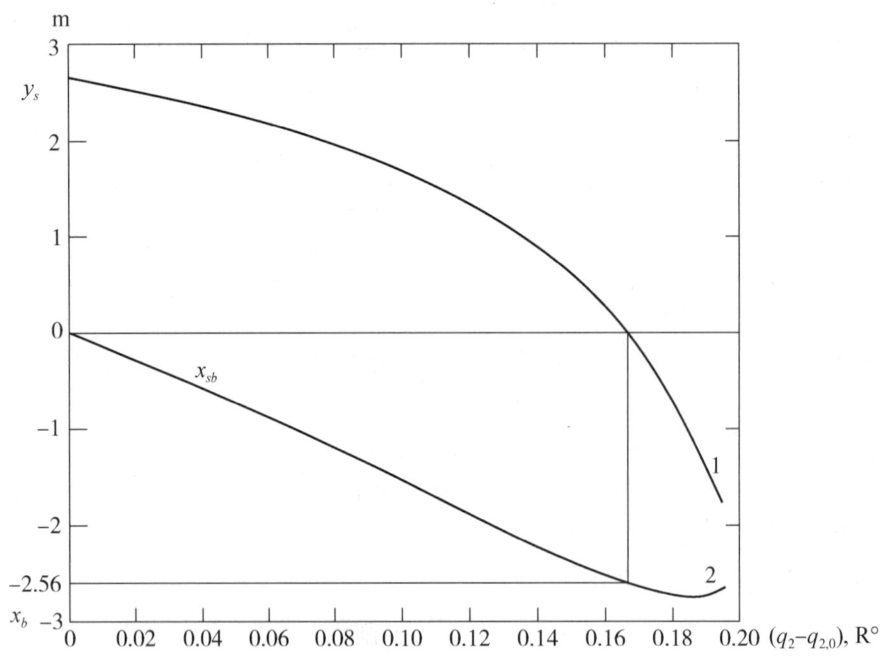

图3　降低中柱炸高到底层的后坐值 x_b

$(l_1)_c = 2.7$ m, $(q_{2,0})_c = 0.3924$, $(r_2)_c = 15.325$ m, $k_r = 1.297$,

$(J_{b2})_c = 81219(10^3$kg · m$^2)$, $k_{mj} = 0.6726$

*1，2 曲线意义见图2

3.5　框剪结构单向倾倒

某些框剪结构楼，在爆破拆除时，保留了后立柱或后中柱的纵向横向剪力墙，墙体稳定抗压、抗剪，又使立柱上端节点的抵抗弯矩 $M_2 \geqslant M$ 倾覆力矩（见文献［1］），框

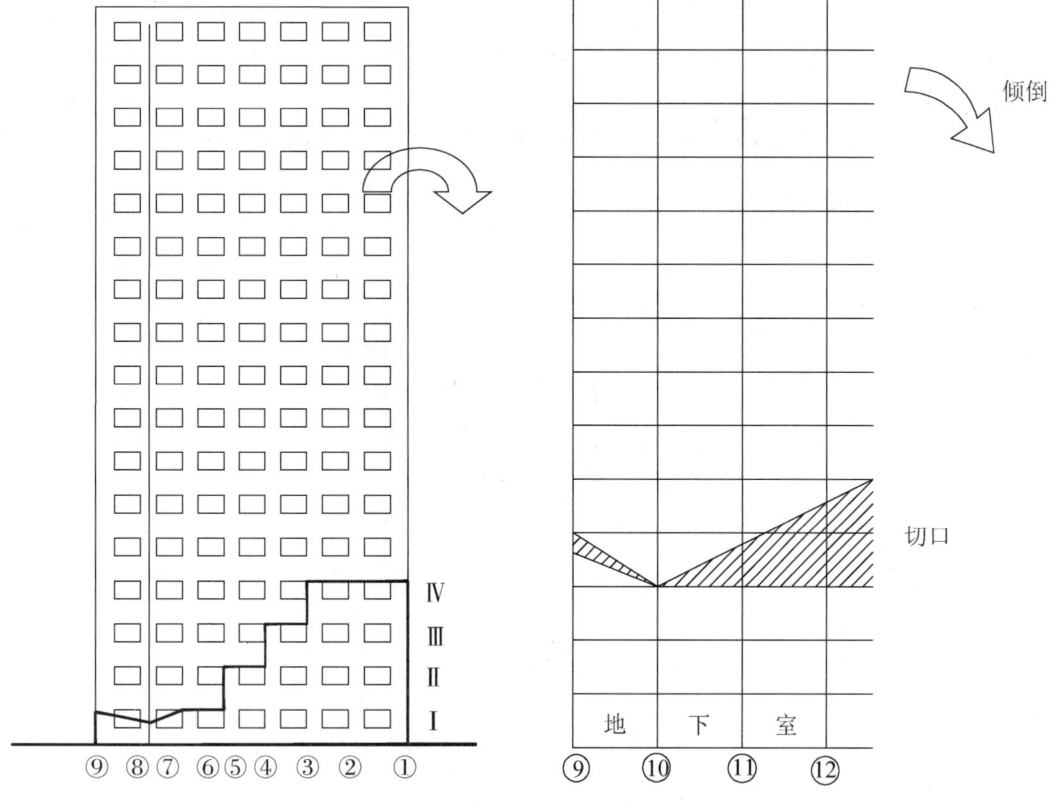

图4　某17层框架楼爆破部位示意图

图5　某14层框剪楼爆破切口的布置

剪结构楼只能绕柱根而向前单向倾倒。如文献［7］的南宁航运大厦14层高47.5 m东楼（包括1层地下室），如图5所示。从图中可见，建筑物爆破切口后，未分割的剪力墙能稳定支撑文献［1］的式（13）的径向压力D和式（14）的切向推力S，保证大楼绕其重心后方的⑩轴后中柱支撑点转动，而向前单向倾倒，避免在楼体倒塌前期后坐，仅距20 cm的后方西楼完好无损。

3.6　多跨框架单向转双拆倾倒

多跨框架楼后2排立柱不炸，而柱根割筋并削弱，当前跨爆破后，若后2排立柱有足够的支撑力可阻止框架下坐，但框架绕后排柱根o为圆心，框架做圆弧单向倾倒时后中排立柱会压溃，如图6所示框架单向倾倒初期状况。但是后中柱压断最终可引起后立柱压溃，切口上框架将转变为向前倾倒的上体，下部后2柱底层转变为向后倒的下体，形成双拆倾倒。与图4所示的框架楼相仿，由于后支撑上端塑性铰产生在底层，降低了l_1高度，因此后坐和相应爆堆后沿宽均也减小。高层多跨框架，当后2排立柱不足以抵抗框架的撞地冲击时，将产生严重下坐，而偏重心后方的立柱抵抗下坐力，又促使框架饶重心而前倾旋转，从而在下坐同时形成后坐。

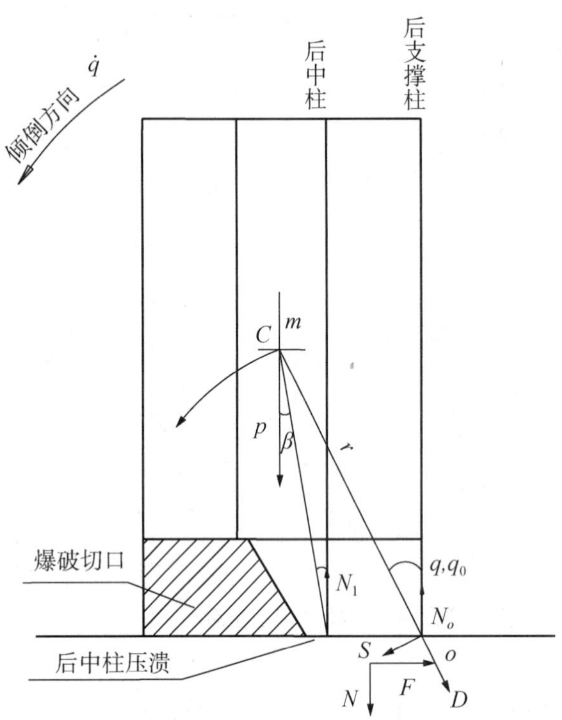

图6　多跨框架后两排柱支撑单向倾倒力

（C 为切口上楼房质心）

3.7　抵抗后坐

在文献［1］的图 1 中，当铰 b 后方有结构抵抗后坐，使铰 b 的上方结构单向倾倒[8]，与图 5 框剪结构和图 6 多跨框架单向倾倒相似，其水平抗力 R_e 应大于水平推力 F。$F = D \cdot \sin q - S \cdot \cos q$，式中 $q = q_2$，D 为径向压力，见文献［1］的式（13）；S 为切向推力，见文献［1］的式（14）。

当 $q_2 = q_{m2}$ 时，

$$q_{m2} = \arccos[(\cos q_{2,0} + \sqrt{\cos^2 q_{2,0} + 18})/6] \tag{3}$$

F 有最大值

$$\max F = P(m_2 r_2^2 / J_{b2})[(3/2)\sin(2q_{m2}) - 2\cos q_{2,0} \sin q_{m2}] \tag{4}$$

以恒运电厂办公楼切口上体参数计算，若阻止铰 b 后坐，所产生的后坐力 F 如图 7 所示。从图中可见，当 $q_{m2} = 0.5179$，有最大值 $\max F = 837.6$ kN。当 $R_e \geq \max F$ 时，后坐将被 R_e 所阻止。如 4 层单跨天河城广场楼，底层柱断面 1.8 m×1.8 m 而粗大，钢筋粗密，能抵抗后滑力而阻止了后坐。如果 R_e 小于 $\max F$，则铰 b 后方结构将遭到 F 力所破坏；如果后立柱再爆破，则铰 b 后坐的同时再向下冲击，铰 b 后下方结构将遭到更严重破坏，如广州某宾馆南楼，被该宾馆爆破拆除倾倒的后坐，坐垮南楼前跨。

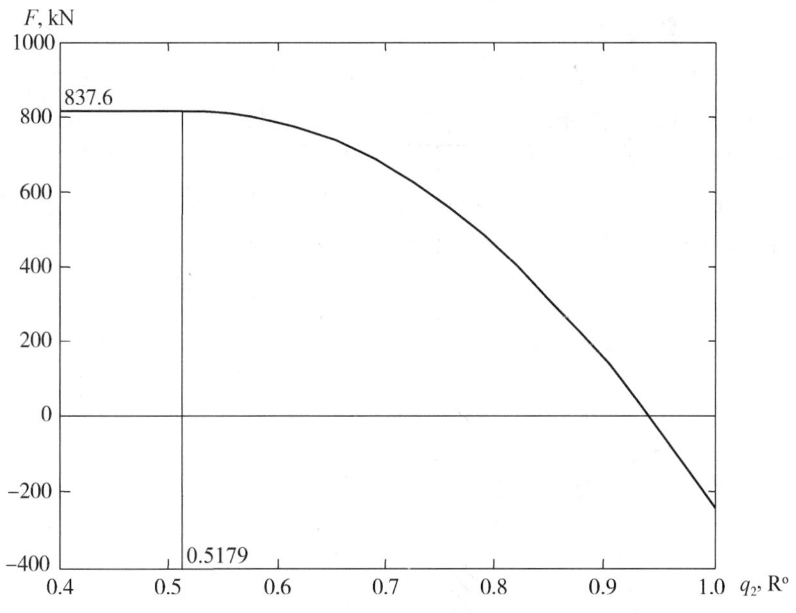

图7　恒运电厂办公楼上体被阻止后坐所需力 F 与 q_2 关系

3.8　下向爆破切口

当框架底层后方或下方有结构抵抗后坐时，可采用下向爆破切口，如图8所示，靠后的中柱仅炸底层，以保留2层以上框架，从而迫使后支撑上端塑性铰 b 产生在底层，而底层铰 b 的后坐，易于被后方高度较低的结构或挡墙阻止。如果后方结构的水平抗力 R_e，大于框架铰 b 的后推力 F，即 $R_e \geqslant \max F$，则后坐将被 R_e 阻止。式中 $\max F$ 可由式（3）、式（4）计算。如果 R_e 小于 $\max F$，则铰 b 的后立柱及后方结构将遭到 F 力所破坏。

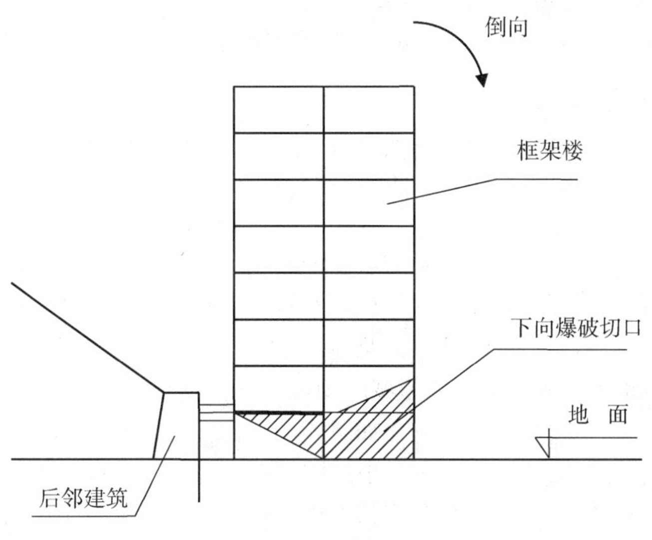

图8　下向爆破切口

3.9 减小切口高度

在确保框架倾倒撞地坍塌或翻转倒地的前提下，适当减小切口前沿高度，也能减小文献［1］图1中的铰 b 的机构后坐。以恒运电厂办公楼[1]为例，当切口前沿高度从3层柱 +8.0 m 下降1.0 m 到3层底板上 +7.0 m 时，从图9可见，其铰 b 的机构后坐 x_b 也从原2.69 m减小到2.11 m。由此可见，降低切口前沿高度是可以相应减小后坐，但是必须确保框架撞地时能破坏或翻转，否则框架将炸后不倒而成危楼。

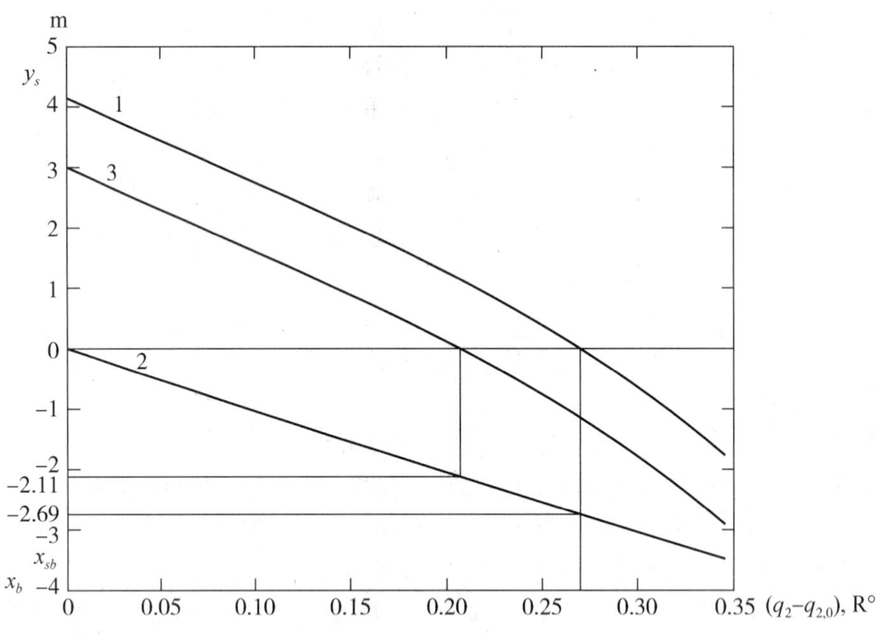

图9 恒运电厂办公楼减小切口高度时后坐值 x_b 比较

1—切口炸高8.0 m的 y_s；2—后坐 x_{sb} 曲线；3—切口炸高7.0 m的 y_s；y_s 为前趾高

3.10 防止后倒和后滑

上述框架的后坐，可能会引起后邻建筑的结构性破坏，后果严重。而现浇框架前趾着地时后柱的后倒，如见文献［1］的图1的铰 b 断开，文献［1］图3的铰 a 或铰 b 断开，使后柱不随框架前趾着地而前滚，反而因拉起而后倒，如本文表1中的例4、例8。为了防止后立柱的后倒，可以在柱根 o 处将纵钢筋断开，后立柱将随框架一起前滚，如本文表1中的例7。为了杜绝后墙在后立柱后倾时而向后垮落，可以将后墙预拆除。后墙的垮落一般只引起后方建筑的局部性破坏。

为了防止文献［1］2.2节所述框剪结构和文献［1］2.3节装配式框架的柱根后滑，应尽可能减小后柱炸高，如单排炮孔，并减小药量仅松动爆破。

3.11 增长柱间起爆时差

从3.2节分析可知，增长逐跨断裂梁对应柱间的起爆间隔，可以增大初始倾倒角，从而更多地降低重心，从而减小后坐，图4纵向倾倒的框架楼，段间时差增大到2 s，

框架倾倒摄像可见前跨梁明显断裂，下落重心降低，因此后坐也跟随减小。此外，文献［1］2.1 节分析可见，延长后柱起爆时间，也就增长了后柱底铰的抵抗弯矩 M_1 的抵抗时间，也可适当减小后坐。延长起爆时差而减小后坐的效果，可参见文献［1］、文献［8］和文献［10］的计算。

4 结论

根据参考文献［1］《框架和排架爆破拆除的后坐（1）》，研究了减少或防止框架爆破拆除机构后坐，后柱后倒、柱根后滑和减小爆堆后沿宽的措施。

（1）现浇钢筋混凝土框架，可以采用炸断后跨梁端而原地坍塌；全炸下层柱原地坍塌，纵向向内坍塌，逐跨断裂，降低前中跨的重心；横向倾倒改为纵向倾倒；框架重心以后的中柱仅炸底层等措施均可减小机构后坐；采用下向切口及后方结构能抵抗机构后坐力时，可以结合防止机构后坐；在确保框架倾倒撞地坍塌或翻转倒地前提下，降低切口前沿高度，以及延长逐跨断裂梁对应柱间的起爆间隔，延长后排柱的起爆时间等措施也可以适当减小后坐和爆堆后沿宽。

（2）框剪结构要尽量保留后支撑柱的纵向、横向剪刀墙，在支撑柱上端维持必要的抵抗弯矩和抗压、抗剪稳定，迫使结构只能绕柱根而向前单向倾倒，但是还应防止柱根可能后滑，以实现无后坐倾倒。

（3）多跨现浇钢筋混凝土框架，重心以后的 2 排后立柱不炸而柱根割筋并削弱，在有足够的支撑力阻止框架下坐和抵抗后移时，当前跨柱爆后结构能失稳倾倒，也可能实现向前单向倾倒；但是，当后 2 排立柱两端被结构重载冲击分别压坏成塑性铰时，在上部框架向前倾倒形成的后推力作用下，其底层后 2 柱将向后倾倒而形成上下体的双折运动，底层后 2 柱的上端也将发生机构后坐，但后坐和爆堆后沿宽均较小；当后 2 排立柱不足以抵抗框架的撞地冲击时，结构将产生严重下坐并伴有后坐。

建筑结构是多种多样，因而减小和防止后坐的措施也因情况而异，本文所述仅是抛砖引玉，而其中的错误，望同仁批评指正。

参考文献

［1］魏挺峰，魏晓林，傅建秋．框架和排架爆破拆除的后坐（1）［J］．爆破，2008，25（2），12－18.

［2］沈朝虎．电厂通信楼控制爆破拆除［J］．爆破，2004，21（4）：60－62.

［3］傅建秋，魏晓林，汪旭光．建筑爆破拆除动力方程近似解研究（1）［J］．爆破，2007，24（3）：1－6.

［4］黄士辉．国内城市高层建筑爆破拆除方式的探讨［J］．工程爆破，2006，12（4）：22－27.

［5］黄士辉，朱军，朱立昌，王德昌．内爆法（Implosion）拆除 68 m 框剪结构大楼［J］．工程爆破，2007，13（2）：48－50.

［6］齐世福，胡良孝，李尚海．17 层综合办公大楼定向爆破拆除［J］．工程爆破，2003，9（3）：29－33.

[7] 赵周能，程贵海，张健平．紧邻被保护建筑的高层楼房定向爆破拆除［J］．工程爆破，2004，10（4）：40－43.

[8] 魏晓林，傅建秋，崔晓荣．建筑爆破拆除动力方程近似解研究（2）［J］．爆破，2007，24（4）：1－6.

[9] WEI Xiaolin, FU Jianqiu, WANG Xuguang. Numerial modeling of demolition blasting of frame structures by varying －topological multibody dynamics ［A］ //New Development on Engineering Blasting ［C］. Beijing: Metallurgical Industry Press, 2007: 333－339.

[10] 魏晓林，傅建秋，李战军．多体－离散体动力学及其在建筑爆破拆除中的应用［A］//庆祝中国力学学会成立50周年大会暨中国力学学术大会'2007，论文摘要集（下）［C］．北京：中国力学学会办公室，2007：690.

论文［12］高大薄壁烟囱支撑部压溃皱褶机理及切口参数设计

爆破，2013，30（1）：75－78.

魏晓林，刘翼

（广东宏大爆破股份有限公司，广州 510623）

摘要：本文从高大薄壁钢筋混凝土烟囱切口支撑部破坏观测中，提出了钢筋－混凝土复合材料薄壁圆筒轴向压溃折皱模型。由此阐明了烟囱支撑部压溃折皱和切口闭合的机理，计算了皱褶形成堆积体，并支撑烟囱倾倒的过程。说明了切口圆心角应小于厚壁烟囱，即可取200°～225°；切口高度应达约10.8 m，可使烟囱重心前移越过切口闭合前壁；正梯形切口保留了基础筒壁的横筋拉力，因此烟囱倒向准确概率较高；切口下坐闭合，水平截面已无全厚受拉区，因此后中轴也不需要切割纵筋；30°锐角（初期）对称定向窗，能有序、逐层，并自下而上地，以闭合倒角引领形成倾倒轴对称压溃皱褶堆积，由此确保了烟囱的倒向。

关键词：轴向压溃折皱；爆破拆除；薄壁高大烟囱；切口参数

中图分类号：O625　　　　文献标识码：A

Mechanism of Press Burst with Cockle of Supporting and Cut Parameters of High Thin Wall Chimney

WEI Xiaolin; LIU Yi

(Guangdong Hongda Blasting Co. Ltd., Guangzhou 510623, China)

Abstract: Surveyed cutting-support damage of high-great thin wall reinforced concrete chimney, the model of press burst with cockle on thin cylinder used from complex steel bar－concrete has been presented. The mechanics of press burst with cockle and cutting close of chimney support has been clarified, cockle deport is calculated and progress of toppling chimney is supported. It has been explained to centre angle 200°～225°, which of cutting is less than thin wall of chimney. The height of cutting must be approximately extended to 10.8 m, so

that circle gravity of chimney is moved in excess of front wall. The pull force of steel bar is reserved by up trapezia cutting, so that nicety probability of fall direction is high. Because the pull bough does not exist along thick on level section, the vertical bars in behind centre axis need not beforehand be cut. The symmetry directional windows of acute angle 30° (initial) can be orderly closed from bottom to top and the deposit with axis symmetry is formed, therefore pitch direction of chimney is ensured.

Key words: Press burst with cockle on axis; Blasting demolition; High great thin wall chimney; Cutting parameter

1 引言

随着我国经济发展和工业结构的调整，爆破拆除的烟囱高度也不断增高。150 m 以下高度的烟囱（以下简称高烟囱），经多次对支撑部破坏的观测[1],[2],[3],[4]，失稳倾倒机理已基本清晰，爆破拆除高烟囱的技术措施，也经实际证明可行。2007 年我国爆破拆除 210 m 高烟囱，由此进入拆除 210 m 以上高度烟囱（以下简称薄壁高大烟囱）的时代。随着烟囱高度的增高，其底半径也加大，但是壁厚与半径之比也相对从大于 0.1 减小到 0.054，筒壁却没相应增厚，而烟囱已成为典型的薄壁结构。爆破这类烟囱，再采取过去厚壁高烟囱的技术措施，就显得不相适应。这迫切地要求重新认识薄壁高大烟囱切口支撑部破坏机理。为此，我公司对太原国电 210 m 高烟囱爆破拆除进行了观测，获得了对支撑部破坏机理新认识，由此提出了切口参数改进的新措施。

2 支撑部破坏

2.1 高烟囱

高烟囱切口爆破形成后，支撑部在大偏心受压下脆性断裂破坏，支撑面被中性轴划分为前侧受压区和后侧受拉区[3]，受压区又可分为最前的混凝土压损极限平衡区和靠中性轴前的压应力增高区，受压区的平均压应力 $\sigma_{cd} = \alpha_c \sigma_{cs}$，式中 σ_{cs} 为混凝土的抗压随机屈服强度均值，α_c 为混凝土受压等效矩形应力图系数[1]，取 1 ～ 0.22。随着烟囱倾倒，压损极限平衡区不断扩大，α_c 不断减小，中性轴不断后移，直至压区抗力与烟囱自重和拉区拉力[3]平衡，中性轴稳定，见文献［1］的 2.7.1 和 2.7.2 节，即

$$(q_{s1} - \alpha_0) \cdot \sigma_{cs} \cdot \alpha_c \cdot \delta_c \cdot \lambda \cdot r_e \cdot r_{cs} + \sigma_{st} \cdot (q_{s1} - \alpha_0) \cdot n_s = N_h/2 + \sigma_{ts} \cdot \alpha_0 \cdot n_s \quad (1)$$

式中，q_{s1} 为保留支撑部圆心角之半，R° = rad；$q_{s1} = \pi - \alpha/2$；α 为切口圆心角，R°；r_e 为切口断面平均半径，m；r_{cs} 为混凝土在筒壁温度作用后的强度折减系数[5]；λ 为支撑部截面的纵向弯曲系数[6]，按文献［1］表 2.4 中 φ_λ 选取，表中 l_o 为切口高度 h_b；σ_{st} 为钢筋随机屈服强度均值；n_s 为每弧度圆心角的钢筋面积，10^3 mm²/R°；σ_{ts} 为钢筋的拔拉脱粘强度；$\delta_c = \delta - 2a'_s$，$\delta$ 为烟囱切口处壁厚，a'_s 为压区和拉区的钢筋保护层厚；α_0 为移动中性轴对应圆心角之半；N_h 为烟囱自重和质量引起对支座的竖直压力。

由此可见，高烟囱以切口支撑部中性轴稳定后为塑性铰，而受压啮合式破坏，为支撑部破坏和切口闭合的机理。

2.2　高大薄壁烟囱

薄壁高大烟囱在竖直高压下，可从太原国电 210 m 高烟囱倾倒摄像发现，爆破后 1 s烟囱下坐；从测振波形[7]可见，爆破0.7 s后，有约1 s时段4.5 Hz 的振幅较大的筒壁破坏下坐波形，已明显区别于高烟囱的爆破振波和烟囱倾倒摄像[3],[4]，显示了薄壁高大烟囱爆破后首先下坐破坏的特征，即支撑部已无力支撑其烟囱自重，支撑部中性轴不断后移，且 α_0 减小到[1]

$$r_e(1-\cos\alpha_0) < \delta/2 \tag{2}$$

烟囱将下坐并且支撑部出现折皱屈曲压溃。另外，从应变观测看，爆破切口后 0.12 s，于定向窗口后 0.5 m，从基础筒壁距地 0.38 m，向上超过切口顶距地 7.8 m，在筒壁内外纵筋上，所安装的 6 个应变计，均从下向上显示了折皱式屈曲变形，并且在 0.225 s 后发展到支撑部中轴，如图 1、图 2 所示，4 个外横筋应变计也显示屈曲受拉向外凸出，观测见文献［8］。支撑部距地 8 m 以下筒壁压塌成皱褶式混凝土块堆积，皱褶半长[9] 2.5～3.0 m，水平分布 3～4 条塑性铰线，压塌堆积体高 1.8～2.0 m。因此，烟囱支撑部折皱压溃下坐、筒壁塑性屈曲，直至切口闭合，是薄壁高大烟囱支撑部破坏的机理。由此，要使烟囱倾倒稳定，必须自下而上依次序折皱，形成必要的堆积体高。

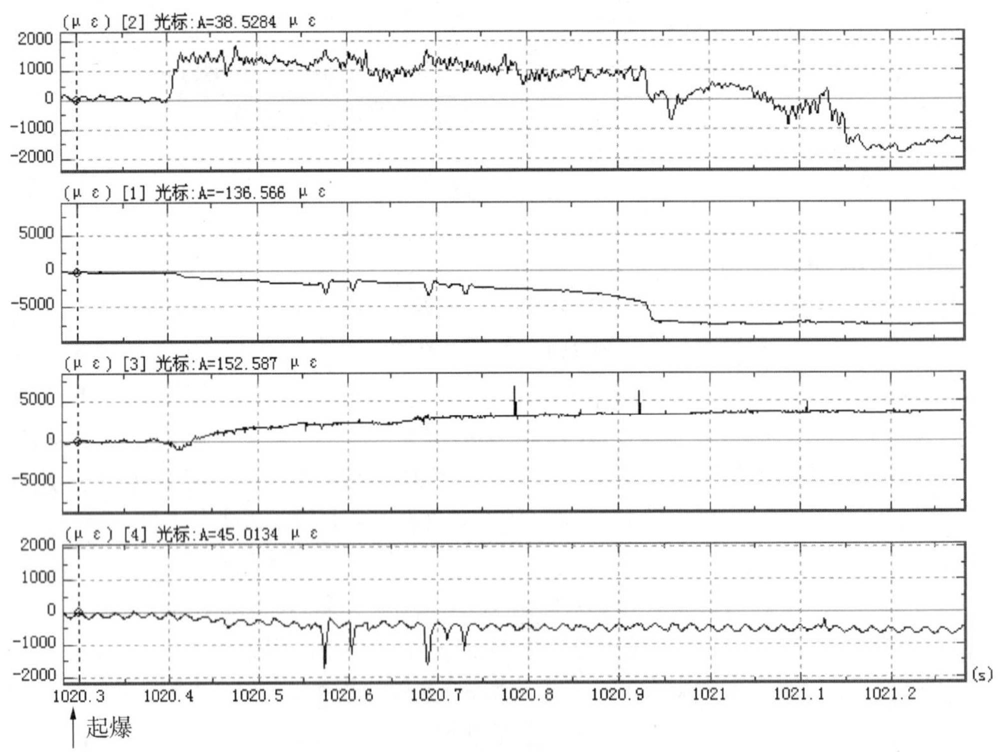

图 1　筒壁 A 位外纵筋应变计记录

（纵轴 0 以上为拉，0 以下为压；横轴为时间 0～1 s）

应变计从下 0.38 m 高向上 7.8 m 高分别为光标［2］、［1］、［3］、［4］

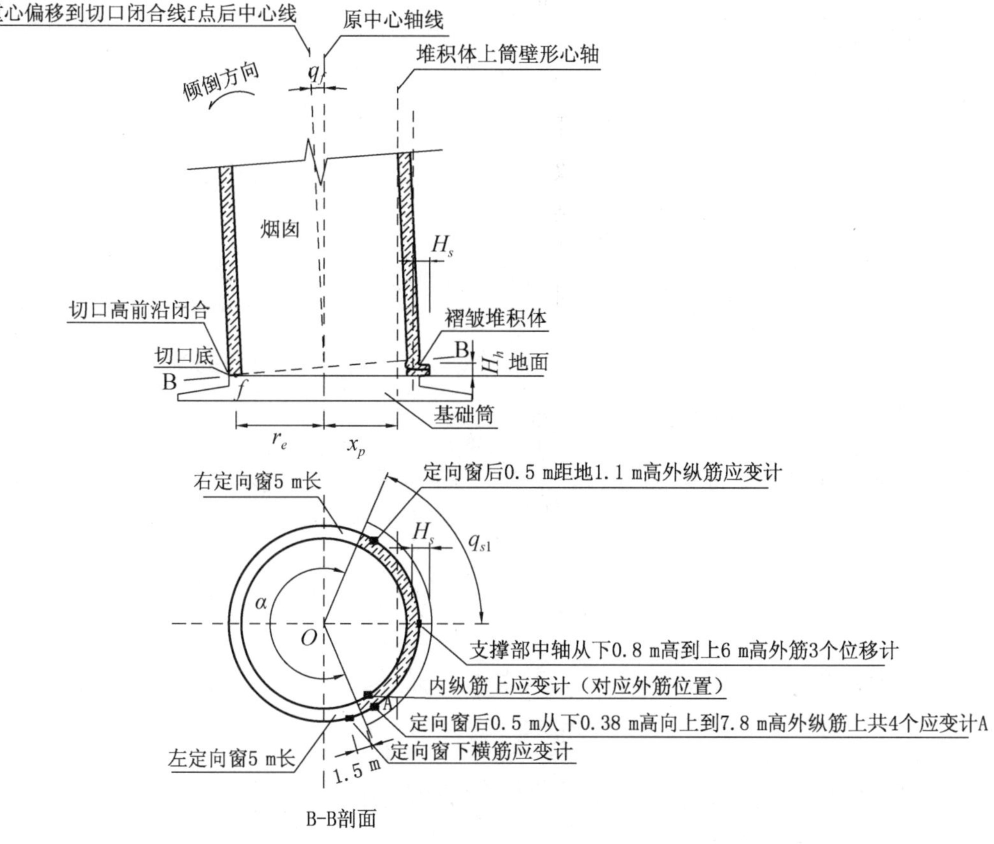

图2　烟囱支撑部轴向压溃皱褶示意

2.3　筒壁折皱压溃

钢筋混凝土筒壁可看成刚塑性体，皱褶线可看为塑性铰，由此建立钢筋－混凝土筒壁轴向压溃折皱模型，如图2所示，见文70图3.27。当一个皱褶完全被压扁，塑性铰弯曲耗散的能量为[9]

$$W_b = 2q_{s1}M_o(2\pi r_e + 2H) \tag{3}$$

式中，H为皱褶半长；M_o为钢筋混凝土筒壁单位环向宽度上的纵向弯曲塑性铰的残余弯矩，当皱褶压区钢筋压折松弛时，压区钢筋应力$\sigma'_s \approx 0$，参见文献［1］2.4.1节，

$$M_o = \alpha_c\sigma_{cs}x^2/2 + \sigma_{ts}\alpha_t A_s(h_{po} - x) \tag{4}$$

式中，h_{po}为皱褶截面的有效高度，当支撑部破坏时，$h_{po} = \delta - 2a'_s - \phi$；$a'_s$为压区和拉区的钢筋保护层厚，筒壁破坏时保护层均已脱落并暴露出钢筋半径$\phi/2$；x为混凝土皱褶截面压区高度；α_t为钢筋的弯曲系数[1]均值；A_s为单位宽截面拉区的钢筋面积。极限状态下，拉压力近似平衡，$x \cong \sigma_{ts}A_s\alpha_t/(\alpha_c\sigma_{cs})$；而折皱时，筒壁外凸，横筋拉伸耗散的能量为[9]

$$W_s \approx 2q_{s1}\sigma_{ts}A_{ss}H^2 \tag{5}$$

式中，A_{ss} 为对应筒壁单位纵向高度上的环向钢筋面积。

当向内折叠时，混凝土环向受压，所耗散的能量为

$$W_c \approx 2x_c q_{s1} \alpha_c \sigma_{cs} h_{po} H^2 \tag{6}$$

式中，x_c 为受压区高度，大多小于横筋间距。由于纯弯曲梁，拉力与压力平衡，

$$W_c = W_s \tag{7}$$

当烟囱下压时，混凝土也压坏，其压碎混凝土耗散的能量为

$$W_p = \delta_c(1 - k_h)H(2q_{s1}r_e)\sigma_a r_{cs} \tag{8}$$

式中，k_h 为筒壁压碎的下沉率；σ_a 为压碎混凝土筒壁的平均残余强度，$\sigma_a \approx 0.2\sigma_o$；$\sigma_o$ 为混凝土的峰值强度，即混凝土的标号。

根据能量平衡，烟囱在自重下坐所做的外功，等于筒壁钢筋混凝土破坏耗散的能量，因此有

$$2HP_m = W_b + W_s + W_c + W_p \tag{9}$$

式中，P_m 为完成整个皱褶过程的平均外力。将式（3）、式（4）、式（5）、式（7）和式（8）代入式（9），得

$$P_m = [q_{s1}\sigma_{ts}\alpha_t A_s(h_{po}/k_h - x/2)(2r_e\pi + 2H) + 2q_{s1}\sigma_{ts}A_{ss}H^2 + q_{s1}\delta_c(1 - k_h)Hr_e\sigma_a r_{cs}]/H \tag{10}$$

根据 H 应使力 P_m 取最小的思想，可求出未知长度 H。由 $\frac{\mathrm{d}P_m}{\mathrm{d}H} = 0$，得

$$H = \sqrt{\alpha_t A_s \pi r_e(h_{po} - 0.5xk_h)/(A_{ss}k_h)} \tag{11}$$

由于筒壁纵向钢筋实际被弯成曲线而不是直线[9]，故筒壁折皱半长 H 也被压短为

$$H_s = k_h k_{es} H \tag{12}$$

式中，k_{es} 为有效压溃比，见文献［9］式（6.9），得0.77.

将式（11）代入式（10）就可得支撑部平均压溃力 P_m，其作用点在支撑部筒壁的形心轴上，距烟囱中心距离

$$x_p = (2/3)(\sin q_{s1}/q_{s1})(r_2^3 - r_1^3)/(r_2^2 - r_1^2) \tag{13}$$

式中，r_2、r_1 分别为筒底外、内半径。

支撑部形心轴折皱堆积体高 H_h，可由折皱半长 H_s 求得，即

$$H_h \approx n_{sc}\delta\xi/k_h \tag{14}$$

式中，n_{sc} 为计算折皱数，$n_{sc} \leqslant H_a/H_s$ 取整数；ξ 为混凝土压碎体积碎胀系数，取1.05；H_a 为切口顶距地高。

由此可见，薄壁高大烟囱支撑部虽然压溃，但是压溃皱褶的筒壁堆积体，仍可在距筒心 x_p 处，于 H_h 高支撑烟囱倾倒。

4 实例与讨论

4.1 实例验证

以太原国电210 m高钢筋混凝土烟囱为例，计算支撑部压溃皱褶堆积体，原始参数如下：烟囱质心高 h_c =70.75 m；r_e =11.07 m，切口中间窗高 H_a =6 m（距地）；h_{po} =

$\delta - 2a_s' - 0.025 = 0.615$ m；$r_{cs} \approx 0.9$；Ⅱ级钢筋，$\sigma_{ts} = 460$ MPa，$A_s = 2454.5 \times 10^{-6}$ m²/m，$A_{ss} = 3020 \times 10^{-6}$ m²/m，$\alpha_t = 0.8036$；C_{30}混凝土，$\alpha_c \sigma_c \approx \sigma_a = 0.2 \times 30 = 6$ MPa；$H_a = 6$ m；当 $k_h = 0.8$ 时，$H_s = 2.74$ m，相应的 $H_a/H_s = 2.2$，折皱数取 $n_{sc} = 2$；$H_h = 1.84$ m。爆破烟囱倾倒后，实测 H_s 为2.6～3.1 m，中轴折皱压溃高7.0 m，支撑部实际折皱堆积体高1.8～2.0 m（包含部份内衬）。由此可见，实际与计算基本相符，证明了支撑部破坏、切口闭合和压溃折皱的机理是正确的。

4.2 切口圆心角

从薄壁高大烟囱支撑部破坏的机理可知，为减缓支撑部的压溃，切口圆心角应小于厚壁烟囱，即可取200°～225°。烟道和出灰口位置也限制切口圆心角再小。

4.3 切口高度

压溃折皱筒壁的平均反力 $P_m = 42870$ kN，距中心轴 $x_p = 8.381$ m，其形成的转矩，使烟囱在下坐的过程中倾倒转角 q_e，仅约小于烟囱重心前移越过前壁切口闭合的转角 $q_{fo} = \arctan[(\sqrt{(r_e + x_p)^2 - H_h^2} - x_p)/(h_c - H_a)] = 0.168$ 的5%，也即本例烟囱顺利翻倒，主要还是依靠折皱堆积体的压缩和稳定支撑。由此从式（14）可见，足够的切口高 h_b，形成折皱堆积体高 H_h，以支撑烟囱翻倒，应使烟囱转角 $q_e > q_{fo}$，才能使烟囱重心前移越过切口闭合前壁地面，即中间窗高 $h_b \geq 10.8$m（距地）。或者按动力学翻倒保证率 $K_{to} \geq 5.0$（考虑了液压破碎锤开中间窗），见文献［1］。本例 $K_{to} = 5.5$，烟囱可顺利倾倒。

4.4 切口形状

烟囱前倾必须要堆积体克服其后坐，但是薄壁筒纵向抗弯力很小，仅有定向窗基础筒壁的横筋拉力能抵抗后坐。倒梯形、人字形的下向切口，将定向窗下的横筋切断，而无力限制烟囱后移，致使定向窗后的基础筒壁被外翻弯塌，烟囱也易于从皱褶堆积体上后滑落地。与此相反，定向窗下的横筋拉力测量表明[8]，正梯形切口有利于基础筒壁的横筋拉力克服后坐，从而皱褶堆积体可稳定地支撑烟囱顺利倾倒。

4.5 定向窗

薄壁高大烟囱的30°锐角（初期）定向窗，能有序、逐层，并自下而上地，以闭合倒角引领形成压溃折皱倒向轴对称堆积体，从而支撑烟囱倾倒，确保倒向。因此，定向窗应确保两侧压溃折皱同时、平衡发展，两侧对称同形的锐倒角定向口，是确保烟囱倒向的必要前提。

4.6 预切割纵筋

薄壁高大烟囱切口下坐闭合，水平截面已无全厚受拉区，因此从支撑部下坐压溃的机理，决定了后中轴不需要切割纵筋。预切割高位纵筋，将削弱支撑部压溃皱褶堆积体的抗后剪能力，烟囱易于从堆积体下滑，也难以支撑烟囱倾倒。

5 结语

（1）从高大薄壁钢筋混凝土烟囱切口支撑部破坏观测中，提出了钢筋－混凝土复合材料圆筒轴向压溃折皱模型。由此阐明了烟囱支撑部破坏和切口闭合的机理，定量地解释了折皱形成堆积体，并支撑烟囱倾倒的过程，由此构建了高大薄壁钢筋混凝土烟囱拆除关键技术的理论基础。

（2）由钢筋－混凝土复合材料圆筒轴向压溃折皱模型，表明高大烟囱薄壁支撑部势必压溃，切口圆心角应小于厚壁烟囱，即可取200°～225°。由此计算出确保烟囱动力倾倒的翻倒保证系数 $K_{to}\geqslant 5.0$；或以切口闭合冲击前，烟囱重心已前移越过切口闭合的前壁的条件，即切口中间高应 $h_b\geqslant 10.8$ m。

（3）正梯形切口保留的基础筒壁的横筋拉力，便于克服烟囱前倾产生的后坐，有利于皱褶堆积体稳定地支撑烟囱顺利倾倒。薄壁高大烟囱切口下坐闭合，水平截面已无全厚受拉区，决定了后中轴也不需要预切割纵筋。

（4）30°锐角（初期）定向窗，能有序、逐层，并自下而上地，以闭合倒角引领形成压溃皱褶堆积；轴对称的定向窗，对称平衡地破坏，形成沿倒向轴对称的堆积体，由此确保了烟囱倒向。

参考文献

[1] 魏晓林．建筑物倒塌动力学（多体－离散体动力学）及其爆破拆除控制技术［M］．中山大学出版社，2011.

[2] 魏晓林，傅建秋，李战军．多体－离散体动力学分析及其在建筑爆破拆除中的应用［A］//庆祝中国力学学会成立50周年大会暨中国力学学术大会'2007，论文摘要集（下）［C］．北京：中国力学学会办公室，2007：690.

{3} 郑炳旭，魏晓林，陈庆寿．钢筋混凝土烟囱爆破切口支撑部破坏观测研究［J］．岩石力学与工程学报．2006，第25卷（增2）：3513－3517.

[4] 郑炳旭，魏晓林，傅建秋，等．高烟囱爆破拆除综合观测技术［A］//中国爆破新技术［C］．北京：冶金出版社，2004：857－867.

[5] 郑炳旭，魏晓林，陈庆寿．钢筋混凝土高烟囱切口支撑部失稳力学分析［J］．岩石力学与工程学报，2007，25（增1）：3348－3354.

[6] 曹祖同，丁玲勇，陈云霞．钢筋混凝土特种结构［M］．北京：中国建筑工业出版社，1987.

[7] 刘翼，魏晓林，李战军．210 m烟囱爆破拆除振动监测及分析．广州：广东宏大爆破股份有限公司企业文献，2012，7.

[8] 魏晓林，刘翼．国电太原第一发电厂210 m烟囱爆破拆除观测报告．广州：广东宏大爆破股份有限公司企业文献，2012，1.

[9] 余同希，卢国兴．材料与能量的吸收［M］．北京：化学工业出版社，2006.

论文［13］爆破拆除楼房时塌落振动的预测

工程爆破，2016，22（2）：13～18.

魏晓林，刘翼

（广东宏大爆破股份有限公司，广州 510623）

摘　要：从十余栋楼房塌落振动综合实测中可见，峰值振速总是由楼房倒塌触地的姿态所决定，即可能发生在后支撑爆破楼房下坐、切口闭合或翻倒触地时，且峰值规律也不尽相同。由此，在量纲分析中引入重心下落高度，分别建立了楼房下坐、楼房切口闭合冲击和建（构）筑物整体翻倒触地的振速峰值的经验公式，阐述了相应的楼房、建（构）筑物不同塌落振动原理，并从案例实测振速对数图峰值最大包络线中，摄取公式待定参数 K_t、β，由此分别提出对应的峰值振速算法（1）～（3）的计算公式，并阐明了其中参数的物理意义和取值。预测地点振速可先按结构选取，高大烟囱、现浇剪力墙（包括前跨现浇剪力墙的框剪结构及13层以上的单向倾倒现浇框剪结构的的前方预测点），塌落振动峰值，选取算法（3）计算振速。框架和框剪楼房塌落振动的峰值，可按触地姿态，选取算法（1）和算法（2）计算，并选取算法中的计算值大者为预测的振速。由于补充了算法（1）和算法（2），综合算法正确地反映了形成振波峰值的楼房触地位置和撞地冲击时重心改变的高度，因此振动原理较明确，由此提高了预测塌落振动的针对性和准确性。文中列举了观测实例。

关键词：高大建筑物；爆破拆除；触地姿态；塌落振动

doi：10. 3963/j. issn. 1001 －487X. 2015. 01. 001

中图分类号：TD235. 3　文献标识码：A　文章编号：1001 －487X（2015）01 －0001 －01

Prediction of building of collapse vibration demolished by blasting

WEI Xiaolin，LIU Yi

（Guangdong Hongda Blasting Co Ltd，Guangzhou 510623，China）

Abstract：From more than ten buildings collapse vibration comprehensively measured，peak vibration velocity is always determined by building collapse touchdown attitude，i. e. likely occurs in rear support sitting down by blasting，incision closure or toppling to on ground，And the peak rules are not same. Therefore，falling height of the center of gravity is introduced in dimensional analysis，the empirical formula of the peak value of vibration speed of buildings sitting down，incision closure shock and building（structure）overturned wholly to on ground are respectively established. That different collapse vibration principle is correspondently described. And formula parameters K_t and β are taken out from the peak envelope line of case in measured velocity logarithmic graph. This formulas respectively corresponding to peak velocity（1）～（3）algorithms are proposed，that physical meaning of parameters and values are explained. According to the structure of the selected，high chimneys，cast-in-place shear wall (including the former cross cast-in-place shear wall of ahead of frame and cast-in-situ frame shear wall structure more than 13 storey), prediction collapse vibration peak velocity is calculated by algorithm (3). Frame and shear wall frame buildings collapse vibration peak is calculated by touchdown attitude to select algorithm (1) and algorithms (2), in whish vibration velocity greater is selected for the prediction vibration value. Because algorithm (1) and algorithm (2) are supplemented, integrated new algorithm correctly reflects touchdown position of formation of vibration wave peak of building and the changed height of the center of gravity of impact hit on ground, so that the principle of vibration is more explicit and thus the pertinence and accuracy of collapse vibration predicted will be improved. The observed example is listed in this article.

Key words: High and larger building; Blasting demolition; Touchdown posture; Collapse vibration

1 引言

拆除爆破工程实践表明，建筑物拆除时塌落振动往往比爆破振动大。为了估算爆破拆除时塌落的振动强度，国内从上世纪 80 年代以来，中科院力学所周家汉进行了大量研究，确立了爆破拆除高烟囱塌落振动的峰值和楼房塌落振动峰值的计算公式。本公司依据这些公式和相应塌落振动机理，对十余栋楼房和烟囱的塌落振动进行了测量，结合摄像、应变电测和塌落姿态动力学分析并对塌落振动进行了预测。从实测中发现，楼房的塌落振动与钢筋混凝土烟囱的塌落振动在原理上有所区别，在测值的规律上也有差异。现将测量结果及其分析总结如下。

2 塌落振动原理及计算

参考周家汉、陈善良、杨业敏等的论文《爆破拆除建筑物时震动安全距离的确定》[1]和费鸿禄、张龙飞、杨智广的论文《拆除爆破塌落振动频率预测及其回归分析》[2]以及大量建（构）筑物的塌落实测和量纲分析显示，建筑物拆除的塌落振动与重力势能 mgh 有关，即与下落物件的质量 m 和触地速度平方 v^2 有关，$v^2 = 2gh$，h 为重心下落的高度，并随振动传播的距离 R 增加而衰减，即塌落振动的衰减公式为

$$v_t = K[R/(2mgh/\sigma)^{1/3}]^{\beta'} \quad (1)$$

v^2 也可以与 H 成正比例，由此，对高 H 的烟囱类高大建（构）筑物塌落振动的公式[3]，改写为

$$v_t = K_t[R/(mgH/\sigma)^{1/3}]^{\beta'} \quad (2)$$

式中，β' 为负衰减指数，K_t、K 为与波传播有关的场地系数；σ 为地面或构件的介质破坏强度，一般取 10 MPa；该式（2）法本文称为振动预测法（3）。

实践证明，对烟囱类高大建筑（构）物，振速的最大值在烟囱单向整体倾倒触地时。分析高 210 m 烟囱单向倾到爆破拆除塌落振动的波形[4]，如图 1。图中所示的振动波时程曲线，有先后到达的 4 个波动信号，即 0 时的爆破，0.7 s 的筒壁下坐，3.6 ～

4.5 s 的切口闭合，最后在 17.0～18.1 s，是烟囱整体触地塌落振动波，其作用时间最长，频率低，幅值也最大。但是爆破拆除现浇钢筋混凝土楼房时，却往往并非如此，单向倾倒的楼房，在下坐或切口闭合时，往往比整体倒地的振动还大。如中山古镇 11 层 V 形框剪楼单向倾倒爆破拆除塌落振动波形，见图 2。图中所示的振动波时程曲线，有先后到达 5 个波动信号，即 -0.25～0 s 时前柱和楼中间中柱爆破的 A 波，0.5 s 中柱和楼边前柱起爆的 B 波，1.0～1.5 s 后柱和楼边中柱起爆到下坐撞地的 C、D 波，其波形为主峰 D，幅值为 0.3244 cm/s，而 3.2 s 切口闭合时，E 振波为次峰值 0.18 cm/s，然后振波幅值减少，5.2 s 楼房整体翻倒触地的 F 波，振波幅值再次增大，但幅值仅为 0.075 cm/s。再如某 7 层楼侧面 C1 测点的振动波形，见图 3。与此相似，有先后到达 4 个波动信号，即 -0.1～0.1 s 时前柱爆破的 A 波，0.2 s 中柱和后柱起爆并下坐的 B 波，其波形为主峰 0.32 cm/s，1.9 s 切口触地的 C 波，为次峰值 0.26 cm/s，而 2.7 s 为层间侧移[5]的底层的上 1 层闭合时的振波，振波峰值减少到 0.1 cm/s，以后振波峰值也更小。现将 10 幢楼房爆破拆除振动波形特征列入表 1。从表中可见，其中 6 幢楼房振动主峰在后柱爆破下坐时，3 幢楼房塌落振动主峰在切口闭合时，1 幢楼房振动主峰在楼房翻倒触地时，且楼房翻倒触地中心距前方测点最近。由此可见，现浇钢筋混凝土楼房塌落振动主峰幅值，与楼房的结构，爆破拆除的方式和触地的姿态等因素有关，而触地姿态即是楼房下坐、切口闭合冲击或翻倒触地。对 8 层以下楼房，后柱的炸高多为 0.9～1.2 m，后柱爆破时楼房下坐，如表 2 中较多楼房振动达到峰值。从表 2 中序号 7.1 也可见，珠海江村 20 层楼房应变电测，也证明下坐时后柱应变片应力突变而同时塌落振动也最大。文献[2]也“得出毫秒延期爆破拆除建筑物时其后坐触地产生的振速更大”。随着楼层增高，其宽度也增大，爆破切口也跟随加高，楼房触地冲击势能将加大，因此 8 层以上楼房在切口闭合时，多数楼房振动达到峰值。14 层以上的多切口拆除楼房，被切口分割的房体，将分别触地冲击，下体切口闭合时，振动达到峰值。倒塌的楼房经后柱爆破下坐，切口闭合冲击，楼房的整体结构已经破坏，各构件带缝钢筋连接[5]，非完全离散[5]，乃至完全离散，翻倒触地时，撞地力分散，由此振动幅值较小。但是，单向倾倒的 20 层以上现浇剪力墙楼房，部分构件体下落高度大，触地势能还高，仍可能形成振动主峰。由此可见，现浇钢筋混凝土楼房塌落振动的峰值时刻将依次可能在中、后支撑爆破下坐、切口闭合和翻到触地时，且振动原理有所差异，峰值、次峰也有所相互影响。

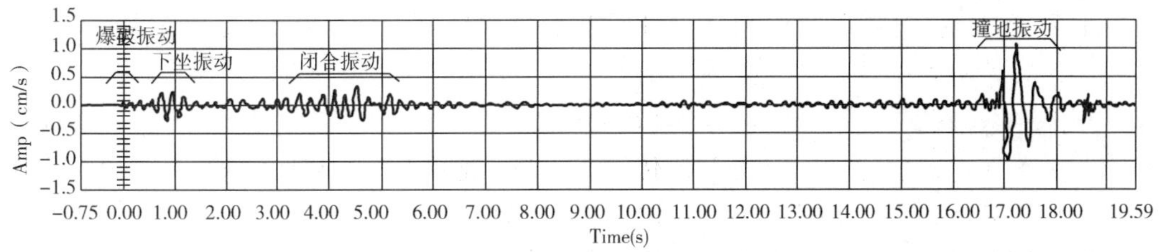

图 1　210 m 烟囱爆破倾倒塌落振动波形

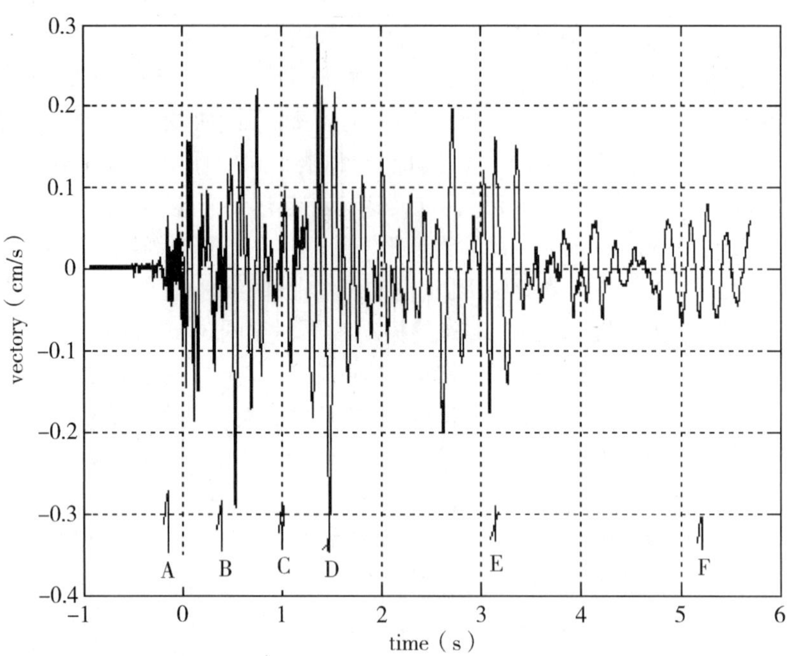

图 2　中山古镇 11 层 V 形框剪楼单向倾倒爆破拆除塌落振动波形

A－前、中间中柱爆破；B－边前、中柱爆破；C、D－边中、后柱爆破并下坐；E－切口闭合；F－楼房翻倒触地

表 1　爆破拆除楼房振波特征及时刻表

序号	工程名称	结构	塌落方式	测点	后柱起爆，s，雷管/波	后柱波，s	切口闭合，s	塌落波，s	记录波，s	楼重，t	落差，m	距离，m	PPV，cm/s，时刻	PPV cm/s（刮号内在基础）	备注
1	东莞信合	框架	翻倒	侧	0.5/0.5	1.0	2.5	2.95	5.72	1211	26.5/2	36.8	2.95，切口闭合	1.25	
2	横运电办	框架	翻倒	前	1.0/1.2、	(0.94) 1.72	2.72	4.07	5.57	2441	26.4/2	30.4	4.07，塌落	1.19	
3	省院 10#	框架	层间侧移	前 C2	0.21/0.2	0.38	1.9	—	3.07	1027	0.6	52.7	0.38，中、后柱下坐 2 层	0.64	
4	中山古镇	框剪	翻倒	侧	1.0/1.0	1.5	2.7	—	6.4			46	0.5，下坐	0.32	
5	大源 9 层	框剪	跨间下塌	侧 B2 C3	1.9/2.1	2.3	2.7；3.1	5.8	7.4			25.2（37.3）	2.7，下坐	1.12（0.65）	参考测点 B3

续表 1

序号	工程名称	结构	塌落方式	测点	后柱起爆，s，雷管/波	后柱波，s	切口闭合，s	塌落波，s	记录波，s	楼重，t	落差，m	距离，m	PPV，cm/s，时刻	PPV cm/s（刮号内在基础）	备注
6	大源11层	框剪	跨间下塌	侧B5 C1	0.9/0.7	0.7	2.75	5.3	13.8			50（64.7）	2.75，切口闭合	0.9，C1下坐（0.55，切口闭合 B5）	
7	开平水口	框架	层间侧移	侧	1.0/0.7	0.76	1.84	3.15	6.9			18	1.84，下坐	1.18	
8	阳江礼堂	砖混	内塌	后A1	0.5/0.65	0.65	0.85	0.85	1.3			15	0.65，下坐	1.32	
9	天河西塔	框剪	翻倒	后D	0.5/0.5	0.52	1.2	—	2.47			20.2	0.52	0.335	地铁
10	青岛远洋	装配剪墙	翻塌	前C1	2.3	2.3	3.44	—	5.9	8610（3/12）	4.6	39.5	3.44，切口闭合	1.5	下体

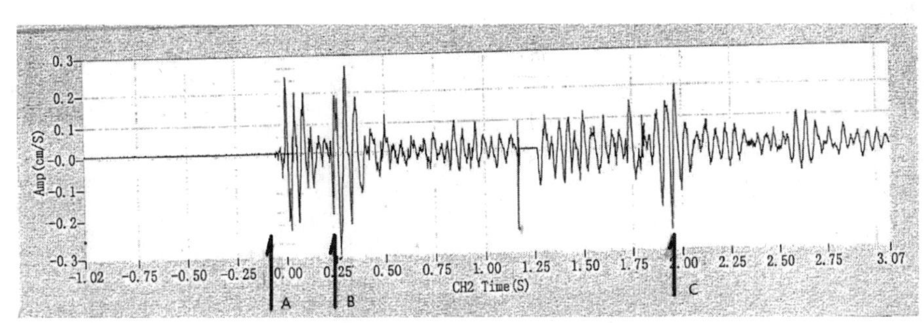

图 3　某 7 层楼爆破拆除倾倒层间侧移塌落侧向 C1 点振动波形

A－前柱爆破；B－中、后柱爆破并下坐；C 切口闭合，而后各层依次层间侧移触地；

因此，峰值振速的计算将分别对应下坐、切口闭合和整体翻倒三种算法。分析如下，从振动波动时程图上，将数幢楼房下坐的峰值振速列入表 2。切口闭合的峰值振速列入表 3，M 代表楼房塌落振动最大值，并将实测 PPV 振速绘入图中。首先，根据式（1），作楼房下坐峰值振速对数图 4，图中 $R' = R/(2mgh_e/\sigma)^{1/3}$，式中 h_e 为爆破引起下坐的支柱炸高，m。另外，根据式（1）改写，作楼房切口闭合峰值振速对数图 5，图中 $R' = R/(mgH/\sigma)^{1/3}$，式中 H 为切口高，m。由此可以得到楼房塌落振动补充的算法（1）、算法（2），即综合以上图、表可见，若预测塌落振动的公式仍采用式（2），将楼房下坐振动作为预测法（1），则 $H = 2h_e$，R 为爆破引起下坐支撑在地面连线的中点到

预测振动目标点的距离，m。而 $K_t = K$ 和 $\beta = -\beta'$，可从7幢楼房后支撑爆破下坐振动峰值对数图4得到，其中倾倒下坐振动峰值的 $K_t = 5.4$，塌落下坐 K_t 为7.8～9.1，$\beta = 1.66$。而当切口闭合时，作为切口闭合的峰值振速的预测法（2），H 取切口高；R 为切口前缘闭合触地中心距预测峰值振速点距离，m。而 $K_t = K$ 和 $\beta = -\beta'$ 也可从5幢楼房的切口闭合峰值振速对数图5中获得，楼房的切口闭合峰值振动的 $K_t = 2.7$，$\beta = 1.66$。切口闭合的 K_t 值小于下坐振动的 K_t，这是因为钢筋混凝土楼房下坐撞地后，楼房已有所破坏，刚度降低，重心单位下落 m 的撞地力有所减小而形成。振动传播的衰减系数 β，在图4和图5中从多幢楼房测值与文献[1]比较均显得较小，但从珠海江村单幢楼房塌落的振速看，β 仍然较大，因而仍按文献[1]中 $\beta = 1.66$ 计算。此外，楼房整体翻倒触地峰值振速计算仍作为原算法（3），仍按原式（2），文献[1]中 K_t 取3.37～4.09，H 为楼房（或下体）和烟囱的高度，R 为预测地目标点距塌落中心距离，m，$\beta = -\beta'$，$\beta = 1.66$。由此，将文献[1]中楼房塌落振动的峰值振速计算进行了完善，补充了算法（1）和算法（2），形成了新的楼房塌落振动预测流程和方法。

表2　楼房下坐峰值振速预测方法比较

序号	工程名称	结构	倒塌方式	高度，层/m	楼重，t	落差，m	距离，m	预测1，PPV，cm/s	预算3，PPV，cm/s	实测PPV，cm/s	K_t	备注（预算2），cm/s
1	东莞信合	框架	单倾	7/26.5	1211	1.2	42.2	0.88	2.61	0.52	3.18	1.30
2	横运电办	框架	单倾	8/26.4	2441	0.9	51.6	0.80	5.17	0.41	2.78	1.39
3	省院10#	框架	单倾	7/24.9	1027	0.6	52.7	0.38	3.34	0.64	9.10	M，0.92
4.1	中山古镇	框剪	单倾	11/36.5	2730	0.3	53	0.44	2.67	0.32	3.92	M，1.15
4.2	中山古镇	框剪	单倾	11/36.5	2730	0.3	46	0.56	2.51	0.26	2.52	1.15
5.1	青岛远洋	剪墙	双折	14/45.7	8 610（7/12）	0.6	53.6	0.89		0.89	5.40	上体
5.2	青岛远洋	剪墙	双折	14/45.7	8 610（7/12）	0.6	72.6	0.54		0.17	1.71	上体
6	天河西塔	框架	单倾	4/18	150	1.2	21.2	0.94	0.83	0.335	1.94	M 0.57

续表 2

序号	工程名称	结构	倒塌方式	高度，层/m	楼重，t	落差，m	距离，m	预测 1，PPV，cm/s	预算 3，PPV，cm/s	实测 PPV，cm/s	K_t	备注（预算 2），cm/s
7.1	珠海江村	框剪	单倾	22/55.4	12 625	0.6～1.2	16.5	2.56	6.4	0.766	1.61	M 1.90
8.1	天涯宾馆	框剪	三折下坐	22/78.5	3 163	1.8	100	0.65	0.93	0.65	7.82	下体，M0.68
8.2	天涯宾馆	框剪	三折下坐	22/78.5	3 678	1.2	100	0.57		0.57	7.89	上体

注：预测（1）的 $v_t = K_t[(mg2h_e/\sigma)^{1/3}/R]^{\beta}$；式中 h_e 为下坐高，m；R 为爆破后支撑中点的距离，m；β =1.16；，序号 1～7 K_t =5.4，序号 8.1 和 8.2 K_t =7.8；预测（3）为文献[1]的方法，K_t = 3.37；β =1.16；M 为算 2 数据，3 个算全体振动最大值。表中备注（预算 2）为切口闭合振速预测算法（2）。

表 3 楼房切口闭合峰值振速预测方法比较

序号	工程名称	结构	倒塌方式	高度，层/m	楼重，T	落差，m	距离，m	预测 2，PPV，cm/s	预算 3，PPV，cm/s	实测 PPV，cm/s	K_t	备注（预算 1），cm/s
1	东莞信合	框架	单倾	7/26.5	1 211	6.5	38.8	1.30	2.61	1.25	2.61	0.88
2	横运电办	框架	单倾	8/26.4	2 441	4.0	40.0	1.39	5.17	1.19	2.18	M 0.80
3.1	青岛远洋	剪墙	双折	14/44.1	8 610 (3/12)	4.85	39.5	1.47	2.92	1.50	2.76	下体，M 0.89
3.2	青岛远洋	剪墙	双折	14/44.1	8 610 (3/12)	4.85	74.1	0.51	0.82	0.16	0.84	下体 0.54
4[6]	中山中人	剪墙	三折	33/106	6 314	7.45	50.0	2.28	2.76	0.89	1.05	下体，M 1.66
5[7]	温州中人	框剪	三折	22/98	6 000	7.25	59.6	1.64	1.01[3]	1.08	1.79	下体，M 1.10

注：预测（2）的 $v_t = K_t[(mgH/\sigma)^{1/3}/R]^{\beta}$；式中 H 为切口高，m，落差为 $H/2$；R 为切口闭合前沿中点距测点距离，m，K_t =2.7；β =1.16；预测（3）为文献[1]的方法，K_t =3.37；β =1.16；M 为算 1 数据，3 个算全体振动最大值。表中备注（预算 1）为下坐振速预测算法（1）。

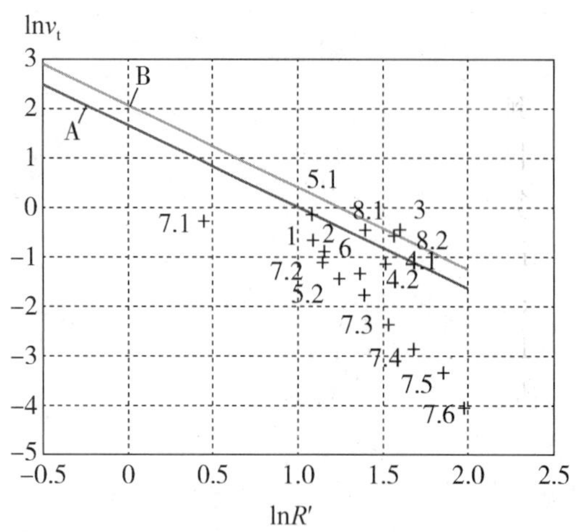

图4 下坐峰值振速测量值

A线 $K_t=5.4$，$\beta'=-1.66$；B线 $K_t=7.8$；

$\beta'=-1.66$

图中数字为表2序号，7.2～7.6为序号

7.1同例不同测点

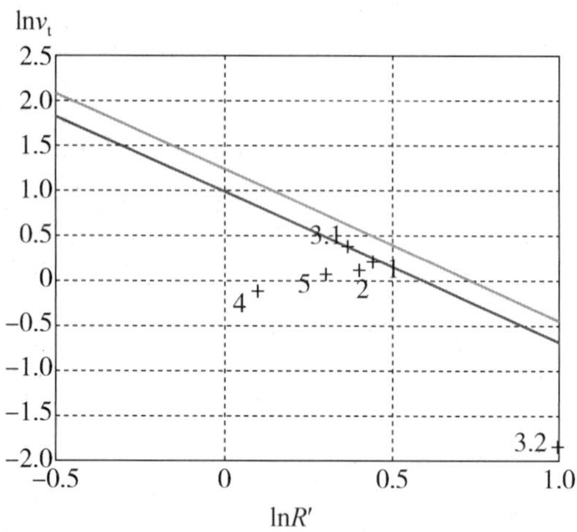

图5 切口闭合峰值振速测量值

下线 $K_t=2.7$，$\beta'=-1.66$；上线 $K_t=3.37$；

$\beta'=-1.66$

图中数字为表3序号

从以上计算公式的分析可见，算法（1）和算法（2）正确地反映了形成峰值振速的楼房触地位置和撞地冲击时重心改变的高度，因此将改善式（2）文献[1]仅一个算法（3）的预测值，而更接近实测PPV峰值。在表2和表3比较中可见，算法（1）和算法（2）的预测值绝大多数都比文献[1]的算法（3）的预测值小，且其中较大者都大于实测峰值振速，因此又是安全的。表2的例3为后跨梁端弱，中、后柱下坐两层，其 $K_t=9.1$ 略超算法（1）的 $K_t=7.8$，但算法（2）的预测值仍大于实测值；表2的例8.1和8.2，也是属下坐两层以上的整体塌落，当楼房底层后柱炸高超过1.6 m时，就易于发生整体塌落[5]。另外，表2的例6，算法（1）的预测值大于算法（3），是可能的，在靠近楼房两侧和后方25 m以内，预测值会大于算法（3），但是正常的。再以算法（3）的1/2改进值预测，其部分预测值接近实测值及其逆算的 K_t，比较准确。但表2中的例2、例4.1、例4.2和例7.1的框架、前跨框架的框剪结构塌落振速的计算值都比实测峰值振速高出5.2～9.59倍。由此可见，算法（2）还是比原公式（2）的文献[1]仅一个算法（3）及其预测值的1/2预测，较为准确，且振动原理更正确。对于单向倾倒现浇全剪力墙楼房以及前跨有剪力墙的框剪结构，因整体倾倒触地的塌落振动峰值有可能大，且实测例较少，难以肯定用算法（1）和算法（2），仍按算法3预测。

综上所述，当爆破拆除楼房振动预测时，其新流程是框架和框剪楼房按塌落振动补充的算法（1）和补充的算法（2）所对应的条件，分别计算PPV振速峰值，再取其最大值，为目标点预测的峰值振速。而烟囱、现浇全剪力墙楼房和前跨有剪力墙的框剪结构及13层以上的单向倾倒现浇框剪结构的的前方预测点，仍按原算法（3）预测。

3 应用举例

现以框架结构的恒运电厂 8 层办公楼单向倾倒爆破拆除为例[8]，预测前方 40 m 目标点的峰值振速。当切口闭合时，以算法（2）计算，取参数楼房切口高 $H=8$ m，质量 $m=2441$ t，$R=40$ m，$\beta=1.66$，$K_t=2.7$，计算峰值振速 $v_2=1.39$ cm/s；而当楼房后柱下坐时，按算法（1）计算，取参数后柱炸高 $h_e=0.9$ m，$m=2441$ t，$R=51.6$ m，$\beta=1.66$，$K_t=5.4$，计算峰值振速 $v_1=0.8$ cm/s；而算法（3）不适合框架结构，不进行计算。因 $v_2>v_1$，故预测计算峰值 $v_t=v_2=1.39$ cm/s。则预测峰值为 1.39 cm/s，实测值为 1.19 cm/s，小于预测值，因此预测值是安全的。假如采用算法（3）预测，楼高 $H=26.4$ m，$m=2441$ t，$R=30.8$ m，$\beta=1.66$，$K_t=3.37$，计算峰值振速 $v_3=5.17$ cm/s；$v_3>v_1$，也大于 $v_1/2$ 和 $v_1/3$。可见算法（3）不适合框架结构计算，框架结构塌落振波峰值振速可按算法（1）和算法（2）预测并取其较大者。

4 结语

（1）建（构）筑物爆破拆除的塌落振动峰值振速，可能发生在中、后支撑爆破楼房下坐、切口闭合或翻倒触地时，中科院力学所周家汉的预测目标点振速峰值 $v_t=K_t[(mgH/\sigma)^{1/3}/R]^{\beta}$ 的公式，是合适的，其中参数取值除了应考虑建筑结构、拆除方式、土岩性质等因素外，还应考虑倒塌姿态。先按结构选取高大烟囱、现浇剪力墙（包括前跨现浇剪力墙的框剪结构 13 层以上的单向倾倒现浇框剪结构的的前方预测点,），塌落振动峰值，选取算法（3）计算振速。框架和其他框剪楼房塌落振动的峰值振速，可按触地姿态[5]，选取算法（1）和算法（2）计算，并选取算法中的较大计算值为预测的峰值振速。式中 m 为楼房（或下体）、烟囱的质量，10^3 kg；σ 为地面介质的破坏强度，一般取 10 MPa。由于补充了算法（1）和算法（2），综合算法正确地反映了形成振波峰值振速的楼房触地位置和撞地冲击时重心改变的高度，因此振动原理较明确，由此提高了预测塌落振动的针对性和准确性。

（2）补充的算法（1）是楼房后支撑爆破的振速峰值，发生在楼房下坐时。楼房倾倒兼塌落 K_t 为 5.4～6.2，整栋楼房塌落下坐（或首次下坐底 2 层以上）K_t 为 7.8～9.2，$H=2h_e$，h_e 为爆破引起下坐的后支撑炸高，R 为爆破引起下坐支撑在地面连线的中点到预测振动目标点的距离（m），β 为 1.66～1.8。

（3）补充的算法（2）是框架和框剪楼房切口闭合时的峰值振速，发生在切口闭合时，K_t 为 2.7～3.08，β 为 1.66～1.8，H 为下切口高，m，R 为下切口前缘闭合触地中心距预测振速峰值点距离，m。

（4）原算法（3）为高大烟囱、现浇剪力墙（包括前跨现浇剪力墙的框剪结构），倾斜翻倒触地的峰值振速，发生在烟囱和楼房（或下体）翻倒整体触地时。按中科院力学所周家汉的研究文献［1］、［3］，K_t 取 3.37～4.09，H 为楼房（或下体）和烟囱的高度，R 为预测地目标点距翻倒塌落中心距离，m，β 为 1.66～1.8。

（5）若地面采取挖沟槽等减振措施，K_t 值还会降低 1/2 以上[3]。楼房塌落振动的危

害多发生在邻近侧面和近距的后方保护目标，因此为保护该目标，减振沟可挖在塌落楼房的切口闭合侧前后和不会加大下坐的后方。此外，降低爆破后支撑炸高，也可减小下坐振动。

感谢珠海新技术爆破公司郑长青总经理提供实测报告和资料。感谢中人集团建设有限公司提供的爆破案例。

参考文献

[1] 周家汉，陈善良，杨业敏，等．爆破拆除建筑物时震动安全距离的确定［A］//工程爆破文集：第三辑［C］．北京：冶金工业出版社，1988：165－169，174.

[1] ZHOU Jiahan，CHEN Shanliang，YANG Yemin，et al. Determine the chocking safety distances in blasting demolition of building［A］//Engineering Blasting Corpus（The Third Series）［C］. Beijing：Metallurgical Industry Press，1988：112－119.（in Chinese）

[2] 费鸿禄，张龙飞，杨智广．拆除爆破塌落振动频率预测及其回归分析［J］．爆破，：2014，31（3）：28－31，95.

[2] FEI Honglu，ZHANG Longfei，YANG Zhiguang. Forecast of collapsing vibrating frequency of demolition blasting and its regression analysis［J］. Blasting，2014，31（3）：28－31，95.（in Chinese）

[3] 周家汉．爆破拆除塌落振动速度计算公式的讨论［J］．工程爆破，2009，15（1）：1－4，40.

[3] ZHOU Jiahan. Discussion on calculation formula of collapsing vibration velocity caused by blasting demolition［J］. Engineering Blasting，2009，15（1）：1－4，40.（in Chinese）

[4] 刘翼，魏晓林，李战军．210 m 烟囱爆破拆除振动监测及分析［A］//中国爆破新技术［C］．北京：冶金工业出版社，2012：964－971.

[4] LIU Yi，WEI Xiaolin，LI Zhanju. Measuring vibration and analysis of chimney high 210 m demolished by blasting［A］//New Technology of Blasting Engineering in China［C］. Beijing：Metallurgical Industry Press，2012：964－971.（in Chinese）

[5] 魏晓林．建筑物倒塌动力学（多体－离散体动力学）及其爆破拆除控制技术［M］．广州：中山大学出版社，2011.

[6] 朱朝祥，崔允武，曲广建，等．剪力墙结构高层楼房爆破拆除技术［J］．工程爆破，2010，16（4）：55－57，40.

[6] ZHU Chaoxiang，CUI Yunwu，Qu Guangjian，et al. Blasting demolition technique of high building with share wall structure［J］. Engineering Blasting，2010，16（4）：55－57，40.（in Chinese）

[7] 曲广建，崔允武，吴岩，等．温州 93 m 高结构不对称楼房拆除爆破［A］//中国典型爆破工程与技术［C］．北京：冶金工业出版社，2006：615－620.

[7] QU Guangjian, CUI Yunwu, WU Yan, et al. The asymmetry structure building high93m demolished by blasting in Wenzhou [A] //Chinese typical blasting engineering and technology [C]. Beijing: Metallurgical Industry Press, 2006: 615 - 620. (in Chinese)

论文［14］保护建筑完整的控制振动及其响应的智能预测

魏晓林

（广东宏大爆破股份有限公司，广州 510623）

摘要：说明了限制建筑及其构件所在处的质点振动速度，可以有效防止裂缝的产生和扩展的原理，并将其作为保护建筑完整的依据。利用爆破施工前试炮的各药量，多个距离爆破激振建筑物，并用 Welch 改进的平均周期图法，可以测得结构的频响函数估计，由此提出了建筑结构爆破振动响应智能预测法。该法整合了爆破振动峰值、频率和波形对建筑响应的影响，响应中又归纳了结构动力特征、建筑非结构的类型和材料强度，是一种简便可行的归纳整合法。本文计算出近十个爆破引起建筑及其构件所在结构位置上的振动响应实例，由此预测并判断了某建筑损伤的状况。总结近二十年的经验，由建筑非结构的材料和所在结构处的位置，确立了保护建筑完整的容许振速，为 0.5～2.8 cm/s。保护建筑完整的容许振速，应该不大于或小于爆破安全规程规定所在结构的安全允许振速。

关键词：爆破振动响应；建筑完整；智能预测；频响函数

doi：10.3963/j.issn.1001－487X.2014.01.001

中图分类号：TD235.3　文献标识码：A　文章编号：1001－487X（2014）01－0001－01

Control Vibration of Building for Complete Protection and Responding Intelligent Prediction

Wei Xiaolin

(Guangdong Hongda Blasting Co Ltd, Guangzhou 510623, China)

Abstract: The principle of limitations of the vibration velocity of particle at the location of architecture and its component is illustrated, which can effectively prevent the cracks and its extension, and take it as basis of protection of building complete. Used vibration in building by trial blasting of each dose different charges and different distances before construction blasting, the average periodogram method improved by Welch, frequency response function can be measured and estimated. The intelligent forecast method of blasting vibration response in building structure is proposed. That method integrates the blasting peak value, the influence of frequency and waveform of architectural response, which is summarized into the structure dynamic characteristics, the type of non-structure and strength of its materials. That method is also a simple and feasible of induction and integration. Nearly ten of examples of vibration response in buildings and its components on the position where structure caused by blasting is calculated. The status of a damaged building is predicted and judged. Summarized nearly twenty years of experience, by the material of non construction and its position at structure, the allowable vibration velocity, 0.5 ~ 2.8 cm/s, whish is established to protect building complete. The allowable vibration speed to protect building complete should not greater than or less than in the blasting safety regulations the allowable safety vibration velocity on structure.

Key words: Blasting responded vibration; Building complete; Intelligent prediction; Frequency response function

现有爆破振动的安全标准，在保证建筑结构的安全上，起到了重要作用。但是，随着城乡经济的发展，人民生活水平的改善，民用建筑内装饰量增加，并且多种多样。在建筑结构之外，不承受荷载的建筑非结构也随之增加。爆破震动除要保证建筑结构的安全外，还必须保护建筑非结构的完整[1],[2]。加之，多层和高层楼房增多，结构振动响应，也越发突出。在贯彻依法治国同时，社会居民维权意识增强，城乡爆破震动的纠纷频发。

改革开放近40年来，因限制了城镇石方爆破的单响药量，故在爆破震动损害钢筋混凝土及砖砌建筑物的案例中，结构破坏较少，多数仅是损害建筑非结构。爆破振动响应危害建筑及其非结构的完整是个跨学科的、难度较大的课题，现今工程爆破界尚未研究清楚。因此，急需研究保护建筑完整的振动响应新理论，振动响应振速的新算法和判别新标准。

1 建筑完整的保护原理

建筑物产生新裂缝和旧裂缝扩展，是由其材料的动拉、压应力 σ 和 τ 动剪应力以及动应变 ε 和相应的容许应力应变所决定[3]。而

$$\begin{aligned} \sigma &= \rho c_p v \\ \tau &= \rho c_s v \end{aligned} \tag{1}$$

式中，ρ 为密度，kg/m^3；c_p 为纵波传播速度，c_s 为横波传播速度，m/s；材料的 c_p、c_s 越大，强度也越大，所允许保护完整的质点振速也随之加大；v 为保护物的质点振动速度，m/s 或 cm/s，可近似取保护物所在位置的振速。

建筑材料在重力场中，还存在重力应力 ρg，方向竖直向下。显然，竖向 σ、τ 与重力 ρg 叠加，其应力很可能最大。因此，当最大往复振动动应力或动应变不大于材料的容许应力应变（疲劳极限以下）时，认为爆破振动不会对建筑产生疲劳破坏[4]（见参考文献[2]条文说明 3.1.1），因而限制爆破振动对保护物所在位置的质点振速 v，可有效地防止裂缝的产生和扩展，并保护建筑物的完整。

2 振动响应和频响函数

研究振动响应，可利用解振动动力微分方程时域分析的杜哈美积分，也可利用，所测距榀架 Q 基础向爆破源方向 2m 处的地面振动波形 v_g ，如图 6，竖直振峰值 3.2 cm/s，基础波均化系用频域分析的求解代数方程组。本文采用后者的适用线性体系，且简单的频域分析方法。天然地震结构破坏的振动响应理论，在土建行业设计中，多采用水平振动的加速度反应谱理论，其计算复杂，参数难选。要获得既有建筑的爆破振动响应[5]，土建的算法难以移植。本文利用安全激振，探索直接测算已有的建筑的振动速度响应。土建行业现今建筑物激振实测[6]，只是确定结构的频率和振型等动力特性，不便直接测定结构接近破坏的塑性非线性状态振动响应[7]。本文利用爆破工地的试炮激振，激振强度可使测量仪器能记录，强度控制在结构处于线性弹性状态，因此建筑安全且不损伤，就可预估出保护建筑完整的振动响应峰值。以各药量、各个距离爆破激振建筑物，测得建筑基础振波 v_{ft} 和楼层控制点振波 v_{ct} ，由于爆破激振波中含有丰富的频率，可以使用 Welch 改进的平均周期图法，求得激振各谐波频率的频响函数[7],[8],[9]（传递函数）的幅频曲线

$$|H(\omega)| = |y(\omega)| / |F(\omega)| \tag{2}$$

或估计[10]

$$H(\omega) = G_{yf}(\omega) / G_{ff}(\omega) \tag{3}$$

式中，$F(\omega)$ 为激振下基础各频率的输入振幅，$F(\omega)$ = FFT（v_{ft}），式中 FFT 为傅里叶变换；$y(\omega)$ 为激振下楼层控制点各频率的输出振幅，$y(\omega)$ = FFT（v_{ct}）。$G_{ff}(\omega)$ 为输入信号的自功率谱；$G_{yf}(\omega)$ 为输入和输出信号的互功率谱。

$$G_{ff}(\omega) = \lim_{M\to\infty} \lim_{T\to\infty} \frac{1}{M} \sum_{i=1}^{M} F_i^*(\omega, T) F_i(\omega, T) \tag{3a}$$

$$G_{yf}(\omega) = \lim_{M\to\infty} \lim_{T\to\infty} \frac{1}{M} \sum_{i=1}^{M} Y_i^*(\omega, T) F_i(\omega, T) \tag{3b}$$

式中，$Y_i(\omega, T)$，$F_i(\omega, T)$ 分别表示长度为 T 的记录样本 v_{ct}，v_{ft}的富氏变换 $y(\omega)$，$F(\omega)$；$Y_i^*(\omega, T)$，$F_i^*(\omega, T)$ 分别表示 Y_i 当（ω，T），$F_i(\omega, T)$ 的共轭函数。该建筑结构在短期内没有破坏，质量也无变化，当爆破安全规程的允许振速下安全振动时，为拟线性时不变体系，即 $H(\omega)$ 基本不变化。在安全振速允许的较大药量或安全允许的拆除塌落产生较大振动条件下，若实测或计算的基础振速 v_f已知，就可由 $F(\omega)$ = FFT(v_f)，计算出振动响应频域的 $y(\omega)$，即[9]

$$y(\omega) = |H(\omega)| \cdot F(\omega) \tag{4}$$

再计算出时域的振动响应，即楼层同一控制点响应振波

$$v_c = \mathrm{IFFT}(y(\omega)) \tag{5}$$

式中，IFFT 为傅里叶反变换。

上述以激振结构（楼盖）振波，预算频响函数（传递函数），再以爆破基础振波预估建筑结构（楼盖）振动响应的计算方法，本文称作爆破振动建筑结构响应智能

预测法。

3 保护建筑完整的爆破振动标准

建筑内有结构和非结构，结构主要是确保建筑安全，一般强度相对较高，而建筑非结构的强度却相对比较低。保护建筑的完整，应着重在要求建筑非结构的完整。由式(1)可知，建筑非结构中的振动应力，与其建筑材料的波速 c_p 、c_s 、密度 ρ 有关，而抵抗破坏的强度也因材料而完全不同。因此，保护建筑完整的标准，首先应按建筑材料来分类。此外，建筑位置或建筑非结构在结构上所处的位置，决定了其材料重率 ρg 参与应力 σ 、τ 形成构件破坏的程度，并且决定施工粘贴物初凝时的密度和初始裂隙的分布，从而最终改变粘贴物终凝强度。因此，应按建筑材料和建筑的位置或建筑非结构在结构上的位置，来制定保护建筑完整的容许振动速度。总结近 20 年广东省工程爆破协会处理爆破引起的房屋破坏实例和安全评估经验，保护建筑完整的容许振动速度，可整理为表 1。按表 1 执行的建筑非结构，应依规范保质施工。由于楼房的振动响应频率多在 15 Hz 以下，保护建筑完整的容许振速已采用响应振速，故表中略去了主频对材料强度及保护标准的影响。

表 1　保护建筑完整的允许振动速度

序号	保 护 对 象	允许振速 (cm/s)	备注
1	土坯墙的抹灰饰面，粉煤灰砖墙的抹灰饰面	0.5～1.0	
2	钢筋混凝土构件相连的结构顶棚，悬吊式顶棚，粘结吊灯，直接式顶棚抹灰，石膏饰面板和饰角线装	1.0～1.5	
3	钢筋混凝土柱和墙以及砌体墙的瓷砖饰面，抹灰饰面以及贴面类饰面（瓷砖、马赛克、石板等）	1.5～2.0	
4	填充墙、山墙、纵墙等砌体，水磨石楼面，板材式楼面（陶瓷锦砖、大理石、花岗石）	2.0～2.8	墙板面间应用变形缝花纹橡胶板。楼面应打毛。

质量良好，易于修复的装修建筑，当振速大于表 1 的容许振速时，建筑物振速也可以小于爆破安全规程规定的安全允许值，但要承担建筑完整破坏的风险。保护钢筋混凝土建筑完整的容许振速，应小于钢筋混凝土结构破坏振速的 2/3，才能确保结构应力—应变关系的拟线性性质，确保结构为拟线性时不变系统。因此保护建筑非结构完整的容许振速，应当不大于所在处结构的爆破安全规程规定的安全允许振速。

4 实例和分析

现将某工厂正施工修建的车间，其二楼的爆破竖向振动响应实测振速和计算振速比较，见表 2。该 2 层车间框架结构见图 1，跨宽 25 m，层高 6.5 m，榀架柱距 7.5～8.5 m，

柱有2T吊车牛腿。车间基础为坚硬土，含花岗岩孤石。孤石爆破振波从外侧近似横向传经车间，每次单响爆破，炸药量2.4～12 kg，爆心距侧柱距离 R 为21～55 m。

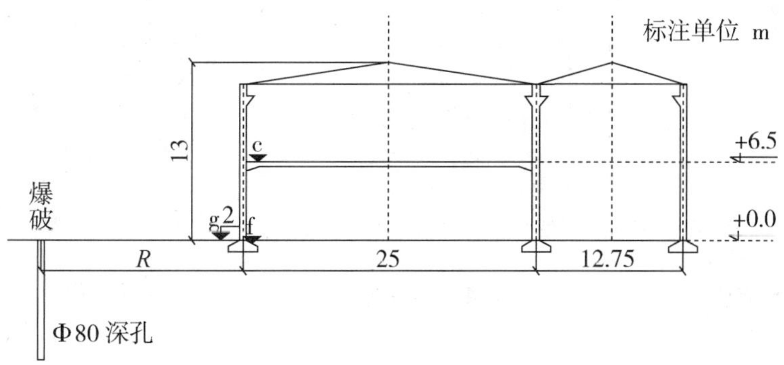

图1　工厂车间横剖面

图例：↓测点位置；g 地面；f 基础；c 楼盖

从表2可见，用较小药量爆破激振，基础波形 v_{ft}，如图2a，以及同时标楼盖响应波形 v_{ct}，如图2b，再以式（3）逆算出楼房的频响函数 $H(\omega)$，见图2c；并以楼房同结构榀架不同测时的基础波 v_f 或构建的基础人工地振波[1]，用式（4）和式（5）就可计算出响应波 v_{rc}，如以测时为（3123916）的实测波，分别，如图3、图4所示，可计算出楼盖响应波 v_{rc}，见图5。比较同点实测楼盖波 v_{rm} 如图4，可见其波形和频率相近。在此，将各测时的基础波，按上述程序，预算出的楼盖响应波 v_{rc}，并将与同时测点的实测响应振动 v_{rm} 比较，其峰值比 $p_r = v_{rc}/v_{rm}$，见表2。其元月3日4个测时平均 p_r 为0.979，个别误差较大者为1.23。将全部测时平均得 p_r 为0.990，个别误差较大者为1.23。由此可见，计算的楼盖响应振动与实测接近，为工程动力学所容许。因此，振动响应的智能预测法是可以用频响函数来计算楼房的振动响应的。

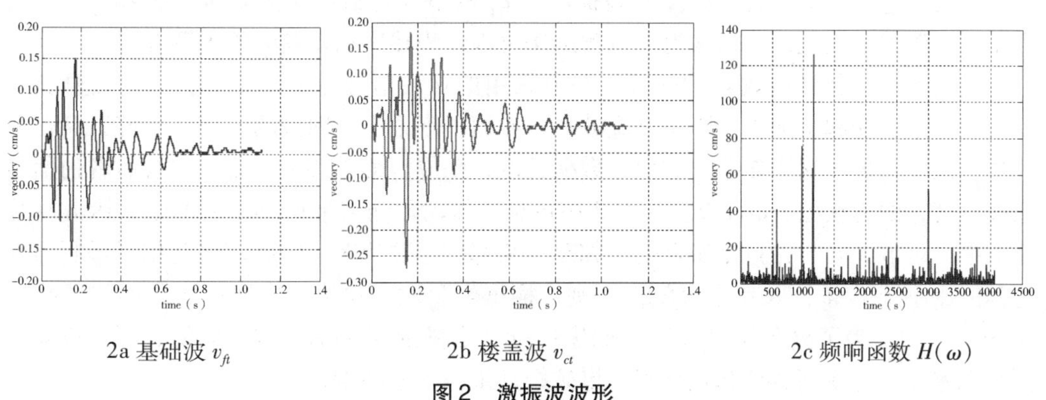

2a 基础波 v_{ft}　　2b 楼盖波 v_{ct}　　2c 频响函数 $H(\omega)$

图2　激振波波形

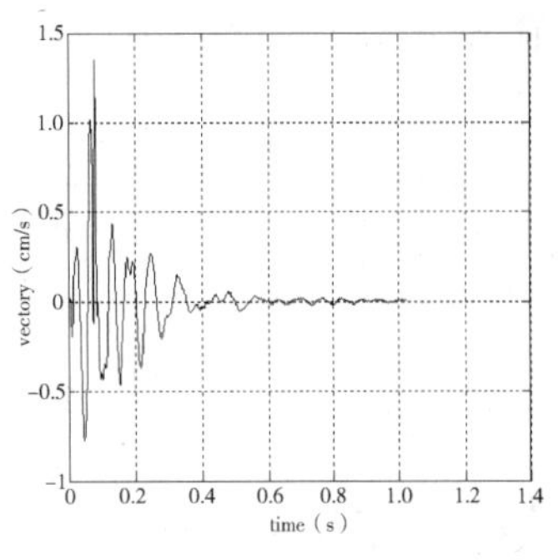

图3　地面波 v_g

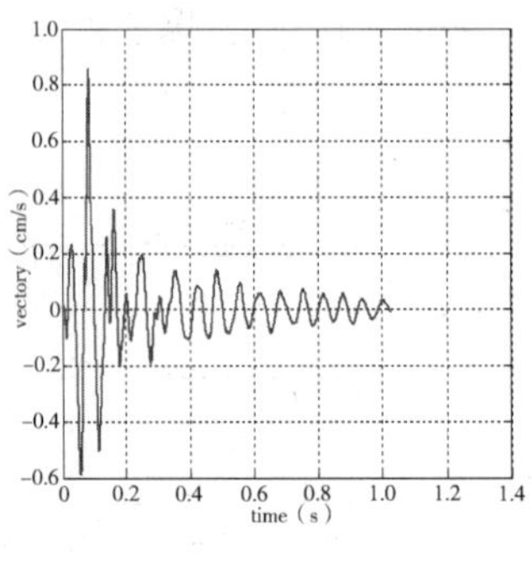

图4　楼盖波 v_{rm}

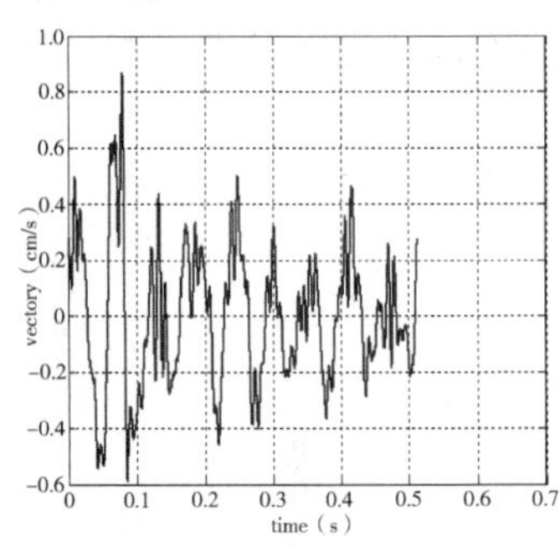

图5　预测楼盖波 v_{rc}

但是浅孔和中深孔爆破的地振波，多是近距离点振源。从表2中可见，基础波 v_f 峰值多小于基础外近爆源2 m的地面波 v_g 峰值。将两者之峰值比定义基础波均化系数 c_a，即 $c_a = v_f/v_g$，c_a 反应了爆破振动波同时到达建筑物基础时，基础对波动的均化性质（曾称振动辐射时程效应系数[1]），它与地面波的传播速度、波的频率、基础的形态和大小以及与土层波动的相互作用有关，目前难以准确计算确定，还只能实测。将激振波的实测 c_a 乘以各测时的地面波形，并调整为基础人工地震波 v_f [1],[11]，再按上述的爆破振动建筑物响应的智能预测方法，预计楼盖响应振动。如测时（3123916）的实测地面波 v_g，构筑人工地震波后，算出响应振动 v_{rc}，波形见图5。与同点实测楼盖波的波形 v_{rm}，见图4比较，波形相似，但峰值稍低，相对基础波计算的 v_{rc} 的图5，但波形误差稍大。在此，将各测时以地面波 v_g 构建人工地振波后，预测的楼盖响应波 v_{rc}，并与同点实测振动 v_{rm} 之比，列入表2。

从表中可见，元月3日榀架K的4个测时的 p_r 平均为1.02，个别最大误差的 p_r 为1.2。全部测时平均 p_r 为0.992，个别最大误差的 p_r 为1.2，由此可见，误差与以上相当。但是表中反映基础的测振波与地面波比 c_a 的最大对最小比为0.586/0.427 = 1.24，大于以上误差。因此，可以认为，该预测法可以作为楼房振动响应的预算方法。

频响函数（传递函数）的估计，与所采用的振波信号数据长度有关，当数据长度太大时，谱曲线起伏加剧，不像响应波；若数据长度太小，则谱的分辩率不好，又需要改进。激振和被预测爆破振动的信号数据长度，都应当覆盖整个振波，并且后者的信号数据长度，约为激振波的1/2。从表2中可见，振动预测值平均小于实测值，因此在预测值中，可取大者，并且是安全的。如改变相邻信号数的奇、偶数，则其相互预测值差与其值比小于17%，取其中大值，否则，根据经验取平均值，这样可将预测误差控制在23%以内。为了提高预测精度，可用3～4个激振波预测后，取平均值，还可以减小预测误差。采样率高，计算也准确，爆破振动采样率应在4K以上。

表2 榀架K爆破振动响应实测和计算比较

测时编号	地面振速 v_g 峰值/主频 cm/s，Hz	基础振速 v_f 主频峰值/主频 cm/s，Hz	c_a	实测楼盖振速 v_{rm} 峰值/主频 cm/s，Hz	由 v_f 计算楼盖波 v_{rc} 峰值/p_r cm/s，	由 v_g 计算楼盖波 v_{rc} 峰值/p_r cm/s，
激振	0.2758/10.74	0.1616/10.47	0.586	0.2730/10.74		
3123916	1.3538/17.09	0.7323/17.33	0.541	0.8595/15.14	1.060/1.23	0.864/1.01
3121604	0.4190/13.43	0.1788/13.43	0.427	0.2656/13.43	0.220/0.83	0.265/1.00
3121441	0.2579/15.38	0.1341/15.38	0.520	0.1697/15.63	0.145/0.85	0.146/0.86
3122431	0.2615/17.58	0.1169/10.74	0.447	0.1365/25.89	0.136/1.00	0.164/1.20
5172628	0.1719/8.54	0.1203/15.14	0.700	0.2103/15.38	0.255/1.21	0.186/0.89
512605	0.3188/44.19	0.1650/11.72	0.518	0.2250/49.56	0.193/0.86	0.193/0.86
5171622	0.2113/82.78	0.0997/560.3	0.472	0.1217/15.14	0.115/0.95	0.137/1.13

再预测距榀架K为17 m距离的榀架Q的振动响应，测时编号（3121614）数 c_a 取表2激振波的0.586，频响函数 $H(\omega)$ 取表2的图2C，由式（4）和式（5）计算得榀架Q层高6.5 m楼盖响应振动波形，为图7。从波形可见响应速度 v_{rc} 峰值为2.640 cm/s。若再与测时（3123916）和（3122431）作激波的响应波峰值平均，得榀架Q楼盖预测值为2.80 cm/s。在该Q榀架柱1.65 m高处，实测响应振动峰值为1.76 cm/s。因层高大于柱测点高，估计楼盖实测响应振动将大于1.76 cm/s，因此，可以认为预测值是正确的。

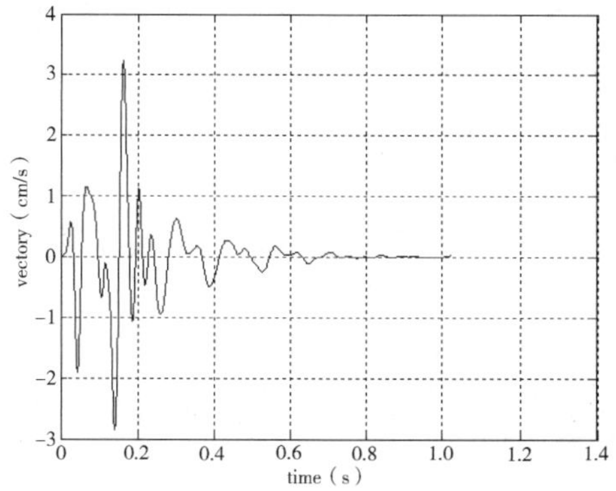

图6 Q榀架地面波 v_g

Fig. 6 Q frame ground wave v_g

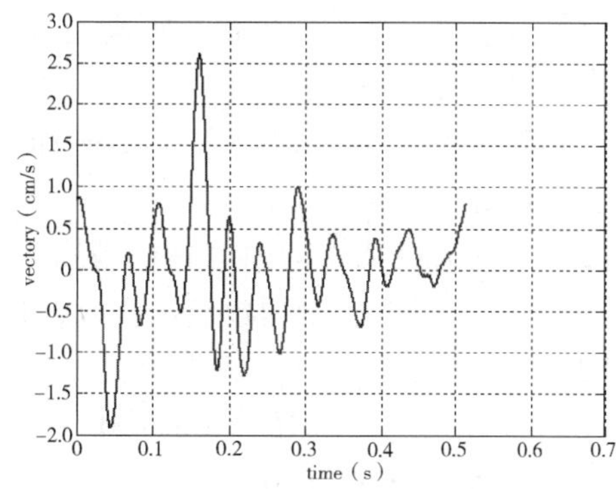

图7 Q榀架楼盖响应振动预测波形 v_{rc}

Fig. 7 Q frame floor response vibration predict wave v_{rc}

5 结语

要弄清爆破振动对建筑的危害，除了研究爆破地震本身的特性外，还应加强建筑物对地震动力响应的研究。建筑物的爆破振动响应可以导致结构损伤和建筑完整性损害。由于建筑非结构不承担建筑物的载荷，材料强度低，保护建筑完整实质多是建筑非结构完整的保护，实际工作中爆破对建筑完整的损害频发。因此，建筑物振害的保护标准，应为结构容许的安全标准和建筑完整的保护标准，在处理现实爆破纠纷中，后者更加重要。在结构抗震设计中，考虑到天然地震水平振动较大，结构侧力存载储备较竖向存载储备小，结构的损伤通常认为由水平振动起主导作用；而在既有建筑非结构的抗震保护中，限制保护建筑及其构件所在处的质点各振向的振动速度，可以有效防止裂缝的产生和扩展，从而保护建筑的完整。开展爆破振动响应判断，关键在开创简易可行的实测预估方法，要利用爆破施工前试炮的各药量，多个距离爆破（波形不重叠的 3 ～4 响）激振建筑物，充分应用现代信息技术，可以测得结构的各振向的频响函数，由此可以使用本文提出的爆破振动建筑结构响应的智能预测法，预算爆破引起建筑及其构件所在结构位置上的相应振向的振动响应，由此判断建筑完整损伤的可能。由此看来，建筑结构响应的智能预测是一种综合方法，它整合了爆破振动峰值、频率和波形对建筑响应的影响，响应中又归纳了结构动力特征、建筑非结构的类型和材料强度，是一种简便可行的归纳整合法。激振的强度和爆破应不损害建筑的完整和结构的安全，保持结构处于拟线性时不变体系，减少预测误差。因此，以建筑非结构的材料和所在结构上的位置，可以确定振动响应振速，根据经验保护建筑完整的允许振速，确定为 0. 5 ～2. 8 cm/s；也可以从该允许振速，逆算地面保护建筑完整的允许振速。保护建筑完整的容许振速，应该不大于或小于爆破安全规程（GB6722—2003）规定相应结构的安全允许振速。

参考文献

[1] 魏晓林，郑炳旭．爆破震动对邻近建筑物的危害［J］，工程爆破，2000，6（3）：81 -88，73.

[1] WEI Xiaolin，ZHENG Bingxu. The harm of blasting vibration on nearby building［J］. Engineering blasting，2000，6（3）：81 -88，73.（in Chinese）

[2] 中华人民共和国国家标准编写组．GB/T50452—2008 古建筑防工业振动技术规范［S］．北京：中国建筑工业出版社，2008.

[3] 钱七虎，陈士海．爆破地震效应［J］．爆破 2004，21（2）：1 -5.

[3] QIAN Qihu，CHEN Shihai. Effect of blasting seismic［J］. Blasting，2004，21（2）：1 -5.（in Chinese）

[4] 隋庸康，于慧平，杜家政．材料力学［M］．北京：机械工业出版社，2014.

[5] 刘满堂，陈庆寿．建筑结构对爆破地震的动力响应特性研究［J］．爆破，2005，22（4）：23 -27.

[5] LIU Mantang，CHEN Qingshou. Characteristics of building structure dynamic response to blasting earthquake［J］. Blasting，2005，22（4）：23 -27.（in Chinese）

［6］倪汉根，金崇磐．大坝抗震特性与抗震计算［M］．大连：大连理工大学出版社，1994.

［7］胡少伟，苗同臣．结构振动理论及其应用［M］．北京：中国建筑工业出版社，2005.

［8］楼顺天．基于 MATLAB 7. X 的系统分析与设计一信号处理（第二版）［M］．西安：西安电子科技大学，2005.

［9］薛年喜．MATLAB 数字信号处理中的应用［M］．北京：清华大学出版社，2003.

［10］李国强，李杰．工程结构动力检测理论与应用［M］．北京：科学出版社，2002.

［11］魏晓林，陈颖尧，郑炳旭．浅眼爆破地震传播规律［J］．工程爆破，2002，8（4）：56－61，19.

［11］WEI Xiaolin，CHEN Yingyao，ZHENG Bingxu. On the principle of propagation of seismic wave from short-hole blasting［J］. Engineering blasting，2002，8（4）：56－61，19.（in Chinese）

论文［15］拆除高大烟囱撞地的侵彻溅飞

中国爆破新技术Ⅳ，张志毅主编.

北京：冶金工业出版社，2016.

魏晓林　刘翼

（宏大矿业有限公司，广州，510623）

摘要：本文揭示了高大烟囱溅飞的机理，即烟囱“筒顶”环触地冲击断裂成为弧片多体，侵彻半无限土体或成层土体，并触变泥浆反流抛射成弹道飞行，组建了动力微分代数方程组。从数值解中建立了最大溅飞距离与土体重率（体密度）、土体初始抗剪强度、土体动内摩擦角、土层厚度，以及土中含石最大粒半径，烟囱高度（“筒顶”触地速度）、“筒顶”外、内半径以及混凝土强度和所配钢筋，地面积水水封掺气泥浆膨胀系数、地表反弹飞石二次跳飞的恢复系数等参数的关系，由此整理出含以上参数的个别溅飞物最大距离的近似式。经实测 6 例 83～240 m 高大钢筋混凝土烟囱溅飞，证实机理正确，数值计算对实例实测准确，误差在 8% 以内，近似式对数值计算的误差在 6% 以内，为工程所容许，可以在实际中应用。

关键词：烟囱倒塌；侵彻土体；溅飞

中图分类号：TD235.3　文献标识码：A　文章编号：1001－487X（2014）01－0001－01

Penetrating Splash Flying of Chimney Demolished to Impact in Soil Body

Wei Xiaolin；Liu yi

（Hong Dar mining limited company，Guangzhon，510623）

Abstract：In this paper，the mechanism of splash fly of tall chimneys is proposed，that is chimney tube top ring impacting on the ground to fracture arc multi-body，penetrating semi-infinite soil or layered soil, thixotropic mud reflowing and projecting into ballistic flight, and the dynamic differential algebraic equations are set up. From the numerical solution equations the relationship of maximum flying range among the soil weight rate (density), initial shear strength in soil body, dynamic angle of internal friction in soil body and soil layer thickness, radius of grain stone contained in soil, chimney height (impacting speed of chimney tube top ring), outer and inner radius of cylinder cap, and the strength of concrete and reinforced, the aeration expansion coefficient sealed by ground water on sludge, recovery parameters of surface rebound slung shot second ricochet is established. By 6 tall reinforced concrete chimneys of 83 ~ 240 m of individual splash flying object measurement it is confirmed that the mechanism is correct, numerical calculation is accurate with the measured instances, the error is within 8%, the errors among approximate expression and numerical calculation are limited within 6% of allowable by engineering and can be applied in practice.

Key words: Chimney topple; Penetration of soil; Flying

高大烟囱爆破拆除倾倒撞地的溅飞，多年来一直困扰着工程爆破界，迄今为止理论上并没有解决。现今，我国拆除的烟囱已高达 240 m，虽然采取了防溅和防止跳飞的措施，但因施工中各种因素的限制，“筒顶”撞击土体溅起的土石已飞得较远，达 288 ~ 350 m，甚至更远。溅飞是作为被撞的土体（靶体）飞起，而跳飞是撞击体（弹体）破裂的弹起。与溅飞问题相近的是钻地武器，从 1960 年美国桑迪亚国家实验室的该武器研究即土壤动力学研究开始，已有 50 多年历史，经历了从实验、实测到经验公式，半理论半经验公式，现在理论上基本成熟。而溅飞机理却比钻地弹问题涉及更多其他学科，即建筑物倒塌动力学[1]、土力学、工程侵彻力学、冲击动力学、流体力学和弹道力学等多个学科。要研究清晰这个问题是困难的，但是爆破拆除安全上的需求，仍急需初步解决烟囱撞地的溅飞问题。

1 触地速度

烟囱单向倾倒，一般经历 2 个拓扑过程[1]，首先是切口闭合前，支撑部支承烟囱单向倾倒，为第 1 拓扑；而后，是切口闭合后，支撑点前移到切口前缘，原支撑部钢筋拉断，切口前缘继续支撑烟囱倾倒直至筒顶触地，为第 2 拓扑。

烟囱等高耸建筑物，单向倾倒的角速度[1-3]

$$\dot{q} = \sqrt{2mgr_c(\cos q_0 - \cos q)/J_b + 4M_b[\sin(q_0/2) - \sin(q/2)]/J_b + \dot{q}_0^2} \tag{1}$$

式中，m 为建筑物质量，10^3 kg；r_c 为质心到底支铰的距离，m；J_b 为建筑物对底支铰的转动惯量（包括内衬），10^3 kg · m^2；M_b 底塑性铰的抵抗弯矩，kN · m；q 为质心到底铰连线与竖直线的夹角，R°；q_0 为 q 的初始夹角，R°。烟囱本文简化为以第 1 拓扑计算，并令 $M_b = 0$，$q_0 = 0$，$\dot{q}_0 = 0$，触地时 $q = \pi/2$。

式（1）简化为触地角速度

$$\dot{q}_g = k_q \sqrt{2mgr_c/J_b} \tag{2}$$

式中，参数 k_q 以新汶电厂 120 m 高烟囱计算为例，测定为 $k_q=0.9996\approx1$。

因此，钢筋混凝土烟囱筒顶，以下简称“筒顶”，其触地线速度 $v_h=\dot{q}_g H$，令 $\omega_0^2=mgr_c/J_b$，即

$$v_h = H\sqrt{2}\omega_0 \tag{3}$$

式中，H 为烟囱切口以上高，m。

2 有铰筒环

当“筒顶”触地压缩土体[4]后，侵入半无限土体，如图 1。“筒顶”环在土体抵抗侵彻抗力的作用下变形，分为两个阶段。首先，当土体侵入量 s_x 较小时，“筒顶”保持圆环形，为第 1 阶段；而后随着侵入量 s_x 的增加，侵彻地面宽 A_s 加宽，土体抗力 P 增大，“筒顶”圆环非完全离散[1]破坏，形成钢筋相连的 J_1 和 J_2 对塑性铰[5],[6]，为圆环变形的第 2 阶段。随着弧铰抗力 F_1 继续加大，圆环不断破坏，将在 J_1 铰两侧生成 J_3 对塑性铰，相继在 J_3 对铰外侧继续生成 J_4 对铰，以此类推，由此最终形成环钢筋连接的筒身弧片躺置于侵入土体之上。

在“筒顶”圆环侵彻阶段，设质心速度为 v，其动力方程为

$$m_c \mathrm{d}v/\mathrm{d}t = m_c g - P \tag{4}$$

式中，m_c 为每米“筒顶”高的质量，10^3 kg；P 为该“筒顶”圆环排开土体所受的抗力，kN。

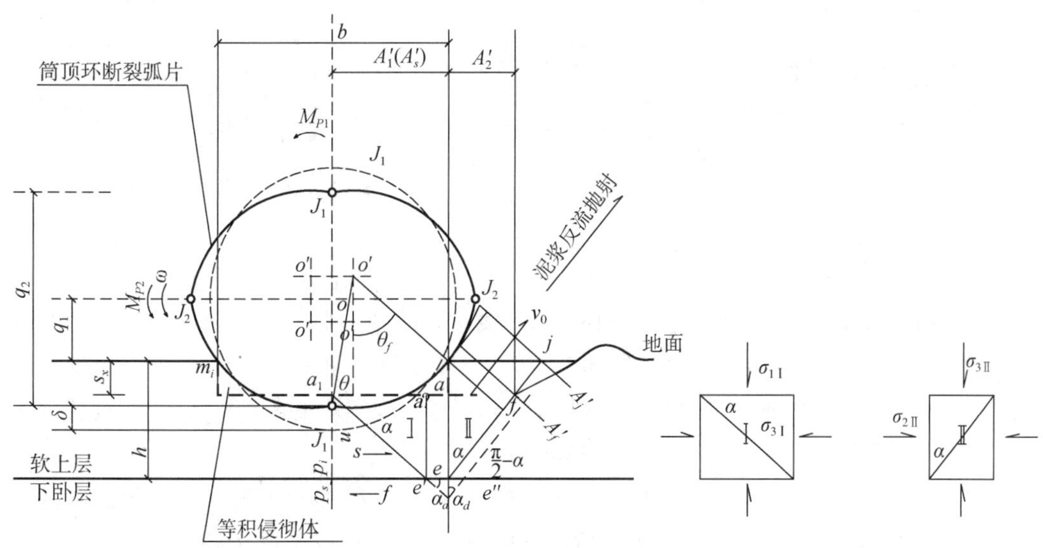

图 1 “筒顶”环冲击断裂成为弧片多体，侵彻成层土体，并触变泥浆反流抛射

初始条件

$$t=0,\ y_1=0,\ v_1=v_h \tag{5}$$

式中，y_1 为质心下落侵彻的位移，m；v_1 为质心速度。

随着 y_1 的增大，“筒顶”圆环变形，进入体有铰变形的多体阶段，即第2阶段。形成有 J_1 对和 J_2 对的4弧片组成的多体2自由度破损机构的运动，其动力方程为4体2自由度方程[7]。设相应自由度的广义坐标 q_1 和 q_2，见图1，将1/4圆环的铰点用虚拟杆代替，其杆的角速度和质心相对速度分别是

$$\omega = \dot{q}_2/(\sqrt{2}l),v = \dot{q}_2/(2\sqrt{2}) \tag{6}$$

多体系统的动能为

$$T = 2m_l\dot{q}_1^2 + 4(m_lv^2/2 + J_l\omega^2/2) \approx 2m_l\dot{q}_1^2 + m_l\dot{q}_2^2/3 \tag{7}$$

式中，m、J_l 分别为1/4圆环质量，10^3 kg 和主惯量，10^3 kg·m^2，$J_l \approx m_l l^2/12$，$m_l = m_c/4$；m_c 为每米高圆环质量，10^3 kg。

系统的势能 $V = m_c g q_1$，令 $L = T - V$，则拉格朗日方程为

$$\frac{\mathrm{d}}{\mathrm{d}t}\left(\frac{\partial L}{\partial \dot{q}_1}\right) - \frac{\partial L}{\partial q_1} = P$$

$$\frac{\mathrm{d}}{\mathrm{d}t}\left(\frac{\partial L}{\partial \dot{q}_2}\right) - \frac{\partial L}{\partial q_2} = -(P - F_1)/2 \tag{8}$$

式中，P 为每米“筒顶”的土体抗力，kN；F_1 为每米“筒顶”形成 J_1 和 J_2 塑性铰的塑性弯矩所需的抗力，kN；初始条件见式（28）。

同理，“筒顶”侵彻加深处依次形成 J_3、J_4 等塑性铰的运动动力方程仍可按式（8）计算。

3 土体侵彻

“筒顶”环弧触地压缩土体[4]，环弧侵彻土体，土体变形历经压缩阶段、剪切阶段、隆起阶段[8]，并进入塑性极限平衡状态。在 aa_1 线以上，“筒顶”侵入地面宽为 A_s，其 $\frac{A_s}{2}$ 为 A'_s，

$$A'_s = r_4(\theta + \sin\theta_f) \tag{9}$$

式中，θ 为圆环心 o 到两侧弧片心 o' 的水平距离 s_g 对应的园心角，$s_g = r_4\theta$；r_4 为“筒顶”外半径，m；θ_f 为弧片侵入地面点 e_t 与 o' 竖直线对应的圆心角。

类同“冲切剪切破坏”[8]的“筒顶”侧平头等体积侵彻体[9],[10]，其宽 b 以地面与“筒顶”侧表面相连的连续条件得到，即当 $b = A_s$ 时，真实侵彻深为 s_{xo}，等积侵彻深为

$$s_x = \{r_4^2[\theta_f/2 - \sin(2\theta_f)/4] + r_4\theta s_{xo}\}/A'_s \tag{10}$$

淤泥和软土为易于飞溅的土质，具有触变性[11]。其机理为吸附在土颗粒周围的水分子的定向排列，被烟囱冲击振动破坏后，在烟囱旁 aa_1 线以上的土粒，悬浮在水中而呈流动状态，具有泥浆流体性质。而在“筒顶”触地 aa_1 线下方的土体，还未被充分振动而触变，仍具有固体土的力学性质。“筒顶”排开塑性土体的抗应力

$$p = p_s + p_i \tag{11}$$

式中，p_i 为土体被排开的动抗应力，kN/m^2；p_s 为土体滑动的静抗应力，kN/m^2；p_i 应用塑性体空穴膨胀理论[10],[12]，为

$$p_i = \rho(3/2)u^2 \tag{12}$$

式中，u 为"筒顶"底土体泥浆速度，m/s。

3.1 半无限土体

设侵彻的土体已被压实，按被动土压力移动行迹运动，行迹未触及下层，即在半无限土体中。条形地基塑性移动极限平衡理论，见图 1。考虑到发生飞溅的土体松软，土体极限承载应力[4]

$$p_s = \frac{1}{2}\gamma b N_r + CN_c + q_s N_q \tag{13}$$

式中，γ 为"筒顶"aa_1 线以下土体的天然重度，kN/m^3；C 为"筒顶"aa_1 线以下土体的粘聚力，kPa；q_s 为"筒顶"b 宽以外 aa_1 外延线的旁侧荷载，$q_s = s_x\gamma$；N_γ，N_c，N_q 为土体承载力系数，均为 $\tan\alpha$ 的函数，

$$\tan\alpha = \tan(\pi/4 + \varphi/2) \tag{14}$$

式中，φ 为土体的动内摩擦角，R°；为了便于数值计算，将式（13）的极限承载力系数，近似地改用条形基础下塑性滑动土楔[8]，在竖直方向的静力平衡条件推得的系数如下：

在半无限土体中，$N_\gamma = \tan^5\alpha - \tan\alpha$，$N_c = 2(\tan^3\alpha + \tan\alpha)$，$N_q = \tan^4\alpha$；

向上滑动面，$A'_2 = A'_s\tan^2\alpha$，推导从略。

3.2 成层土体

当土体移动行迹触及下卧层，即在成层土体内。根据塑性移动极限平衡理论，见图 1。土层有下卧坚硬土层时，当其厚为

$$(h - s_x) < (b/2)\tan\alpha \tag{15}$$

式中，α 为滑裂面 a_1e' 与大主应力面 aa_1 之夹角，$\alpha = \pi/4 + \varphi/2$ 在侵彻宽 $A_1(A_s)$ 等积体底面 aa_1 下的两侧弹塑性土楔，在"筒顶"侵彻下压后，分别转为向两侧以应力 $\sigma_{3\mathrm{I}}$ 从 $a'e'$ 向 ae 面推移，其楔块Ⅰ的最小主应力面的阻应力

$$\sigma_{3\mathrm{I}} = \sigma_{1\mathrm{II}} + [p_s + \frac{1}{2}\gamma(h - s_x)]k_h f \tag{16}$$

式中，k_h 为 $aee'a'$ 土块竖直受压面积与摩阻力正面积 $(h - s_x)$ 之比，$k_h = A_1/[2(h - s_x)] - \cot\alpha$；$f$ 为等积体底对松软层和松软层底对下卧坚硬层的土体摩擦系数，$f = \tan\alpha$；$(h - s_x)$ 为侵彻面 aa_1 之下所余软土厚，m；$\sigma_{1\mathrm{II}}$ 为土楔块Ⅱ最大主应力面的（水平向）应力，化简后的极限承载应力为

$$p_s = [q_s N'_q + \frac{1}{2}\gamma(h - s_x)N'_\gamma + CN'_c]/N'_f \tag{17}$$

式中，$N'_q = \tan^4\alpha$；$N'_\gamma = \tan^4\alpha + fk_h\tan^2\alpha - 1$；$N'_c = 2(\tan^3\alpha + \tan\alpha)$；$N'_f = 1 - fk_h\tan^2\alpha$；$q_s = \gamma s_x$。

式（14）和式（17）包含 α 中的 φ 为土体的动内摩擦角，当地表土体受到"筒顶"高速撞击时，显现出土体的动强度特征，直接决定了土体运动行迹的破坏弧。动内摩擦角 φ 由土体材料性质决定，并随土体切线速度方向加载，曲线运动改变引起的加载而增大，可简单表示为

$$\varphi = \arctan[k_{\varphi}(\mathrm{d}v/\mathrm{d}t, \omega_t)\tan\varphi_0] \tag{18}$$

式中，φ_0 为土体的静内摩擦角，由土体材料和含水量 ω_t 决定。k_{φ} 为动内摩阻函数，对可触变软土，当土体饱和，含水 ω_t 在液限 ω_p 以上，因水易于流动，k_{φ} 取 1，对于干砂土，k_{φ} 可增大至 2.5 ～ 3.0[10]；$\mathrm{d}v/\mathrm{d}t$ 为引起土体加载的运动加速度，如土体被撞击的切线速度，土体泥浆曲线反流也会引起极大的离心力加载。k_{φ} 函数可以从飞溅距离实测。

土楔Ⅰ分别于两侧沿 s 向外克服摩阻力推动土块 $a'e'ea$，再推动Ⅱ区 aef 土楔块以 ω_2 滑速快速上升，滑动体水平断面 af 的面积为

$$A_2' = (h - s_x)\tan\alpha \tag{19}$$

当下卧层为松软土层时，其下卧层内摩擦角 $\varphi_d < \varphi$，α 滑动面 a_1e' 将以 α_d 滑面伸入下卧层，并再按 $\alpha_d = \pi/4 + \varphi_d/2$ 上升，以图中 e' 下再上 $e''f$ 向上滑升。上滑到两侧 aa_1 面上方的土，按土体的触变性已触变为泥浆，将遵从流体力学性质运动。

4 反流

土体在“筒顶”下汇流后，由流体质量守恒知

$$\rho A_1\omega_1 = \rho A_2\omega_2 \tag{20}$$

式中，ρ 为汇流泥浆体密度，$\rho = \gamma/g$，γ 为泥浆重率；ω_1、A_1、A_1' 和 ω_2、A_2、A_2' 分别为由侵彻凹坑中心流入和再从两侧流出的流速、相应水平断面和半侧水平断面积，$A_1 = 2A_1'$，$A_2 = 2A_2'$。

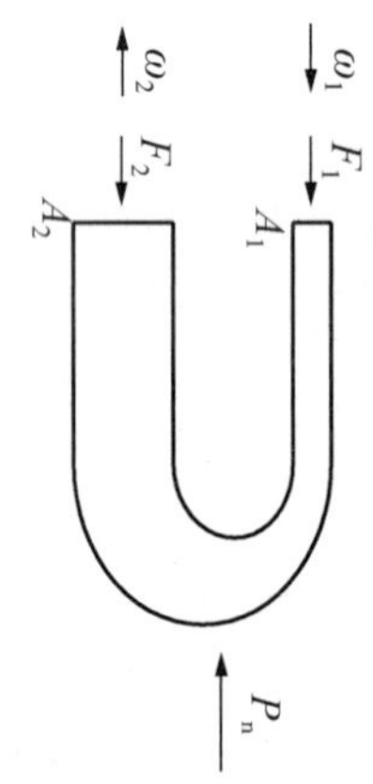

图 2　流入和流出变截面调头弯管

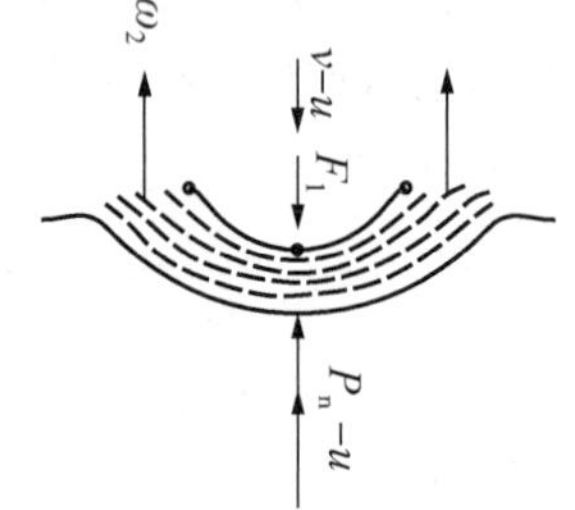

图 3　“筒顶”压入的侧向溅飞流出

由非恒定总流动量方程[13]，见图 2。在水平投影方向得[10],[13]

$$\frac{\mathrm{d}(m\omega_1)}{\mathrm{d}t} = \rho A_1\omega_1(\omega_2 + \omega_1) = -F_1 + P_n - F_2 \tag{21}$$

综合上述各动力方程，“筒顶”弧片多体撞击，压实并侵彻土体，同时土体触变反流。在忽略侵彻深 s_x 内的泥浆势能差后，可得到以下微分代数方程组，见图 3：

$$
\begin{aligned}
&\frac{\mathrm{d}^2 q_1}{\mathrm{d}t^2} = g - P/m_c \\
&\frac{\mathrm{d}^2 q_2}{\mathrm{d}t^2} = -3(P - F_1)/m_c \\
&P_n = p_s A_1 + p_i(A_1 + A_2) \\
&\frac{\mathrm{d}(m\omega_1)}{\mathrm{d}t} = \rho A_1 \omega_1(\omega_2 + \omega_1) = -F_1 + P_n - F_2 \\
&\omega_1 = v - u
\end{aligned}
\tag{22}
$$

式中，m 为土体被侵彻的质量，10^3 kg；A_s 和 s_x 分别为弧片多体的侵彻宽和深，m；v 为弧片多体的侵彻速度，m/s；F_1 为弧片多体带铰扁平运动的向下行推力，kN，

$$F_1 = 2(M_{p1} + M_{p2})/r_4 \tag{23}$$

式中，M_{p1}、M_{p2} 分别为 $J1$ 和 $J2$ 的塑性机构残余弯矩[1],[14]，$M_{p1} \approx 0$，kN · m；图 1 中为左上弧片所受的弯矩"筒顶"环钢筋采用抗拔拉脱粘强度[1]，混凝土受压等效矩形应力图系数[1] $\alpha_c = 0.85$；$P = pA_1$；F_2 为液流出口阻力，

$$F_2 = \zeta \rho A_2 \omega_2^2/2 \tag{24}$$

式中，ζ 为出口阻力系数，当水射流 $\zeta = 0.1$ 时，相当于式（30）的孔口水流速系数 $\psi = 0.9$；ω_2 为侵彻面 aa_1 的泥浆反流速度，m/s，

$$\omega_2 = \omega_1 A_1/A_2 \tag{25}$$

而

$$v = \dot{q}_1 + \dot{q}_2/2 \tag{26}$$

动力方程的初始条件为当弧片侵彻半无限土体时，

$$t = t_1,\ q_1 = y_1,\ q_2 = 2r_4,\ s_x = y_1,\ \omega_1 = v_1 \tag{27}$$；

式中，y_1、v_1、t_1 分别为"筒顶"圆环侵彻阶段的侵彻深、末速度和对应时刻，m、m/s、s。当弧片侵彻进入成层土体时，

$$t = t_2,\ q_1 = q_{1,s},\ q_2 = q_{2,s},\ \dot{q}_1 = \dot{q}_{1,s},\ \dot{q}_2 = \dot{q}_{2,s};s_x = s_{x,1},\ \omega_1 = \omega_{1,s}; \tag{28}$$；

式中，$q_{1,s}$，$q_{2,s}$，$\dot{q}_{1,s}$，$\dot{q}_{2,s}$，$s_{x,1}$，$\omega_{1,s}$，t_2 分别为半无限土体侵彻结束时刻各变量末状态及对应时刻。

5 冲射出口

"筒顶"外壁抛射方向 θ_f 的泥浆冲射动压，冲开土体形成"孔口"入口断面 A'_2，侵彻底 aa_1 上 f 的 θ_f 断面，见图 1，

$$A'_f = s_x/\cos\theta_f - s_x\sin\theta_f\tan\theta_f + A'_2\sin\theta_f \tag{29}$$

则出口流速

$$\omega_f = \psi\omega_2 A'_2/A'_f \tag{30}$$

式中，ψ 为孔口流速系数[15]，ψ 取决于孔口形式，而与局部水头损失相对应，泥浆冲射的动量损失已在式（24）的 F_2 中考虑。当 $\zeta = 0.1$ 时，这时可认为 ψ 取 1；其他因素增加的泥浆 ψ 值，合并在 K_m 中。出口射流沿程 $s_x/\sin\theta_f$ 以扩散角系数 K_{rs} 扩散[16]，其地面

j 的 θ_f 向的出口断面

$$A'_j = A'_f + 2s_x K_{rs}/\sin\theta_f \tag{31}$$

式中，K_{rs} 为0.40～0.65，并与 $\psi(\zeta)$ 由实测溅飞抛距 l_s 和包含在 K_m 中同时测定，见表1。

射流地面出口平均流速

$$\omega_j = \omega_2 A_2/(2A'_j) \tag{32}$$

6　弹道飞行

"筒顶"溅飞流体多为固液两相流，而液体中又可能因地面积水而撞水封合气垫，并再压入为微小气泡，成为含固掺气泥浆[17]。在撞水封合气垫时，压缩土壤内的空气无法渗出，掺气泥浆在地面抛射出口受压力降低而体积膨胀，流速 ω_j 增大，设增大比 K_{ge}，水封时为1.1～1.2，未水封仍为1。固液两相射流可能是较均质的淤泥，软土或者是夹石泥浆，其夹石固相速度小于固液两相流平均速度 ω_s，即 $\omega_s = k_s\omega_j$，式中 k_s 为固相粒子流速系数，取1～0.95。在圆管水流中近轴心流速最大，其最大流速与该断面平均流速比 k_v[18]，在紊流时为1.22～1.25。泥浆射流粘性较大，k_v 取1.25～1.35。溅飞射流在抛射出口，破裂扩散，卷吸空气，分散为泥团，其中泥裹夹石成为飞石之一。综上所述，飞石的最大射速 $v_o = \omega_j\psi k_{ge}k_s k_v$，当 $\zeta=0.1$ 时，$\psi=1$，考虑 K_m 综合处理，则仍可认为

$$v_o = \psi k_{ge}k_s k_v\omega_j \tag{33}$$

抛射的大块泥团，在飞行空气阻力作用下，进一步破裂分化为液滴、砂粒和较小的泥裹飞石，飞石的水平分速度为 $u_l = \frac{\mathrm{d}l_s}{\mathrm{d}t}$，竖直分速度为 $u_v = \frac{\mathrm{d}h_s}{\mathrm{d}t}$。飞石行程遵从以下动力方程[19]

$$\frac{\mathrm{d}u_l}{\mathrm{d}t} = -[C_x\rho_a S_c/(2m_s)]u_l^2\sec\theta$$

$$\frac{\mathrm{d}u_v}{\mathrm{d}t} = -[C_x\rho_a S_c/(2m_s)]u_v^2\csc\theta\,\mathrm{sign}(u_v) - g \tag{34}$$

式中，l_s 为水平飞行距离，m，h_s 为竖直飞行距离，m；m_s 为飞石质量，10^3 kg，$m_s = \rho_c 4\pi r_s^3/3$，$r_s$ 为飞石的球体积半径，m；θ 为弹道倾角[19]，R°，$\theta = \arctan(u_v/u_l)$；$S_c$ 为过风横截面积，m^2，飞行中泥团形成弹形，其横截面积直径 d 缩小，$d=1.7\,r_s$，$S_c = \pi d^2/4$；ρ_a 为空气密度，1.21 kg/m^3；ρ_c 为泥浆裹飞石的平均密度，10^3 kg/m^3；C_x 为飞石飞行空气阻力系数，$C_x = ic_{xon}$，i 为弹形系数，参照旋转稳定弹的最大值，取1[19]，c_{xon} 为43年阻力定律的阻力系数，当马赫数 $Ma<0.7$ 时，$c_{xon}=0.157$[19]。

方程（34）的初始条件

$$t=0,\ u_l = v_o\cos\theta_f,\ u_h = v_o\sin\theta_f,\ l_s=0,\ h_s=0 \tag{35}$$

当 $r_s \geqslant 0.04$ m时，飞石按近似或抛物线弹道飞行，而真空无空气阻力抛物线弹道飞行水平距离

$$l_{fm} = 2v_o^2\sin\theta_f\cos\theta_f/g \tag{36}$$

以有空气阻力条件飞行，其水平距离 l_{sf} 与同 θ_f 的最大 l_{fm} 之比

$$k_{ar} = l_{sf}/l_{fm} \tag{37}$$

并令综合抛射系数 $K_m = \psi k_{ge} k_s k_v \sqrt{k_{ar}}$，式中 K_m 与相应的射流扩散角系数 K_{rs} 参数均以实测溅飞抛距 l_s 同时测定。

当飞石落地后反弹，令飞石落地碰撞恢复系数为 e，个别溅飞物最远距离

$$l_{so} = k_g l_{sf} \tag{38}$$

式中，若2次在地面弹起，则 $k_g = 1 + e_l e_h + e_l^2 e_h^2$，对混凝土地面的法向恢复系数 $e_h \approx 0.5$，切向恢复系数[20] $e_l \approx 0.8$；硬泥地面和泥地面 e_h 分别取0.25～0.35和0.15～0.25，而 e_l 分别取0.35～0.7和0.25～0.35。飞石还可能以溅飞后剩余的水平速度沿地面溜滑，其个别溅飞物飞行最大总距离 $l_m = k_{fi} l_{so}$，式中滑行系数 $k_{fi} = 1.0 \sim 1.15$。

7　计算和讨论

以上计算参数单位为MKS制。现以茂名三、四部炉120 m高钢筋混凝土烟囱为例计算，烟囱高 $H = 120$ m，底外半径 $r_2 = 4.94$ m，底内半径 $r_1 = 4.44$ m，“筒顶”外半径 $r_4 = 2.5$ m，内半径 $r_3 = 2.3$ m，混凝土 C_{30}，随机屈服强度均值[1] $\sigma_{cs} = 28.61$ MPa；混凝土在筒壁温度作用后的强度折减系数[1] $\gamma_{cs} = 0.866$；“筒顶”环单层Ⅰ级钢筋 $\phi 12@200$（mm），抗拔拉脱粘强度[1] $\sigma_{ts} = 365$ MPa。烟囱单向倾倒，“筒顶”撞地为有表面积水的饱和水软质堆积土，混凝土受压等效矩形应力图系数[1] $\alpha_c = 0.85$。土体中含 $r_s = 0.06$ m以下夹石，下卧层为坚硬土；施工道路的硬土地面，飞石撞击恢复系数 $e_h = 0.3$，$e_l = 0.5$；$K_{rs} = 0.55$；表面积水形成水封合“筒顶”气垫层，$k_{ge} = 1.1$，$\zeta = 0.1$，$\psi = 1$，$k_s = 0.97$，$k_v = 1.35$，$k_{ar} = 0.89$，综合抛射系数 $K_m = 1.36$；按以上各方程和公式计算结果：“筒顶”撞地速度 $v_h = 62.71$ m/s，“筒顶”破裂后，J_2 铰塑性弯矩 $M_{p2} = 38.17$ kN · m。飞溅距离 l_{sf} 与侵彻深度 s_x 关系见图4和图5。在图4中 $s_x < (0.05 \sim 0.1)h$ 内，土壤还未压实，有可能计算侵彻溅飞距离 l_{sf} 偏大，且 s_x 小，土量少，最远抛距夹石数量相对少，因此 l_{sf} 多取自成层土体的最大值。从图5中可见当侵彻 $s_x = 0.18$ m时，最大 $l_{so} = 227$ m，与表1序号1实例溅飞距离240 m相近，误差 -5.4%，并确定待定参数 K_{rs}、K_m，k_{ge} 和2次以上跳飞比 k_g 分别为0.55、1.36，1.10和1.17。由此计算出钢筋混凝土烟囱个别溅飞物距离（包含2次以上跳飞）并与实测比较，见表1。从表中可见，烟囱单向倾倒的溅飞计算与实测值相近，相差在10%以内。由此证明，烟囱“筒顶”环冲击断裂成为弧片多体，侵彻半无限土体或成层土体，并触变泥浆反流抛射为弹道飞行的模型是正确的，所取参数基本合理。将模型按表序条件，可以预测由土体参数 ρ、φ、h 和烟囱参数 r_4、v_h（H）决定溅飞距离 l_{so} 的关系。从表1和图5中可见，烟囱单向倾倒侵彻松软土的溅飞距离 l_{so}，分别随 φ、ρ 变小而射远，随 h 减薄、r_4 的增大而抛远，因此与实际基本一致。表1中应选取的独立因变量只有 K_{rs}、K_m（k_{ge}），由表1中6例实测值分别确定为0.55，1.24（无水封时）（水封系数1.1），可以在与表中类似条件的范围内使用。表中条件土体参数按土工法测定，粗略使用也可按土体材料估计；$h < 0.8$ m，因土量少，溅飞量也小，本模型不适用。土体触变泥浆，将推动泥裹夹石抛射，泥裹夹石的泥

团体积半径 r_s 与溅飞距离 l_{sf} 及其系数 k_{ar} 的关系见表2。从表中可见，在半无限土体，当 $s_x \geqslant 0.15$ m，r_s 大，k_{ar} 也大时，就可能形成最大抛距 l_m。一般来说，在成层土体 l_{so} 才有最大值，见图5。

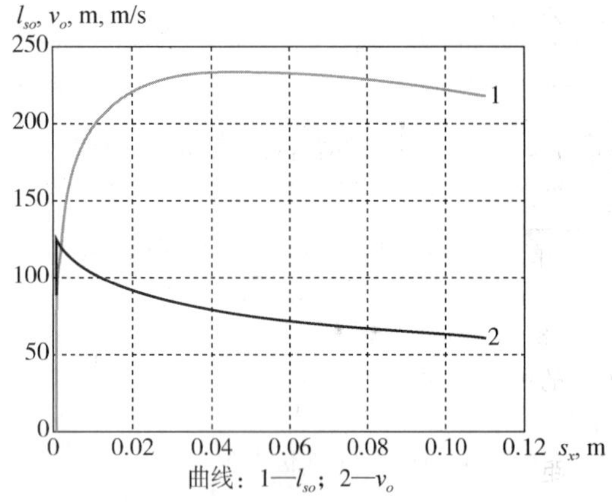

图4　半无限土体侵彻深 s_x 与溅飞抛速 v_o 和抛距 l_{so}

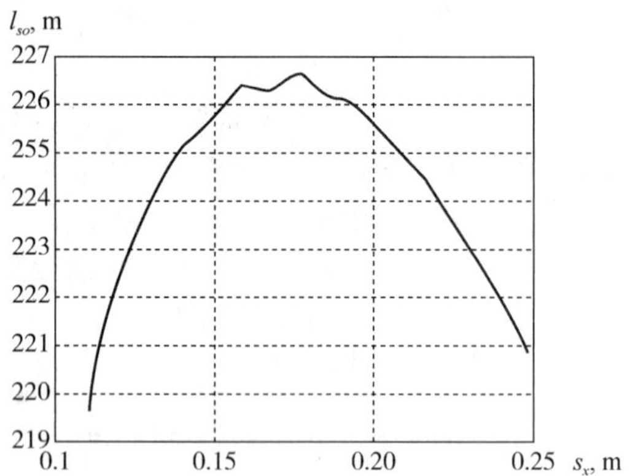

图5　成层土体侵彻深 s_x 与溅飞抛距 l_{so}

表1　烟囱撞地个别溅飞物飞行最远距离实测与数值计算比较

序号	项目名称	烟囱高度 m	筒顶 外/内半径 /m	筒顶 撞地速度 /(m/s)	土体 容重 ρ 10^3/kg·m^{-3}	土体 C kN·m^{-2}	φ /R°	土层厚 h /m	水封系数 k_{ge}	综合抛射系数 K_m	最大溅飞距离 l_m 计算/式(39)(比)/m	最大溅飞距离 l_m 实测/m	备注
1	茂名三、四部炉[5]	120	2.5/2.3	62.7	1.25	10	0.12	0.9	1.1	1.36	226/241 (1.07)	240	
2	太原国电[21]	210	3.62/3.42	77	1.05	5	0.15	1.0	1.1	1.36	345/332 (0.96)	324	煤渣溅落7.0 m房顶
3	云南宣威	120	2.9/2.74	56	1.1	10	0.1	1.1	1.1	1.36	176/182 (1.03)	190	
4	贵阳电厂[22]	240	3.5/3.26	97	1.35	10	0.35	2.2	1.0	1.24	(*284) 262/266 (0.94)	288	实测 l_m 与式（39）比1.08
5	成都电厂[23]	210	2.95/2.75	86.9	1.25	10	0.16	1.0	1.0	1.24	363/359 (0.99)	350	

续表 1

序号	项目名称	烟囱高度 m	筒顶 外/内半径 /m	筒顶 撞地速度 /(m/s)	土体 容重 ρ 10^3/kg · m^{-3}	土体 C kN · m^{-2}	φ /R°	土层厚 h /m	水封系数 k_{ge}	综合抛射系数 K_m	最大溅飞距离 l_m 计算/式(39)(比) /m	最大溅飞距离 l_m 实测 /m	备注
6	茂名石化	83	2.4/2.2	49.8	1.1	10	0.08	1.5	1.0	1.24	(＊128) 121/131 (1.02)	130	混凝土地面

注：1. 射流扩散角 K_{rs} =0.55 R°；序 4 和序 6 的 l_m 项的刮号（＊）为在半无限土体中，其余在成层土体。

2. 序号 1～5 的地面 e_h =0.3，e_t =0.5，k_{ar} =0.89，k_{fi} =1；

3. 高 150 m 以上的烟囱的“筒顶”为Ⅱ级钢筋的抗拔拉脱粘强度[1] σ_{ts} =489.5 MPa。

表 2　泥裹飞石半径 r_s 与溅飞距离系数 k_{ar} 的关系

Table 2　The relation between r_s and k_{ar}

r_s /mm	1	3	22	41	60	79	98	备注
k_{ar}	0.18	0.36	0.77	0.85	0.89	0.91	0.92	

注：计算条件：θ_f =0.5 R°；v_o =60 m/s；ρ_c =1.8 10^3 kg/m^3；C_x =0.157。

从表 2 可见，采用尽可能高厚散粒体垫堤从烟囱纵向卸除了土体阻力，减弱了烟囱侧向溅飞，但过高垫堤在成层土体中的抛射速度也已没有极大值，而只有从半无限土体的降低值，超高垫堤已没必要，垫堤高厚 $h \approx 2.5$ m 为宜。将图 5 的算值，按溅飞机理和式（36）形式整理为近似式（39），从表 1 中可见，误差大多在 3% 以内，个别达 6%。考虑到当 $r_4/(h\tan\varphi) < 1.8$ 时，有的 l_{so} 在半无限土体中，此时近似式值偏高。个别溅飞物飞行最大距离近似公式为

$$l_m = k_l[K_m\rho_t^{-0.1}f(\varphi)(0.46+0.115r_4)v_h/(h^{0.7653}h_f)]^2\sin2\theta_f k_g k_{fi}/g \tag{39}$$

式中，k_l =1.09（$r_4 \geqslant 3.3$ m 取 1.18）；$h_f = 0.88\tan\alpha + 0.12\cot\theta_f + 0.24K_{rs}/\sin^2\theta_f$；$\theta_f \approx 0.52r_4^{-0.32}h^{0.42}$，仅适合式（39）；当 $0.08 \leqslant \varphi \leqslant 0.4$ 时，h 为 0.8～2.5 m，即软土下卧坚硬层时，$f(\varphi) \approx C(2.26+0.66\varphi)/1.31$，$C \approx 1$；侵彻土表积水时，$K_m$ =1.36，未积水的软土，K_m =1.24；K_{rs} =0.55。式（39）的 l_m 与表 1 数值解无平均差，负误差最大 6% 以内，与实测误差个别在 8% 以内。当干砂类 φ 为 0.4～1.1，h 为 2.2～2.8 m 时，$C \approx 1.15 - 0.43\varphi$。$\rho_t = \rho/10^3$，在 1.0～1.35 之间。

由于溅飞机理复杂，当以 l_m 确定警戒距离 l_w 时，还应考虑安全系数 n_s，即

$$l_w = n_s l_m \tag{40}$$

式中，n_s 为 1.2～1.5。

8　结语

（1）本文提出的高大烟囱溅飞的“筒顶”环冲击断裂为弧片多体，侵彻半无限土

体或成层土体，并触变泥浆反流抛射弹道飞行模型是正确的，数值计算所取参数基本合理。模型和参数为实测6例83～240 m高大烟囱所证实是正确的，已为实测成组确定了综合抛射系数 $K_m(k_{ge})$ 和射流扩散系数 K_{rs}，其他参数包含在 K_m 内，按以上溅飞机理及其计算式整理的个别溅飞物飞行最大距离近似公式与本文类似条件数值计算的误差在7%以内，与实测误差个别仅8%，为工程所容许。

（2）根据本模型（包含下卧软土层）及其计算结果可以认为，采用散粒体高厚 $h \approx 2.5$ m垫层（堤），材料用袋装增加内静摩擦角 $\varphi_0 \geqslant 40°$、重率 $\gamma \geqslant 1.8 \cdot 10^3$ kg/m^3，低触变灵敏度 $s_\tau \leqslant 2$，必须排水疏干，均是减弱溅飞的措施，但不都有利于减振，并且垫层（堤）材料以干砂和建筑垃圾为好，宜上分层用袋装细粒铺设。袋装干砂面层应为侵彻深度（最大抛距时）（约为0.12h，h 为预算溅抛时的垫层厚）的3.5倍，且砂半径 $r_s \leqslant 2$ mm以形成低伸弹道短距飞行为好；当无法构筑理想的防溅垫堤时，可减小高大烟囱筒顶的触地速度 v_h，可平方倍的减小溅飞抛距 l_{so}，如实施分段拆除或拆叠爆破拆除烟囱。

9 致谢

广州宏大爆破有限公司提供的表1爆破案例6，广东中人集团建设有限公司提供的部分观测。

参考文献

[1] 魏晓林．建筑物倒塌动力学（多体－离散体动力学）及其爆破拆除控制技术［M］．广州：中山大学出版社，2011.

[2] 魏晓林．控制爆破拆除的多体－离散体动力学［J］．爆破，2015，32（1）：93－100，125.

[3] WEI Xiaolin. Multibody－discretebody dynamics to control building demolished by blasting［A］//New Development on Engineering Blasting（APS Blasting 4）［C］. Beijing：Metallugical Industry press，2014：32～43.（in Chinese）

[4] 陈希哲．土力学地基基础［M］．北京：清华大学出版社，1998.

[5] 朱常燕，高金石，陈焕波．120米钢筋混凝土烟囱倒塌触地效应的观测分析［A］//工程爆破文集：第六辑［C］．深圳：海天出版社，1997：164－169.

[6] 余同希，卢国兴．材料与结构的能量吸收［M］．北京：化学工业出版社，2006.

[7] 金栋平，湖海岩．碰撞振动与控制［M］．北京：科学出版社，2005.

[8] 姜晨光．土力学与地基基础［M］．北京：工业出版社，2013.

[9] 路中华．尖拱类弹丸侵彻水沙介质理论分析与数值模拟［M］．中国工程物理研究院，2002.

[10] 林晓，查宏振，魏惠之．撞击与侵彻力学［M］．北京：兵器工业出版社，1992.

[11] 戴文亭．土木工程地质［M］．武汉：华中科技大学出版社，2013.

[12] 高世桥，刘海鹏，金磊，等．混凝土侵彻力学［M］．北京：中国科学技术出版社，2013.

［13］张长高．水动力学［M］．北京：高等教育出版社，1993.

［14］过镇海．混凝土原理［M］．北京：清华大学出版社，1999.

［15］齐鄂荣，曾玉红．工程流体力学［M］．武汉：武汉大学出版社，2012.

［16］杜杨．流体力学［M］．北京：中国石化出版社，2008.

［17］程贯一，王宝寿，张效慈．水弹性力学：基本原理与工程应用［M］．上海：上海交通大学出版社，2013.

［18］王松岭，安连锁，傅松．管内紊流分布规律的研究［J］．电力情报，1995（4）：35～39.

［19］韩子鹏．弹箭外弹道学［M］．北京：北京理工大学出版社，2008.

［20］吕茂烈．关于斜碰撞的摩擦系数［J］．西北工业大学学报，1986，4（3）：261－263.

［21］刘龚，魏晓林，李战军．210 m 高钢筋混凝土烟囱爆破拆除振动监测及分析［A］//中国爆破新技术［C］．北京：冶金工业出版社，2012：964－971.

［22］张英才，范晓晓，盖四海，等．240 m 高钢筋混凝土烟囱爆破拆除及振动控制技术［J］．工程爆破，2014，20（5）：18－22.

［23］黎丹清，俞诚，汤月华，等．210 m 钢筋混凝土烟囱定向爆破拆除［J］．工程爆破，2009，15（1）：48－50，55.